future service sells

HANS-JÜRGEN HARTAUER

ISBN 978-3-87515-095-7

Lektorat: Dr. Ulrike Strerath-Bolz, usb bücherbüro, Friedberg in Bayern
Satz und Gestaltung: die Basis GbR – Ideenwerk. Kommunikation. Design.

Printed in Germany

future service sells

HANS-JÜRGEN HARTAUER

MATTHAES VERLAG GMBH

INHALT

» Ottolenghi in London, ein Paradies auf Erden.

VOM LIEBESRAUSCH ZUM KAUFRAUSCH

Sie finden den Vergleich frech? Nun, dann begleiten Sie mich doch einmal zu Hollister, schauen sich dort um und hören die spitzen Lustschreie aus den Umkleidekabinen. Sehen Sie die geröteten Gesichter beim Anprobieren der neuen Jeans, vernehmen Sie das geheimnisvolle Tuscheln der Freundinnen und registrieren Sie das erlöste Seufzen nach dem Zücken der Kreditkarte.

»Nimm mich mit. Mach's mir«, scheint mein neuer iPad zu flüstern, mein iPad, nach dem ich so verrückt war und bin.

Wir sollten bei Ottolenghi vorbeischauen, kein Weg ist zu weit nach Notting Hill. Das Paradies ist klein, eng, vollgestopft mit Lifestyle-Leuten und bunten, verrückten Sweets. Dagegen wirken deutsche Bäckereifilialen wie Versorgungseinheiten für eine hungernde, frierende Bevölkerung.

Yotam Ottolenghi ist präsent, auch wenn er nicht da ist. Seine Member sind alle Ottolenghi, die Augen strahlen, das Lächeln ist umwerfend, die Figuren in modischem Outfit vom Feinsten. Man/frau kauft ohne Ende, eine La-Ola-Welle der Begeisterung. Erschöpft wie nach einem gelungenen Liebesakt verlässt man den Zauberort. Der Service gleicht dem »Sich-Verlieben«: Es dauert eine Nanosekunde und der Verstand schaltet um auf offene Emotionen.

Früher gingen wir einkaufen. Wir brauchten ein Produkt, das uns einen Nutzen bot. Heute gehen wir shoppen, belohnen uns selbst und bezahlen für den emotionalen Benefit. Das ist der wesentliche Unterschied. Und es bedeutet für den zukünftigen Service, dass keine Dienstleistung erbracht wird, sondern Gefühle gelebt werden. Das Shoppen löst »hohe Gefühle« aus, und entsprechend muss auch der neue Service diese Emotionen stärken und stabilisieren.

Niemand braucht einen Porsche, doch jeder findet ihn geil und will ihn. Produkte und Dienstleistungen werden immer attraktiver und synchroner. Es gewinnt also nicht derjenige, der meine Grundbedürfnisse befriedigt, sondern derjenige, der meine Endorphine zum Tanzen bringt. Wie es Zalando so treffend sagt: Schrei vor Glück. Das Herz muss hüpfen.

Wenn wir uns das vor Augen führen, wird es verständlich, dass man sich in diesem Rausch positiver Gefühle nicht gern von genervten Servicefachkräften (!) bedienen lässt. Und es wird auch klar, warum sich niemand in unorganisierte Betriebe verliebt. Wenn der Kaufakt zum Emotionserlebnis avanciert, wie komisch wirken dann die alten Floskeln wie: »Kann ich Ihnen helfen« (im Geschäft) oder: »Hat es geschmeckt« (im Restaurant).

Das ist betreutes Wohnen und kein Dialog zwischen zwei Vertrauten. Stellen Sie sich vor, Sie würden Ihren Lebenspartner fragen: »Kann ich in unserer Beziehung noch etwas besser machen?« Solche Dialoge würden eine Liebesbeziehung zerstören. So ist es auch im Service. Die Forderung lautet: Sorge nicht für mich, sondern verzaubere mich.

Im Zeitalter der Emotionen spielt der Service eine immer wichtigere Rolle, er wird zur Dockingstation zwischen zwei Verliebten – dem Kunden und dem Produkt. Der Service allein entscheidet, ob diese Beziehung aufgeht und zum Höhepunkt kommt oder nicht.

WORUM GEHT'S?

Zukunft bedeutet einen Wandel im Service. Die Kunden verlangen Lieferanten von Emotionen und Intelligenz. Future Service zeigt Ihnen, wie Sie einen maximalen Erfolg erzielen. Sie werden zum Manager des »Future Service«.

WARUM WIRD FUTURE SERVICE NOTWENDIG?

Einkaufen war gestern.
Shoppen ist heute.
Dienstleistung war gestern.
Future Service ist heute.

Das einzig Beständige ist der Wandel. Und in dieser Hinsicht hatten es die letzten 20 Jahre echt in sich. Wir haben nicht nur die neuesten iPhones ausprobiert und massenhaft gekauft, sondern die gesamte psychostrukturelle Wertehaltung der Gesellschaft hat sich grundlegend gewandelt. Mit anderen Worten: Die Nachkkriegs-Gesellschaft neigt sich ihrem Ende zu, eine neue Generation von Netzwerkern hat das Ruder übernommen. Damit sind auch viele traditionelle Werte in Vergessenheit geraten. Wer spricht heute noch von Rechtschaffenheit und Fleiß, von Bügelfalten und Pünktlichkeit? Zeitgeistige Werte wie Vernetzung und Empathie, Lebensfreude und Erfolg stehen im Vordergrund. Der eine oder andere mag dies bedauern – ändern können wir es nicht.

Auch der Sinn des Lebens wird neu gesehen. Nicht Leiden, sondern Leben steht im Vordergrund. Über Jahrtausende reihte sich ein Krieg an den anderen, wir hatten uns sozusagen an Kampf und Leiden gewöhnt, sie erschienen uns als unabänderlich. Einen traurigen Höhepunkt erlebte diese Kultur des Leidens im Zweiten Weltkrieg. Mehr als 60 Milionen Menschen fielen diesem sinnlosen Treiben zum Opfer.

» Das Kaufverhalten hat sich verändert. Heute kaufen wir Gefühle.

Heute steht Leben ganz vorn auf unserer Prioritätenliste. Es wird alles getan und gekauft, damit das Dasein intensiv, sinnvoll und wertvoll ist. Am besten kann man das in der Wirtschaft beobachten: Produkte und Waren befriedigen nicht mehr die Grundbedürfnisse des Überlebens, sondern werden zu Elementen eines empathischen Lebens, allen voran die Smartphones. Und da dies eine Bedrohung für die alten Machthaber ist, wird die neue Freiheit zur Selbstbestimmung mit allen Mitteln bekämpft, oder es wird doch jedenfalls der Versuch unternommen, sie zu beobachten und zu kontrollieren. NSA lässt grüßen.

Was ist Future Service? Nicht Dienstleister, sondern Docking-Station zwischen gleichen Emotionen und Innovationen.

AUCH DAS KAUFVERHALTEN HAT SICH VERÄNDERT ... WARUM WIR UNS HEUTE GEFÜHLE KAUFEN

In den 70er und 80er Jahren kauften wir Staubsauger, Waschmaschinen, Spülmaschinen, Bügelmaschinen, Kühlschränke, was das Zeug hielt. Alles Geräte, die das Leben – es war schwer genug – leichter machten solllten. In den 80er Jahren tauchten die ersten Personal Computer auf, die Macs wirkten wie Wesen aus einer anderen Welt. Und in den 90er Jahren machten dann merkwürdige Worte wie Internet und Megahertz die Runde. Zur Jahrtausendwende ging es Schlag auf Schlag. Google kehrte in die Wohnzimmer ein, soziale Netzwerke entstanden – sehr zum Ärger der traditionellen Stammtische. Heute sind 70 Prozent der deutschen Haushalte vernetzt, auch Facebook ist kein Fremdwort mehr. Wir leben in der großen Zeit der Netzwerker, jener Generation, die ortlos, vielleicht auch zeitlos ständig durch die Welt surft.

Wie wird diese Geschichte in den nächsten 10 Jahren weitergehen? Heute kann man niemandem mehr mit einem tollen Auto oder einem neuen Tablet-Computer imponieren. Wir sind aber hingerissen, wenn uns jemand von seiner neuen Yoga-Meditation, seiner Kilimandscharo-Besteigung erzählt, uns die Ergebnisse seines UP-Armbands von Jawbone zeigt oder vom Besuch der Champions League in London berichtet. Es sind die emotionalen Abenteuer und Entdeckungen, für die wir Geld ausgeben. Viel Geld: Ein Fussballclub wie der 1. FC Bayern München hat einen Umsatz von sage und schreibe 400 Millionen Euro. Große Summen wenden wir auch für Schönheit und Kleidung auf.

Die Clubs, Bars, Restaurants (die Guten, nicht die Mitläufer!) quellen über von Gästen. Ein Münchner Restaurant macht einen Umsatz von über 13 Millionen Euro. Und nachdem Emotionen in der Gruppe noch angeheizt werden, bilden sich immer mehr gleichgesinnte, empathische Clubs, in denen das Geldausgeben zum Vergnügen wird. Auch ganz simple Firmen wie »Zeit für Brot« oder »Gratitude« verkaufen Zeitgeist – das ist das Zauberwort für emotionalen Erfolg.

» Raten Sie: Wo verbirgt sich der Öko-, Discount-, Bio- und Design-Bäcker? Richtige Antwort: Bio-, Design-, Öko- und Discount-Bäcker von links nach rechts. Haben Sie es auf Anhieb erraten?

WIR KAUFEN KEINE PRODUKTE, SONDERN LEBENSWELTEN

Edgar Reitzle – jahrzehntelang Produktvorstand bei BMW – wurde nicht müde, die Vorzüge der Modelle aus München zu beschreiben. Seine Hoffnung: Wenn BMW besser wäre als die Konkurrenten aus Ingolstadt oder Stuttgart, dann würde er die Käufer schon von den Vorzügen seiner Produkte überzeugen können. Er übte unaufhörlich Druck auf die Menschen aus. Kauf einen BMW, weil ... er dieses und jenes kann, wozu die Mitwettbewerber nicht in der Lage sind. Auf seiner letzten Pressekonferenz bei BMW wandelte er sich vom Saulus zum Paulus. Man glaubte sich verhört zu haben, als er – ausgerechnet er! – sagte: » Produkte sind synchron.« Und auf die Frage der verdutzten Journalisten, was dann die Kriterien für den Kauf von diesem oder jenem Angebot seien, antwortete er: »Es werden keine Produkte gekauft, sondern Lebenswelten.« So einfach ist das. BMW, Audi und Mercedes produzieren Lifestyle, Opel und Fiat montieren Autos. Das ist der Unterschied. Wir selbst haben im Bayerischen Wald eine afrikanische (!) Lodge gebaut. Darin gibt es eine Mischung aus thailändischer und bayerischer Gastronomie, und THAI-BAY ist der Hit im Sinne von Lebenswelt und Lifestyle (www.schnitzmuehle.de).

NICHT DER GEBRAUCHSNUTZEN, SONDERN DER EMOTIONALE BENEFIT VERFÜHRT ZUM KAUF

Hier kommt der neue Future Service ins Spiel. Dazu kurz eine Geschichte. Eine unserer vermögenden Kundinnen war total vernarrt in den Stadtflitzer von Aston Martin, den sie im Schaufenster gesehen hatte. Sie ging in den Verkaufsraum und hätte ohne mit der Wimper zu zucken die 50.000 hingeblättert, wenn ... ja, wenn sie der Verkäufer nicht daran gehindert hätte. Sein ödes Gerede über Handarbeitsqualität und gesteppte Nähte wirkte wie ein emotionaler Sturzflug; der Zauber und damit der Umsatz waren

innerhalb von zehn Sekunden zerstört. Was hätte der Verkäufer tun können? Den Mund halten, Offenheit und Begeisterung signalisieren und der Dame gratulieren. Stattdessen hat er Druck ausgeübt. Sog wäre besser gewesen.

Viele Kauferlebnisse prägen das Verständnis von Service in der neuen Service-Gesellschaft.

Ich will mir am Flughafen noch schnell eine Krawatte kaufen und werde sofort in die Rolle des hilfsbedürftigen Kunden gedrängt: »Kann ich Ihnen helfen?«, fragt die blonde Verkäuferin und schaut mich mitleidig an. »Ja«, antworte ich, »bringen Sie mir bitte schnell einen Rollator und eine Aspirin.« Und sie versteht die Ironie nicht – wie denn auch! Solche negativen Einkaufserlebnisse hat man jeden Tag. Die Floskeln sind schwer auszuhalten: »Hatten sie eine gute Anfahrt?« – » Haben Sie gut geschlafen?« ...

Der Service der neuen Zeit braucht wirkliches – nicht erlerntes – Interesse am Kunden. Der Future Service ist die Docking-Station zwischen Verkauf und Kunden: Gemeinsame Geschichten, Aufmerksamkeit und Intelligenz sind die Zutaten für einen wirklich erfolgreichen Service. Wie wohltuend wäre die Frage der Verkäuferin gewesen, ob ich das Götze-Tor in Rio gesehen habe. Nicht der direkte Verkauf, sondern die indirekte Inspiration – Story telling! – ist die Lösung. Das muss man lernen und jeden Tag trainieren.

Viele Betriebe sind fit und intelligent, aber auch ihre Kunden sind Kenner und Fans geworden, die man nicht hinters Licht führen kann. Häufig sind die Kunden den Verkäufern an Fachwissen und Intelligenz weit überlegen. Gehen Sie in ein großes Elektronik-Fachgeschäft und fragen einen Verkäufer nach einem bestimmten Teil. Er wird seinen Kollegen zu Hilfe rufen, und der ist gerade in der Mittagspause. So geht das nicht.

Betriebe und ihr Service-Personal müssen zu Wissensträgern werden, die dem schnellen und top-trainierten Kunden ebenbürtige Partner sind. Wissen, Schnelligkeit und Intelligenz sind die Zutaten für künftigen professionellen Verkauf.

Immerhin werden rund 65 Prozent des Bruttoinlandsprodukts im Dienstleistungssektor erwirtschaftet. Umsatz und Erfolg resultieren also nicht nur aus guten Produkten und einem Top-Sortiment, sondern vor allem aus einem attraktiven, fachlich und menschlich qualifizierten Service.

In ihrem Bestseller »Funky Business Forever« sprechen Jonas Ridderstrale und Kjell A. Nordström von der Spaghetti-Organisation: Chaos und Struktur. Eine Firma, ein Betrieb und eben auch ein Service sollte etwas Lebendiges, Natürliches, Wildes, nicht Greifbares haben. Das kann von außen chaotisch und unordentlich wirken wie ein Haufen Spaghetti. Und zugleich sollte der Service präzise funktionieren und eine Struktur haben, genau wie jede Spaghetti einen Anfang und ein Ende hat. Das ist die Kunst im Future Service, authentisch und intelligent zu sein. Future Service hat viel mit Spaghetti-Organisation zu tun. Verstehen Sie jetzt, was unser Bild auf dem Umschlag zu bedeuten hat?

WAS VERSTEHT **DER KUNDE** UNTER SERVICE?

Der Kunde möchte als etwas Besonderes wahrgenommen werden. Er möchte Aufmerksamkeit bekommen. Er möchte als Freund erkannt werden.

Das bereits erwähnte Münchner Restaurant hat pro Tag etwa 1100 Gäste. Jeder einzelne wird als Individuum behandelt. Er wird, soweit dies möglich ist, mit Namen begrüßt, es werden Scherze gemacht, der Gast wird nach seiner Familie gefragt und so weiter. Nicht das Essen begründet den Erfolg des Unternehmens, sondern ein topgeschultes Service-Mitarbeiter-Team.

Hier entscheidet es sich, ob der Gast zum Stammkunden wird. Service muss etwas freundschaftlich Echtes haben. Er darf keinesfalls in eine erlernte Freundlichkeit ausarten, wie man sie teilweise in Hotels findet. Und Service muss unaufdringlich sein, weich, ruhig, angenehm, intelligent. Er hat die Aufgabe, Kunden auf die emotionale Ebene zu führen.

Gibt es positive Beispiele? Einige. Hollister, die Shops von Ottolenghi in London, der Club Robinson, ganz sicher das Adventure Camp im Bayerischen Wald, das Tschebull in Hamburg, das KAFE in Ubud Bali, die Forsthofalm in Leogang, das Brenner in München oder das Hans im Glück ... American Apparel und der Apple Store, wer weiß. Es ist nicht einfach, klasse Docking-Stationen aufzuzeigen.

Warum? Wir stehen am Anfang einer Future-Service-Entwicklung.

WAS HAT DAS ALLES MIT **SERVICE** ZU TUN?

Ein zeitgemäßer Future Service soll die neuen Lebens- und Bewusstseinswelten widerspiegeln. Nur so hat er die Power, sich entfalten zu können und Menschen anzuziehen.

Der Future Service sollte Spaß machen, intelligent sein, mein Leben lebendiger und reicher machen. Und er sollte die Docking-Station zwischen der Gesellschaft und den begehrten Produkten sein.

Der Future Service trägt das Unternehmen in die Zukunft. Er ist mental fit und innovativ. Genau wie seine Kunden.

Auf den nächsten Seiten erfahren Sie alle Details, die diesen Future Service greifbar machen. Viel Spaß.

Future Service ...

- ist mental fit und intelligent
- erzeugt Sog
- ermöglicht energetischen Austausch
- ist stark durch Bewusstsein und Training
- ist innovativ mit dem Blick nach vorn
- ist vergleichbar einem Airbus, der uns in neue Kontinente trägt

» Der Future Service ist eine Einladung zu einem gemeinsamen Fest.

WILLKOMMEN BEI FUTURE SERVICE

Ich beschreibe in diesem Buch viele **reale und teilweise ungewöhnliche Service-Situationen.** Natürlich sind diese Schilderungen fiktiv und situationsbedingt. Nichts ist in Stein gemeißelt, alles ist offen und porös. Die Erzählungen haben die Aufgabe, Ihnen neue Räume zu öffnen und neue Sichtweisen zu vermitteln. Das gelingt nur, wenn Sie offen und frei von Vorurteilen sind. Vielleicht sind sie ein Fan von Vapiano und finden Pizza Hut, Burger King und KFC oder Drei-Sterne-Restaurants schrecklich. Doch diese Wertung sorgt dafür, dass Sie Informationen nicht mehr unbefangen aufnehmen. Sie hindert Sie daran, die Essentials des Service' zu erkennen, um die es wirklich geht. Denn der perfekte Augenkontakt im Future Service zählt im Vapiano genauso wie im Pizza Hut oder in einem Drei-Sterne-Restaurant.

Obwohl ich die Gastronomie in einem Fünf-Sterne-Haus erlernt habe und mit zwei Restaurants als Selbstständiger erfolgreich war, fühlte ich mich immer mehr als Beobachter und Forscher auf der Seite des Gastes. Mein Antrieb war immer, herauszufinden, warum etwas erfolgreich war und funktionierte oder warum es eben nicht funktioniert.

Vielleicht wurde ich deshalb als Quereinsteiger Service- und Business-Coach.

Den großen Blick auf die Dinge erhielt ich durch den Strategie-Coach Prof. Kleiber-Wurm. Er entwickelte mit seinen Partnern das Clubschiff Aida und die Kristallwelten und brachte der Lufthansa bei, ihre Kunden zu lieben. Zusammen bereisen wir nun seit 14 Jahren die Welt und coachen Firmen für eine attraktive Zukunft. Er versteht es wie kein anderer, Wissenschaft mit dem Business zu vereinen. Diese Fusion hat meinen Blick geschärft und macht es mir möglich, die Dinge aus verschiedenen Perspektiven zu betrachten. Während meiner/unserer Touren, privat wie beruflich, betreibe ich »Monitoring«. Ich nehme alles auf wie ein Schwamm. Es kann passieren, dass ich elegante und bizarre Clubs in Ibiza erforsche, Signature Shops, Design-Hotels, Vegane Restaurants, Design Bakerys, Raw Food Restaurants oder in neu entstehenden Ayurveda-Imbissen in Los Angeles herumstöbere, in Baumhäusern übernachte oder in der Alcoholic-Architecture (einer Dampfsauna) einen Gin Tonic inhaliere und alles mit meinen Antennen aufnehme. Wie lautet die Strategie der Firma, welche Geschichte erzählt sie, welche Produkte bringen meine Zellen zum Leuchten, wie ist das Personal gekleidet, welches Wording benutzt der Service? Wie ist die Firma im Netz vertreten? Von der Verpackung bis zur Verabschiedung, alles ergibt verschiedene Bilder des Lebens und des Erfolgs.

Im schnellen Business hat man es nicht leicht. Zum Großteil findet der Verkauf schon früher statt, als man denkt (im digitalen Netz). Ist der Gast/Kunde vor Ort, müssen in Bruchteilen von Sekunden am Point of Sale die richtigen Entscheidungen getroffen werden. Winzige Details wie Ihre Ansprache, der Augenkontakt oder die Bewegung Ihres Kopfes können über Misserfolg oder Mega-Erfolg entscheiden. Oft machen Serviceleute unterbewusst kleine Fehler, die sich fatal auf den Verkaufserfolg auswirken können.

» Prof. Kleiber-Wurm (li) und Hans-Jürgen Hartauer auf Tour.

Warum? Ihre innere Einstellung steuert unbewusst Ihre Kopfbewegung, und die Gäste folgen Ihrem Signal.

Ein Beispiel: Ein Gast bestellt ein Mittagsgericht. Ihre Einstellung ist: Der Gast wird das Mittagsgericht nur einzeln wollen und nicht als Menü. Und Sie bewegen Ihren Kopf während Sie das Mittagsgericht als Menü anbieten, unbewusst mit einer verneinenden und negativen (seitlichen) Bewegung. Weg ist das Geschäft. Bis zu 300 Gästekontakte hat ein Service- Mitarbeiter teilweise pro Tag ...

UNPROFESSIONELLES BERATEN NERVT KUNDEN UND ÜBT DRUCK AUS

»Möchten Sie noch eine Apfeltasche?« – »Noch etwas dazu?« – »Ist das alles?« – »Welches Dressing möchten Sie?« – »Möchten Sie den kleinen oder großen Iced Caffe Latte?« – »Sammeln Sie Punkte?«. Diese Art von Beratung nervt Kunden, kostet Zeit, fördert das Nein bei Zusatzverkäufen oder das Ja bei Dingen, die man gar nicht verkaufen will. Wir nennen diese Art von Verkaufs-Dialogen »das Nein-Programm«. Dieses Nein–Programm als Software eines Service' bedeutet: Mit dieser Anwendung hast du keine Chance im Verkauf. Du erntest, was du säst, und das wird ein No und kein Yes sein.

Wenn wir dem Gast schon Fragen stellen, dann sollten wir die Fragen so stellen, dass sie ein Yes bringen. Mitarbeiter wollen Tore schießen, viele Tore, wir möchten also viele, viele Yes von Gästen oder Kunden hören. Kleine Details – die Kopfbewegung, was, wie und wann (zu welchem Zeitpunkt) Sie anbieten oder welches Wording Sie einsetzen – all das kann über den Erfolg entscheiden.

VOM NO **ZUM YES**

Vom No zum Yes bedeutet: einen Service zu bieten, der der mentalen Stimmung der Emotions-Generation entspricht, den maximalen Erfolg für Sie selbst und Ihre Firma generiert und zugleich den optimalen Service leistet. Einen Service, der Menschen und Kunden bereichert. Geld verdienen und modernen Service zu leisten stehen nicht im Widerspruch. Im Gegenteil, bei der Yes-Strategie stehen Begeisterung und intelligenter Service (Future Service) an erster Stelle. Das Abfallprodukt wird der maximale Erfolg sein, den sie dabei ausschöpfen. Also eine Win-Win-Situation für Ihre Kunden und für Sie.

Das Yes-Prinzip ist unser innerer Antrieb, die Idee, die Sehnsucht und unser Zielhafen.

Dieses Buch ist exakt auf Future Service zugeschnitten und spricht von den Grundlagen moderner Servicekultur. Folgende Tools waren uns wichtig:

- **Success (den maximalen Erfolg ausschöpfen)**
- **Speedness (der Service muss schneller werden)**
- **Sexyness (der Servicekontakt braucht Glamour, zeitgemäße Kommunikation mit dem Kunden, Eleganz und eine gewisse Tiefe)**
- **Simpleness (der Service muss einfach umzusetzen sein und eine gewisse Intelligenz haben)**
- **Suction (der Service muss eine Sogwirkung am Markt und im Netz erzielen)**

EMOTION SELLS

Die System- und Top-Gastronomie sind perfekt aufgestellt. Hut ab. Ob ich in Berlin oder Stockholm bin, überall bekomme ich in der gleichen Qualität Steaks, Pasta, Sushi, Wraps, Coffee, Pretzel & Co. Die Betriebe sind top organisiert, attraktiv, haben gute Preise. Es herrscht eine tolle Atmosphäre, und es macht Spaß, diese Hotels, Restaurants und Cafés zu erleben. Man kann auch beobachten, dass es mittlerweile viele faszinierende Service-Konzepte gibt. Zunehmend werden alle Produkte synchron, viele Betriebe machen gute Qualität und schenken einen eisgekühlten Cocktail in angenehmer Atmosphäre aus.

Wenn die Qualität aber überall stimmt, dann reichen gastronomische Erlebnisse als Argument für den Kauf oder Besuch nicht mehr aus. Das Wort Gastro kommt aus dem griechischen und bedeutet »Bauch, Magen«. Gastronomie ist die »die Lehre von der Pflege des Magens«. Wie ernährt man sich? Was ist essbar? Welche Zubereitungsmöglichkeiten gibt es? Solche Fragen stehen am Anfang aller Gastronomie.

Aber wie das Sprichwort schon sagt: Die Liebe geht durch den Magen.

» Abercrombie & Fitch

DIE TOP-KONZEPTE ERZÄHLEN STARKE GESCHICHTEN

Zum Beispiel erzählen die meisten amerikanischen Fastfood-Konzepte die Phantasie vom Land der unbegrenzten Möglichkeiten. Easy going, Route 66, Hang loose, Sex and the city, Las Vegas, Matrix, Rocky und Service pur. Die Betriebe sind ein Freund fürs Leben, man findet sie überall. Nach dem Motto: »Deine Frau/dein Mann kann dich verlassen, Kentucky Fried Chicken, Pizza Hut, McDonald's, Burger King und Coca Cola bleiben dir treu.«

Der Slogan von McDonald's, »Ich liebe es«, ist genial und öffnet einen Liebesraum, weit und intim zugleich. Das ist das Märchen von McDonald's ... das oft leider nur in der Werbung zelebriert wird.

Menschen kaufen gerne Geschichten und Märchen – sie wollen ihre Endorphine zum Tanzen bringen. Das Glückshormon Dopamin wird bei intensiven Sog- und Flow-Erlebnissen ausgeschüttet.

Wie bei Abercrombie & Fitch in London: Die Schlange ist 300 Meter lang. Bei Abercrombie & Fitch geraten die Kunden außer Rand und Band. Man betritt keine Boutique, sondern einen Club. Das Haus ziert kein Namensschild, kein Logo, es gibt keine Schaufenster, im Eingang stehen oberkörpertextilfreie Jungs mit Six Pack, bereit zum kostenlosen Fotoshooting. Die Kunden fühlen sich wie Filmstars auf dem roten Teppich.

Innen ist es dunkel und cool wie in einem Club, die Musik ist laut, die Produkte leuchten aus den Regalen, und es duftet im ganzen Store süß und verführerisch. Das gesamte Personal ist in Tanz-Stimmung, alle könnten angehende Modells sein. Sie sind sexy gekleidet, jung, smart und kultiviert. Man spürt bei jedem Kontakt Interesse und hat das Gefühl, wahrgenommen zu werden.

Es herrscht eine tiefe innere Verbindung: Emotion Sells.

KEIN AUTO **KAUFT** EIN AUTO

Es sind immer Menschen, die etwas kaufen. Und Menschen kaufen gerne Geschichten & Märchen. **Story telling** bewegt die Gäste mehr als nur ein sättigendes Produkt. Als 1971 der erste McDonald's in Europa eröffnete, waren die Gäste anfangs verwirrt. Sie waren es gewöhnt, in einem Restaurant Platz zu nehmen, etwas zu bestellen, dann zu essen und zum Schluss zu bezahlen. Für diesen Prozess hatten sie unterbewusst ein »Brainscript« angelegt, einen Ablaufplan, der sie sicher durch den Aufenthalt führte.

Bei McDonald's war alles anders. Zuerst bestellen, dann bezahlen, dann Platz nehmen und dann essen. Das widersprach dem vorformulierten Ablaufplan. Die Gäste standen vor dem Counter und wussten nicht mehr, was sie tun sollten. Sie mussten sich ein neues Brainscript anlegen. Außerdem waren die Werte und die Philosophie von McDonald's das Gegenteil der damaligen herkömmlichen Restaurants. Nichts mehr mit »Setz dich brav hin, gerade Körperhaltung, mit vollem Mund spricht man nicht«. McDonald's signalisierte: Verhalte dich so, wie du sein willst, locker, easy, und hab Spaß. Was heute als normal angesehen wird, war die Irritation und die Wertehaltung neben den Produkten – und darauf gründete sich der eigentliche Erfolg von McDonald's.

Die Zeiten haben sich geändert. Wenn in der Vergangenheit im Restaurant ein Essen serviert wurde, staunte jeder: »Oh, sieht das gut aus!« Wenn wir heute ein Essen bekommen, wird eher ein kritischer Blick darauf geworfen nach dem Motto: »Wie soll ich das morgen wieder abtrainieren?« Da wird über Zusatzstoffe und Fettgehalt ebenso nachgedacht wie über Geschmack und Präsentation. Heute nimmt man lieber ab als zu. Das heißt nicht, dass die Gastronomie nicht mehr wichtig wäre. Sie ist wichtiger denn je, aber in einer anderen Form. Der heutige und zukünftige Gast will etwas erleben, seine Sinne aufladen, deswegen nennen wir die neue Gastronomie – **Sensonomy**© (Rio-Group Munich). Das Wort Sensonomy wurde aus dem Wort sensual (Sinnlichkeit) gebildet und bedeutet: »Die Liebe geht durch die Sinne.« Der Wettbewerb wird in Zukunft immer weniger über Qualität und Preis (das sind Basics) entschieden, sondern vor allem über Attraktivität und Atmosphäre.

Dabei spielt der Service eine entscheidende Rolle. In der Sensonomy steht das positive Lebensgefühl – der emotionale Benefit – vor dem Produktnutzen, der ohnehin als selbstverständlich vorausgesetzt wird.

Geht ein Konzept auf und man wird emotional berührt, dann werden aus Kunden Fans.

Ein extremes Beispiel: In einem der Supperclubs empfing mich einmal ein 2 Meter großer Türsteher. Oberkörper frei. Voll tätowiert. Ketten. Zwei Kampfhunde an der Leine. Als ich gerade Angst bekommen wollte, begrüßte er mich smart und witzig: »Hey, nice to meet you, come in, baby.« Kaum hatte ich meinen Platz an den Liegetischen eingenommen, erschien eine Servicemitarbeiterin. Kniend baute sie sich vor mir auf: Oberkörper frei, Glatze, Kopf und Oberkörper tätowiert, das Menü war in weißer Schrift auf ihre nackte Brust geschrieben. Was denken Sie, wie es mir ging? Mein Verstand war ziemlich schnell abgeschaltet. Ich wusste nicht mehr, wer und wo ich bin.

Irritation und Narration sind das Geheimnis vieler Firmen. Gelingt es Ihnen, eine moderne Geschichte zu erzählen? Abercrombie & Fitch erzählt die Story eines coolen Clubs, von Glamour und »Be a star«. Ihr Konzept setzen sie perfekt um. Vom Store zum Produkt, von der Inszenierung bis zum Service, alles bildet eine Einheit, wie beim iPhone oder bei einem Audi A 6.

Wenn man Abercrombie & Fitch betritt, verliert man völlig den Verstand. Und das fühlt sich seltsamerweise gut an, man ist wie in Trance und vergisst alles um sich herum ... wie lange es dauert ... wie viel es kostet ... usw.

Oder denken Sie an das Oktoberfest. Wenn Sie ein Bierzelt betreten, bricht ebenfalls Ihr Verstand zusammen: Es ist zu voll, zu eng, zu laut usw., und trotzdem ist es gut. Da vergessen manche, wie viel Alkohol sie vertragen, oder sogar, dass sie verheiratet sind.

Auch Sie können mit diesem Phänomen punkten. Je stärker es bei Ihnen zugeht, je mehr Chaos herrscht, je mehr Leben, je mehr Möglichkeiten (Lebenswelten) es gibt, desto besser ist es fürs Geschäft. Die Menschen verlieren den Verstand und können in Ihre Welt eintauchen und auf offene Emotionen umschalten.

Aber warum ist es wichtig, den Verstand zu verlieren? Der Ver-stand, er steht, er ist mechanisch, linear, logisch, räumlich, berechenbar und er bewegt sich nicht. Er beruht auf einer kristallinen Gehirnstruktur. Alles positive Eigenschaften für den richtigen Einsatz. Emotionen jedoch sind liquide Strukturen, sie sind beweglich, chaotisch, kybernetisch, ortlos. Ebenfalls sehr wertvoll.

Unsinnig ist nur, wenn das Leben kristallin organisiert wird, wo Liquides besser geeignet wäre. Wie Kristallines sich auflöst, sieht man, wenn jemand betrunken ist: Er verliert seine Struktur. Genauso unsinnig wäre Sex nach kristallinen Normen und Regeln.

» Yotam Ottolenghi ist der Popstar der vegetarischen Gemüseküche. Zu diesen orientalischen Verführungen passt ein Satz wie »Kann ich Ihnen helfen?« gar nicht.

Was bedeutet das für den Future Service? Wenn ein Gast Ihre Location im kristallinen Zustand betritt, ist es die Aufgabe des Service', für den Gast der Botenstoff zu sein, um in fließende Emotionen umzuswitchen. Den kristallinen Zustand können verschiedene Gründe auslösen, z. B. Abwesenheit, Unkonzentriertheit oder eine Hemmschwelle, Ihre Location zu betreten. Oder der Gast kennt einfach noch nicht Ihre Konzeption und Ihre Idee.

Die Food & Event-Designerin Marije Vogelzang durfte ein Betriebsfest organisieren. Ihr Ziel war es, dass die Mitarbeiter und Kollegen in eine neue Rolle hineinschlüpfen und somit ihren Alltag vergessen und sich auf das Zusammensein konzentrieren sollten. Sie verhüllte den gedeckten Tisch, schnitt Schlitze in das Tuch. Kaum steckten die Gäste Ihre Köpfe durch das Tuch, blickten Sie nach links und rechts und sahen sich in einem neuen Zusammenhang (das nennen wir den Verstand abgeben, die kristalline Ebene verlassen und die Emotionen fließen lassen). Das spezielle Equipment der Speisen- und Getränkeaufnahme förderte obendrein das Miteinander. Und so könnte es auch bei Ihnen sein. Sobald Ihre Gäste den Kopf in Ihre Location stecken, sollen sie ihren Emotionen freien Lauf lassen können, fasziniert sein von Ihnen, Ihrem Ambiente, dem Angebot und der Stimmung.

Ähnliches passiert beim Verliebtsein. Die Betrachtung von etwas Schönem reflektiert laut Platon eine Spur der Erinnerungen an vorgeburtliche Visionen. Schlichter gesagt: Schaut man etwas Schönes an, dann taucht man über dieses »Fenster« in ein großes göttliches Universum ein. Ähnlich wie beim Verliebtsein ist dann alles klar und stimmig und gleichzeitig unglaublich komplex. Das Komplexe ist das Meer der Möglichkeiten. Statt auf eine Überforderung blicken wir auf eine Art erfüllter Erwartung. Wenn man sich in etwas verliebt, ist man hin und weg, und man stellt sich nicht sofort die Frage: »Wer soll das alles bezahlen?«. Man taucht ab in eine abenteuerliche, parallele Welt. Verlieben bedeutet »abtauchen in eine neue Welt«. Der Verstand schaltet ab und man taucht ein in das neue Konzept.

So merkwürdig sich das anhört: Die Tatsache, dass Menschen den Verstand verlieren, begründet den Erfolg aller erfolgreichen Firmen, von Abercrombie & Fitch bis zu Zuma, von den Kristallwelten bis zu Ikea, vom Colette-Store in Paris bis zum Beach Motel in St. Peter-Ording. Der Verstand bleibt beim Betreten dieser Sphären vor der Tür und geht nicht mit hinein. Die große Frage lautet: Gelingt es dir, dass deine Kunden/Gäste ihren Verstand abgeben und sich in deine Location, deine Produkte und deinen Service verlieben?

» Marije Vogelzangs Installation ist eine Herausforderung für die Gäste.

» Kristallwelten: Riese von B. Aichner

Der Switch, der Übergang von einer Sphäre zur anderen, ist dabei der Schlüssel zum Erfolg. Gelingt es nämlich nicht, dass die Kunden und Gäste in das Konzept eintauchen und sich verlieben, dann werden sie anfangen nachzudenken. »Hallo, wir warten schon seit 5 Minuten!« Schaffen Sie also eine emotionale Sphäre zum Verlieben und Abtauchen. Ich will mich verlieben, egal ob ich eine Bäckerei, ein Hotel, einen Shop oder eben einen Quick-Service-Betrieb betrete.

WAS HAT DIE EMOTIONALE SPHÄRE MIT DEM SERVICE ZU TUN?

ROBINSON Club nennt seine Mitarbeiter Robins.

Firmen strahlen um die Wette. Show-Rooms, Car-Boutiqen, Media-Sphären, Design-Restaurants glitzern und leuchten wie Diamanten. Sie wollen dem Kunden/Gast Geschichten erzählen. Der Kunde/Gast soll begeistert sein, er soll etwas erleben und happy sein. Dabei spielt der Service eine entscheidende Rolle. Gelingt es der Firma, dass der Kunde in diese Erlebniswelt eintauchen kann, sich voll entfalten kann, dann fängt der atomare Kern des Konzepts an zu schwingen. Wir wissen: Ein zufriedener Kunde reicht heute nicht mehr, die wirklich erfolgreichen Firmen haben echte Fans. Stellen Sie sich einen Kunden vor, der zu l'Osteria geht. Er ist ein Fan der Firma und liebt deren Produkte. Er betritt den Store, umgeben von Gleichgesinnten, und freut sich auf das begehrte Fun Produkt. Die Aufgabe des Service' ist es dann, eine Docking Station zwischen dem Kunden und dem Produkt zu sein.

Der Service muss die Philosophie des Unternehmens und die Neigungen der Kunden widerspiegeln. Nur so kann sich ein Konzept entfalten. Das setzt natürlich voraus, dass der Service ebenfalls ein Fan der Firma und der Produkte ist. Nur so ist ein Austausch möglich, von Fan zu Fan. Wie hört sich in diesem Zusammenhang der Begriff »Mitarbeiter« an?

Mitarbeiten – so kann nie eine Verbindung zwischen Fans entstehen. Das gelingt nur mit Membern – Mitgliedern. Eine Überlegung wäre, in Zukunft die Mitarbeiter »Member« oder »Fan-Beauftragte« zu nennen.

Ein wunderbares Beispiel des Abtauchens erlebt man in der kleinen Espresso-Bar »Bar Centrale« in München. Die Barista schaffen es, dass man beim Überqueren der Türschwelle glaubt, in Italien zu sein, und das mitten in München. Ciao, buon giorno schallt es dem eintretenden Gast entgegen. Offensiver italienischer Lifestyle-Service bringt diesen Laden zum Pulsieren. Dicht gedrängt stehen die Gäste, trinken Aperol Sprizz und perfekt gemachten Cappuccino.

WAS IST LIFESTYLE SERVICE? WEG VON DER INFORMATION HIN ZUR KOMMUNIKATION!

Das Bar-Centrale-Ambiente und die italienische Begrüßung des Service' sollen den Gast sofort in die italienische Welt eintauchen lassen. Der Gast soll auf Anhieb vom Konzept fasziniert sein, denn er kauft hier keinen Espresso, sondern ein italienisches Lebensgefühl. Man kann sagen, die Atmosphäre eines Konzepts wird von den Servicemitarbeitern gesteuert. Aber Vorsicht: **Erfolg ist immer eine Folge von etwas.** Der Erfolg der Bar Centrale ist kein Zufall. Top Location, Top Member, Top Vision, ein klar definiertes Service-Drehbuch, Controlling und permanentes Training machen diese Bar zu einem der erfolgreichsten Espresso-Bar-Konzepte Deutschlands.

HÜHNER UND ADLER IM SERVICE

Eine Firma braucht heute Adler, das sind 360-Grad-Member.

Alexander Munke spricht von zwei Verhaltensweisen von Mitarbeitern. Die einen nennt er die Hühner. Was sind Hühner? Hühner vermeiden jeglichen Augenkontakt. Haben immer den Bodenblick, Kassenblick, Excelblick, Regalblick, Waschbeckenblick. Wissen schon alles, nehmen an keiner Weiterbildungsmaßnahme teil, gackern viel, haben immer die schlechten Kunden und schauen sich permanent nach einem neuen Job um. Und sie haben mehr Lust auf die Vergangenheit als auf die Zukunft.

Die anderen nennt er die Adler.
Sie haben alles im Blick, bringen Sauerstoff in das Unternehmen und haben Lust auf Innovationen.Haben Sie Hühner oder Adler im Team?

DAS SPIEL UM AUFMERKSAMKEIT GELINGT NUR MIT DEN BESTEN

Willst du einen leeren Laden, dann begrüße deine Kunden mit: »Kann ich Ihnen helfen?«

»Bitte?« So hat mich ein Service-Mitarbeiter begrüßt. Da ist ja die Stimme meines Navis oder die Siri-Stimme in meinem iPad freundlicher zu mir. Da brauche ich keinen Service, dann machen wir lieber 100-Prozent-Self-Service, das ist besser. Andere Beispiele sind: »Kann ich Ihnen helfen?« – »Was darf es sein?« – »Der Nächste, bitte ...« Mit dieser Ansprache kann man niemanden in eine emotionale Schwingung bringen. Im Gegenteil, wenn Sie einen gerade eintretenden Kunden mit den Worten begrüßen: »Kann ich Ihnen behilflich sein?«, so wird dieser »Nein« sagen, eine kurze Runde drehen und wieder aus dem Shop gehen. Eigentlich hatte dieser Kunde vielleicht Lust, sich umzusehen und dann einen Latte Macchiato zu trinken. Etwas essen und trinken ist Spaß und Lust und nicht mehr wie in früheren Zeiten ein Erleichterungs- und Sättigungsritual. Heute hat sich das Essen und Trinken in Belohnung und Bereicherung gewandelt. Da finden die alten Dienstleistungsfloskeln kein Echo mehr.

Der Service entscheidet darüber, ob Gäste in eine emotionale Sphäre eintauchen können. **Die Basis der emotionalen Sphäre ist der erste Service-Kontakt.** Er stellt einen der wichtigsten und zugleich einer der schwierigsten Momente des gesamten Service-Ablaufs dar. Der erste Kontakt spiegelt das ganze Innenleben einer Firma oder Person nach außen. Ich möchte behaupten, dass man den Erfolg eines Unternehmens an den ersten Membern ablesen kann, die man sieht. Zeigt der Member Stolz, Natürlichkeit, Energie, Lust und Aktivität, kann man davon ausgehen, dass er auch weiß, was er tut, und sein Metier beherrscht. Der Betrieb funktioniert, lebt und ist am Markt begehrt.

Auch an der Gästehaltung kann man die Energie eines Betriebes ablesen. Nimmt der Gast eine demütige oder eine energiegeladene Haltung ein?

Energie geht nicht verloren.

SEXYNESS

BE FIT AND SEXY!

Es gibt von allem zu viel. Zu viele Autos, zu viele Schuhe, zu viele Handys, zu viel Gastronomie usw. Von allem gibt es eine Überproduktion. Wir sollten uns die Frage stellen: Was sind die wichtigsten zwei Eigenschaften, damit ein Produkt (egal, ob Sie einen Joghurt, ein Handy, Kleidung, ein Dessert oder eine Mineralwasserflasche produzieren) auf dem Markt eine Nachfrage erzielt?

Viele würden jetzt von Qualität und Design sprechen. Und das ist auch fast richtig. Die beiden Eigenschaften eines erfolgreichen Produktes lauten: **Be fit and sexy!**

FIT UND SEXY, SIE BRAUCHEN BEIDES

Wir kennen zu Genüge Firmen, Produkte und Services, die zwar fit, aber nicht sexy sind oder umgekehrt. Siemens und Nokia brachten zum selben Zeitpunkt das Handy auf den Markt. Über 90 Prozent der Deutschen kannten die Firma Siemens, die Firma Nokia war eher unbekannt. Aber welches Handy haben wir gekauft? Nokia. Nokia war sexy und fit. Siemens war zwar fit, aber anscheinend nicht sexy.

Dieselben Regeln zählen auch im Service. Sie können ein attraktiver Verkäufer sein, Sie lächeln, Sie sind charmant und können wunderbar flirten, aber Sie brauchen eine halbe Stunde, bis Sie etwas an den Tisch bringen. Sie sind zwar sexy, aber nicht fit. Beide Seiten – also beide Flügel (wie die Tragflächen eines Flugzeug) – sollten gleich stark sein, sonst bekommt das Flugzeug Schlagseite oder es fängt gar an zu trudeln.

Das gleiche Schicksal erlebt jetzt gerade Nokia mit den iPhones, Galaxy & Co. Die scheinen einfach sexyer und fitter zu sein.

WAS IST SEXY?

Sexy ist eine Energie von Kreativität und Befruchtung. Ein Top-Service-Mitarbeiter ist ein befreiter Mensch, der frei von Paradigmen und Vorurteilen ist. Der sich selbst mag – sonst kann man andere nicht lieben. Der selbstbewusst ist, Freude an seinem Tun und Lust am Leben hat, gut drauf und fröhlich ist. Das sind die Zutaten für sexy. Jeder Mensch ist sexy. Sehen wir uns jetzt die Zutaten für Sexyness an.

DER ERSTE EINDRUCK IST ENTSCHEIDEND

Wie lange braucht man bis man sich verliebt? Drei Sekunden.

Stellen Sie sich vor, Sie betreten eine Location, und der erste Mitarbeiter sieht Sie an und schaut wieder weg, ohne Sie zu begrüßen. Seine Botschaft: »Ach, schon wieder ein Gast/Kunde.« Wie fühlen Sie sich? Oder stellen Sie sich vor, Sie werden von oben bis unten gemustert. Sie haben niemals eine zweite Chance, einen guten ersten Eindruck zu hinterlassen.

Sehen wir uns mit dieser Maxime im Kopf verschiedene Begrüßungsformen an.

Im Restaurant, Jean-Georges Ploner nennt es die italienische Variante. Der Chef kommt auf Sie zu und sagt: »Uno, due, tre persone, come stai? Oh, schöne Frau, wunderbare Augen ...« Sie sehen schon die Lirezeichen in seinen Augen. Einen Platz am Fenster, ein Glas Prosecco, heute haben wir eine frische Zahnbrasse. Diese Begrüßung ist oft gekünstelt und nicht unbedingt mein Favorit, aber der Laden ist voll.

Auf der anderen Seite gibt es den Kellner, der an einer Kaffeemaschine lehnt, weil die so schön warm ist. Das ganze Restaurant ist leer, er unterhält sich mit einem Kollegen. Zwei Gäste betreten das Restaurant, und der Kellner sagt zum Kollegen: »Wetten, die setzen sich an den einzigen schmutzigen Tisch im Raum.« Und tatsächlich, so geschieht es. Die Gäste möchten bestellen, der Kellner begrüßt sie mit den Worten: »Moment mal, erst muss ich mal saubermachen.«

Welches Lokal hätte eine Chance, Ihr Stammlokal zu werden?

Szenenwechsel, wir betreten ein Hotel. Sie wollen einchecken, die Rezeption ist nicht besetzt. Ein Rezeptionist kommt aus dem Office und erblickt sie. »Ja bitte, haben Sie reserviert?« Der Gast antwortet: »Ja, mein Name ist Hartauer.« Rezeptionist: »Hartauer ...« Er blickt permanent mit einem Fidelio-Blick auf den Monitor. »Finde ich nicht.« Der Gast: »Vielleicht ist das Zimmer auf die Firma Teaching and Training gebucht.« Rezeptionist: »Ja, ich habe Sie gefunden, da haben Sie noch mal Glück gehabt, herzlich willkommen.« Nach fünf Minuten und nachdem ich die Hälfte der Arbeit selbst erledigt habe, bin ich herzlich willkommen. Ich bezahle 150 Euro und habe noch mal Glück gehabt. Super. Wenn ich diese Person fragen würde, was haben Sie für Zimmer, würde sie wahrscheinlich antworten: Eins für 150 und eins für 100 Euro. Und wenn ich nach dem Unterschied fragen würde, würde sie antworten: Na, 50 Euro.

Vor allem stört, dass ich erst willkommen bin, wenn das System meiner Anfrage positiv zustimmen kann. Bei 120 Check-ins pro Jahr erlebe ich zum Großteil diesen Ablauf. Erst wenn das System Ja sagt, bin ich herzlich willkommen, vorher nicht. Dann kommt als zweiter Schlag: »Hatten Sie eine gute Anfahrt?« Was soll ich darauf antworten? Ja, ich hatte eine gute Anfahrt. Stellen Sie sich vor, Sie fahren zu Ihrem Lebenspartner, der auf der anderen Seite der Stadt wohnt. Sie fahren durch Staus und das Labyrinth einer Großstadt, und Ihr Freund empfängt Sie mit den Worten: »Hattest du eine gute Anfahrt?«

Drittes Beispiel, in einem Bürohaus: Am Empfang sitzt eine ältere Frau mit Brille. Sie nimmt den Kopf leicht hoch, blickt über den Rand ihrer Brille und betrachtet dich mit einem Ausdruck, der sagt: »Benimm dich, komm bloß nicht ohne Termin.« Erst wenn diese Person Ihnen signalisiert hat, wie man sich zu benehmen hat, beginnt sie freundlich zu werden.

In einer Boutique: Sie betreten eine Boutique, eine Verkäuferin kommt auf Sie zu und begrüßt Sie mit: »Kann ich Ihnen behilflich sein?« Das ist betreutes Einkaufen. Eigentlich wollte ich nur ein T-Shirt kaufen, so richtig hilfsbedürftig bin ich nicht.

Bei meinem letzten Anzugkauf setzte der Verkäufer noch eins drauf. Meine Partnerin hatte mir den Tipp gegeben, ich sollte mir doch mal einen Anzug der Firma Tiger of Sweden kaufen. Im Internet sah ich mir im Vorfeld schon die Kollektionen an. Voll innerer Vorfreude betrat ich in einem bekannten Modehaus die Tiger of Sweden-Abteilung. Schon rief der Verkäufer mit hoher Stimme: »Kann ich Ihnen helfen?« Ich verneinte, meinen Anzug fand ich auch ohne ihn. Und da stand er wieder vor mir und rief mir mit jetzt mit eher nasaler Stimme zu: »Der ist aber seeehr mooodisch.« Ich dachte, so ein D..., bin ich wohl schon zu alt, um einen modischen Schnitt zu tragen?

Andere, allseits bekannte Beispiele: In einer Bäckerei: »Was darf es denn sein?« Oder: »Bekommen Sie schon?« Der nächste...
Beim Frisör: »Haben's einen Termin?«

IN DREI SEKUNDEN KANN MAN VIEL FALSCH MACHEN – ODER ALLES RICHTIG

Innerhalb der ersten drei Sekunden machen wir uns ein Bild von einem Betrieb oder einem Menschen. Man trifft unterbewusst die Entscheidung, mag ich die Person/den Betrieb oder nicht. Sie können sich also vorstellen, was passiert, wenn Sie einen Gast mit ernster Miene (Ich bin genervt, gestresster Gesichtsausdruck, ich schwimme), mit einem desinteressierten Ausdruck (Sie stören mich bei der Arbeit) oder mit einem Standardsatz (Ich mache Dienst nach Vorschrift) begrüßen.

Tödlich ist auch, wenn eine Abteilung, Position oder Kasse bei vollem Geschäftsgang nicht besetzt ist. Sie gehen morgens in ein Café, das noch leer ist, kein Service in Sicht. Welche Botschaft erhalten Sie?

a. Hier ist nichts los.
b. Hier störe ich bloß.
c. Die Bestellung wird lange dauern.
d. Der Betrieb ist nicht vorbereitet.
e. Hier werde ich als Kunde nicht geschätzt.

Wenn das in Ihrem Café passiert, dann bestraft Sie der Kunde, indem er das nächste Mal (unterbewusst) ein anderes Café wählt. Langfristig kann man nur ein Geschäft aufbauen, wenn die wichtigsten Positionen immer besetzt sind (und zwar, bevor der erste Gast das Restaurant/Café betritt). Der Gast, der ihre Location betritt, bekommt sofort von der ersten Sekunde an einen professionellen Eindruck: Alles funktioniert. Achten Sie darauf, dass alle Positionen besetzt sind, auch wenn noch nichts los ist.

Wenn Sie zu spät reagieren, erhalten Sie die Quittung. Ein Gast betritt ein Restaurant, der Mitarbeiter bemerkt ihn, aber er arbeitet weiter, ohne auf den Gast zu reagieren. Das signalisiert: Die Arbeit ist wichtiger als der Gast. Dieser Gast wird sich seine Aufmerksamkeit auf eine andere Art wieder zurückholen. Er wird jetzt unter Umständen patzig oder genervt reagieren.

WAS DU DENKST, STRAHLST DU AUS

Kennen Sie den Unterschied zwischen Moral und Ethik? Die Moral ist ein Konstrukt unseres Denkens. Ein persönliches Wertesystem, so sehen wir die Welt. In der Fachsprache nennt man das ein »Paradigma«. Werte sind unsichtbar, und damit ist ein Wertesystem ohne Wert.

Ich kenne ein österreichisches Grandhotel, das Gäste nur aufnimmt, wenn sie »passend«, d. h. im Anzug, gekleidet sind. In einem Frankfurter Grandhotel checkte ich abends ein, ich war leger gekleidet: Adidas-Jacke, Used-Jeans mit Löchern, Sneaker. Ein erfahrener Rezeptionist begrüßte mich mit einem sachlichen »Good evening, Sir« und musterte mich kurz von oben nach unten. Meine Kunden meinen es oft sehr gut mit mir und überraschen mich mit einer ihrer Suiten. So auch hier. Als der Rezeptionist dies im System sah, änderte er schlagartig seinen Umgangston: »Herzlich willkommen ...« Hätte ich meinen Anzug getragen, wäre ich wohl sofort »herzlich willkommen« gewesen. Aber warum wird ein Mensch, der einen Anzug anhat, besser behandelt als ein Mensch, der eine Jeans trägt? Manche Service-Mitarbeiter haben einfach von der neuen Welt keine Ahnung. Die Jeans, die ich anhatte, war eine Designer Jeans für 700 Euro; sie war deutlich teurer als mein Anzug ...

Meine Partnerin erzählte mir von einem Kundenbesuch in einer Bowling-Station. Es war vormittags. Die Kassierin war mit sich selbst beschäftigt, der eine Mitarbeiter polierte die Bowlingkugeln, der andere die Schuhe, und die Servicemitarbeiterin prüfte sie mit einem schiefen Blick von der Seite, der sagte: »Was willst du denn hier?« Im hinteren Teil des Bowling-Clubs fand sie schließlich den Chef. Er stand auf und begrüßte sie herzlich ...

ETHIK, DIE NEUE KLARHEIT

Die Ethik hat kein künstliches Wertesystem, sie handelt immer natürlich. Der Ethik ist es egal, ob Sie schwarze, weiße oder rote Schuhe anhaben, ob sie aus Usbekistan oder aus Sachsen kommen, weiß oder gelb im Gesicht sind. Die Ethik bewertet alle Menschen gleich. Wir leben in einer »ehrlicheren« Gesellschaft. Wir müssen also ehrlichere Unternehmer werden.

BAD TALKS

Die Mitarbeiter einer Airline-Lounge sprachen untereinander über ihre Gäste. Irgendwann hörte ich den Satz: »Die fressen heute wieder wie die Schweine.« In Quick-Service-Betrieben höre ich oft: »Jetzt kommen schon wieder die Schüler, die Ein-Euro-Kunden.«

Hey, die Schüler sind Fans von euch! Bewertet Menschen nicht. Wenn es euch nicht passt, warum bietet ihr dann Produkte an, die nur 1 Euro kosten?

Schüler sind laut und haben keine Manieren, heißt es dann. Aber so wie man die Dinge sieht, so geschehen sie. Denn mit diesem Blick prüft man dann die Dinge. Denken Sie, alle Schüler sind faul und laut, dann finden Sie genügend Beweise, die dies bestätigen werden. Denn Ihre volle Aufmerksamkeit widmen Sie immer Ihrer Werteanschauung, will sagen: der Bestätigung Ihrer Vorurteile. Kinder spüren aber, ob sie geliebt werden oder nicht, und verhalten sich dementsprechend.

In meinen Augen sind Kinder wichtig für die Stimmung im Betrieb. Sie bedeuten Freude und sind für die Zukunft des Betriebes von größter Bedeutung. Mein Motto war immer: »Wo was los ist, ist was los.« Und viele Quick-Service-Betriebe leben vom Trubel und der entspannten Atmosphäre.

HILFE, DER BACKOFEN PIEPST!

Ich habe Bäckereiverkäuferinnen in Erinnerung, die immer gestresst wirken und sofort in Panik ausbrechen, sobald während eines Kundengesprächs der Piepston eines Gerätes zu hören ist. Sie brechen dann schlagartig das Gespräch ab. Wie von der Tarantel gestochen, stürzen sie sich auf das Gerät. Sie retten die Produkte mit letztem Einsatz und einem Seufzer aus der gefährlichen Glut. Ich weiß nicht was schlimmer ist, der Piepston oder die angsterfüllte Person hinter dem Tresen. Bleib locker, das gehört zu unserem Job. Die paar Sekunden hat der Gast Zeit, sofern du sie ihm hübsch verkaufst. Informiere den Gast/Kunden höflich: »Darf ich Sie kurz verlassen, da ruft jemand nach mir, bin gleich wieder da.« – »Danke fürs Warten«. Denken Sie daran: Ein paar Sekunden zu warten ist nicht so schlimm. Viel schlimmer ist ein genervter Mitarbeiter.

UNTER GENERALVERDACHT

VerkäuferInnen halten jeden dritten Kunden für einen potenziellen Ladendieb. Im Supermarkt wird nach der Begrüßung, für alle zu erkennen, ein Blick auf den Spiegel an der Decke geworfen, ob man auch wirklich nichts im Einkaufswagen mitgehen lässt. Dieses Misstrauen spürt der Kunde.

GÜTERZUGSERVICE

Als ich den Frankfurter Flughafen Fraport trainierte, ist mir besonders aufgefallen, dass es in stark frequentierten Betrieben Verkäufer gibt, für die ein Kunde nur ein vorbeirauschender Güterzug ist. Kunden werden ohne Wahrnehmung bedient, nach dem Motto: »Den sehe ich eh nie wieder. Mein Job ist Ware rausgeben, und das so schnell wie möglich.« Da werden Kunden mit der Begrüßung »Der Nächste« oder mit »Bitte?« abgespeist.

Dabei hat ein Job in einem hoch frequentierten Betrieb doch sehr positive Seiten. Es gibt immer wieder neue Gäste aus den unterschiedlichsten Schichten und Nationalitäten. Mit diesen Menschen einen kurzen positiven Kontakt aufzubauen, das ist interessant und macht Spaß. Viel schwieriger ist es, in einer Kleinstadt mit vielen Stammkunden umzugehen und die Kontakte permanent auf hohem Level zu halten und nicht verlottern zu lassen. Dieter Schenk, der Chef von ROBINSON Club, sagt: »Mach deinen Beruf zum Hobby, dann brauchst du nie mehr zu arbeiten.«

Die Gastfreundschaft fordert von uns, nett und freundlich zu sein. Aber es gibt viele Service-Leute, die freundlich sind, lächeln … alles läuft mustermäßig, und dennoch scheint es kein wirkliches Lächeln zu sein. Das Lächeln wirkt künstlich wie eine venezianische Maske. Der Service ist zwar da, aber er ist nicht wirklich präsent. Wie ein Haus ohne Fenster. Ein Verkäufer ohne Fenster sorgt aber auf die Dauer für schlechte Laune bei allen Beteiligten und für ein Klima, das keine Entfaltung ermöglicht.

Es gibt Gewinner und Verlierer in der gleichen Branche. Manche Personen wie Barack Obama oder Helene Fischer wirken sympathisch und von dieser Welt, andere dagegen verschlossen und »aus der alten Welt«. Das hat Gründe. Das persönliche Auftreten und das Erscheinungsbild sind die Eintrittskarten des Erfolgs im neuen iLevel-Zeitalter.

EMOTIONALE SPHÄRE, ERSTKONTAKT UND PRÄSENZ

Mein Chef sagte einmal zu mir: »An Tisch eins kommen besondere Gäste, mach einen guten Service!« Aber wie geht »guter Service«? Was muss ich tun, damit Kunden/Gäste in eine emotionale Sphäre abtauchen können? Auf den folgenden Seiten sehen wir uns die Zutaten an.

ZUTATEN FÜR EINEN GUTEN ERSTEN KONTAKT

Der erste Kontakt öffnet das Fenster der emotionalen Sphäre. Zieh den Kunden/Gast sofort in deinen Bann, begrüße ihn, strahle Energie aus ... Was bedeutet das für den Future Service?

Für die perfekte Präsenz und Performance und um Gäste auf Anhieb in die emotionale Sphäre zu bringen, sind drei essenzielle Tools wichtig.

TOOL 1: KLARE AUGEN

Der Augenkontakt ist eines der wichtigsten Instrumente der Anerkennung und Wertschätzung zwischen Kunden und Service. Und Augenkontakt ist nicht gleich Augenkontakt. In der Schauspielerei unterscheidet man zwischen dem unscharfen Blick und dem scharfen Blick. Der unscharfe Blick hinterlässt keine Wirkung.

In der Schauspielerei gibt es einen Augenkontakt-Trick, mit dem der Blick geschärft wird. Wie geht das? Sieh dem Partner so lange in die Augen, bis du die Augenfarbe erkennst. Das ist der scharfe Blick, der ankommt und wirkt. Probieren Sie es aus: Sehen Sie einem Menschen ins Gesicht. Beim zweiten Mal sehen Sie dem Menschen ins Gesicht und schauen so lange hin, bis Sie seine Augenfarbe erkennen. Fragen Sie denjenigen, welcher Blick intensiver war und angekommen ist. Man kann die Leistung eines Menschen auch an den klaren Augen sehen: Ist er wach, hat er Energie, oder wirkt er verschlafen?

Wichtig für Manager: Damit etwas haften bleibt, sollte man nicht nur von einer Sache reden, sondern das Thema begreifbar machen. Begreifen kommt von greifen, anfassen, etwas tun. Trainieren Sie den perfekten Augenkontakt durch das 60-Sekunden-Spiel. Das macht Spaß und schärft die Konzentration auf das Thema. Es kostet die Teilnehmer Überwindung, jemandem so lange in die Augen zu sehen (am Gast wird es dann leichter), und es zeigt ihnen, wie lange 60 Sekunden dauern können. Der Augenkontakt wird nach dem Rollenspiel sofort viel besser.

Das Augenkontakt-Experiment Suchen Sie sich einen Partner. Stellen Sie sich gegenüber und sehen sich 60 Sekunden lang in die Augen, ohne zu sprechen und ohne wegzusehen. Wer wegsieht, verliert. Und wohlgemerkt: Es darf dabei nicht gesprochen werden.

Eine dritte Person stoppt die Zeit und sagt die Zeittakte 15, 30, 45 Sekunden an.

Fragen Sie sich hinterher: Wie haben Sie sich gefühlt? Hat es lange gedauert?

Wenn wir arbeiten, vergeht die Zeit schnell. Warten und nichts tun dauert immer am längsten. Kunden, die nicht sofort begrüßt werden, empfinden eine Minute wie eine Ewigkeit. »Wir warten schon seit zehn Minuten«, heißt es dann, obwohl der Gast erst eine Minute wartet. Warten strengt an und macht Stress, deshalb kommt uns die Zeit so lang vor.

Jemanden eine Minute lang in die Augen zu sehen, kostet schon Überwindung und ist zugleich ein gutes Training. Natürlich können Sie jetzt keinem fremden Menschen 60 Sekunden lang in die Augen starren. Sonst laufen Sie Gefahr, dass jemand kommt und Sie anspricht: Hey, das ist mein Partner! Oder: Was guckst du? Was gaffst du mich an?

Der Augenkontakt als Ladestation Wenn der Akku Ihres Handys leer ist, dann schließen Sie es an eine Steckdose an und laden es auf. Wie können wir uns aufladen, wenn unser Akku leer ist? Es ist ganz einfach: durch aufregende Blicke. Wir können übers Wochenende nach Barcelona fliegen, wir lassen es krachen, von einem Club in den nächsten, Shoppen, Sehenswürdigkeiten, Bars, Restaurants usw. Kaum Zeit, mal ein Auge zuzumachen. Was denken Sie, wie fühlt man sich nach so einem Wochenende? Der Körper ist müde, aber der Geist ist hellwach.

»Die Frau an der Kasse hat gar nichts gesagt, die wollte nur das Geld haben.«
Nationaltorwart Manuel Neuer auf die Frage, wie sein Besuch in einer Drogerie in Köln ablief.

Wir Menschen laden unseren Geist durch neue Eindrücke auf. Unser Auge hat sich der heimischen Welt angepasst. Der Geist schläft zunehmend ein, könnte man sagen. Kaum reisen Sie in eine Umgebung mit neuen Eindrücken (z. B. vom Flachland ins Gebirge), muss sich Ihr Auge den neuen Konturen anpassen. Und Ihr Geist läuft auf Hochtouren. Das kann auch ein Grund sein, warum wir so gerne reisen und Neues suchen.

Natürlich können wir nicht ständig auf Reisen gehen. Zum Glück hat man aber festgestellt, dass Menschen über den Augenkontakt Energiefelder transportieren. Wir können unseren Akku also mit Kundenkontakten aufladen. Sobald es Ihnen gelingt, mit dem Kunden eine kurze Verbindung herzustellen, lädt sich Ihr Akku auf. Besonders wichtig ist das, wenn man Tätigkeiten ausführt wie Einräumen, Putzen etc., die ungemein Kraft kosten und sehr ermüdend sind. Im Service haben Sie täglich Hunderte von kurzen Kontakten. Setzen Sie immer auf Augenkontakt, mit jedem gelungenen Kontakt wächst Ihr Energiefeld.

Howard Schulz, CEO von Starbucks, war es wichtig, dass seine Barista durch Augenkontakt und Konversation eine bessere Bindung zum Gast herstellen, während der Gast auf der anderen Seite der Espressobar wartet. Deshalb ließ er alle Kaffeemaschinen von Starbucks gegen niedrigere austauschen, weil die alten Kaffeemaschinen zu hoch waren und keinen Augenkontakt zuließen. Eine teure Investition, aber ich bin sicher, sie hat sich schnell bezahlt gemacht.

TOOL 2: DER 360-GRAD- ODER DÖNER-BLICK

Sie sitzen in einem Café. Am Nachbartisch unterhält sich der Kellner mit einem Gast. Sie möchten noch etwas bestellen und denken sich. Sieh her. Sieh her! Aber der Kellner dreht in die andere Richtung ab, ohne Sie zu bemerken. Oder Sie sind in einem Lebensmittelgeschäft, Sie suchen etwas, Sie sehen eine Verkäuferin, gehen auf sie zu – und weg ist sie. Das ist der typische Scheuklappen-Service.

Gutes Verkaufen funktioniert aber nur, wenn eine Beziehung zwischen dem Kunden und dem Service besteht. Oft werden Kunden, die in einer Reihe anstehen (z. B. beim Bäcker, am Flughafen, beim Check-in, in einem Hotel, in der Bank oder an einem Quick-Service-Counter), erst dann begrüßt, wenn sie dran sind. Warten in der Reihe kann aber sehr lange dauern; wenn der Kunde dran ist, muss es schnell gehen und er ist womöglich schon leicht gereizt. Diesem Kunden jetzt ein Zusatzangebot zu suggerieren, wird schwierig.

Haben sie schon mal Dönerverkäufer beobachtet? Sie haben über die Jahre viel Erfahrung gesammelt und wissen, wie man Gäste oder die in der Reihe stehenden Kunden ansprechen muss, damit sie nicht wieder den Laden verlassen, wenn der Dönerverkäufer sich umdreht, den Kunden den Rücken zeigt und mit seinem Messer den Dönerspieß bearbeitet. Ein Dönerverkäufer fixiert den ersten Kunden: »Sie wollen Döner?« Dann sieht er zum nächsten Kunden: »Auch Döner?« Dann zum dritten, vierten, fünften Kunden: »Alle Döner?« Erst dann dreht er sich um und bearbeitet den Dönerspieß. Wenn jetzt ein neuer Kunde den Laden betritt, dann hört der Dönerverkäufer auf zu arbeiten, dreht sich um, deutet oft sogar mit dem Messer auf den Kunden und begrüßt ihn mit dem Wort: »Döner?«

Diese Verkäufer wissen, was sie tun, denn in der Vergangenheit haben sie viele Kunden verloren, denen es zu lange dauerte und die wieder abdrehten und nichts kauften. Das Motto eines Dönerverkäufers lautet: »Sprich mit einem kurzen Blick alle an, die in der Reihe stehen, dann fühlt sich jeder angesprochen.« Denn die so angesprochenen Kunden haben das Gefühl, bereits eine Bestellung aufgegeben zu haben. Diejenigen, die sich anonym fühlen, drehen schnell wieder ab und holen sich woanders ihren Snack.

> Damit Gäste/Kunden in eine emotionale Sphäre eintauchen können, sollten Sie innerhalb von drei Sekunden, nachdem sie Ihre Location betreten haben, begrüßt werden. Das schaffen Sie locker, wenn Sie den 360-Grad oder Döner-Blick einsetzen.

Ein schlechter Barkeeper hat während des Shakens eines Cocktails den Waschbeckenblick drauf. Ein guter Barkeeper hebt seinen Kopf, während er den Cocktail schüttelt; er checkt seinen Laden und die Gäste. Es gibt viele Momente und Chancen, einen Kontakt zu den in der Reihe stehenden Personen aufzunehmen.

Beachten Sie besonders diejenigen Gäste, die sich neu in der Reihe anstellen. Schnell wird es wartenden Gästen langweilig. Denken Sie daran: Warten und nichts tun dauert immer lange! Signalisieren Sie wartenden Gästen kurz: »Ich habe Sie gesehen.« Das geht mit einem stillen Zunicken. Diese Geste nimmt dem Gast die Sorge, er könnte übersehen werden, und er beginnt sich zu entspannen. Mit dem 360-Grad- oder Döner-Blick signalisieren Sie: Ich habe alles im Griff. Wirft z. B. ein Kunde, den sie gerade bedienen, einen Blick in seine Geldbörse, in die Speisekarte oder auf andere Gäste, dann haben sie zwei bis drei Sekunden Zeit, mit den anderen wartenden Gästen einen kurzen Blickkontakt aufzubauen.

» Betriebe wie Monmouth, Magnolia, Starbucks, Sasou, Ballabeni, What's Beef usw. haben ständig lange Warteschlangen. Daraus kann man schließen: Menschen warten gern, wenn es sich lohnt.

Ein Adler (360-Grad-Service-Mitarbeiter) ist in der Lage, mehrere Personen gleichzeitig zu bedienen. Wie? Signalisieren Sie dem aktuellen Gast: »Verzeihen Sie kurz« und wenden sich an dem nächsten fragenden Gast: »Haben Sie nur kurz eine Frage?« Dann gehen Sie zum ersten wieder zurück: »Danke für Ihr Verständnis.« Nützen Sie bei Andrang jede Gelegenheit, jeden Kunden zu erreichen. Auch wenn es nur ein kleiner Augenkontakt mit einem Nicken ist, mit der Botschaft: Ich habe Sie registriert.

Auch an der Kasse lohnt sich der 360-Grad-Blick. Es geht einfach darum, Gäste wahrzunehmen und sich um sie zu kümmern. Manchmal schließt eine Kasse, und die bereits wartenden Gäste müssen auf die Nebenkasse ausweichen. Mir ist schon passiert, dass ich als Nächster drangekommen wäre, den Wechsel irgendwie verpennt habe und die hinter mir Stehenden mich überholten, indem sie schnell auf die neue Kasse übersprangen. Das ist wie beim »Mensch ärgere dich nicht«: Man fällt wieder auf Null zurück. Der die Kasse schließt, sollte die Kunden führen, indem er seine Gäste nicht im Regen stehen lässt, sondern auf die neue Kasseneinreihung achtet und die Gäste unterstützt. Sprechen Sie einfach die Gäste an: »Ich bitte Sie ...« Oder wenn eine zusätzliche Kasse öffnet: Achten Sie darauf, dass derjenige als Nächstes drankommt, der schon am längsten wartet. Sprechen Sie ruhig und höflich diejenigen an, die schneller waren: »Der Herr wäre als Nächster dran ... darf ich ... es geht jetzt ganz schnell.«

Kunden hassen Firmen und Situationen, die unorganisiert wirken. Wenn man in einer Schlange ansteht und deutlich spürt, dass es sehr zäh vorangeht, obwohl nebenan unbesetzte Kassen sind, dann versteht man nicht, warum sich niemand darum kümmert, dass eben diese Kassen besetzt werden. Das nervt unglaublich. Das verstehen wir unter Missachtung von Kunden. Man spürt, dass es da kein System gibt, weder bei den Lebensmittelgeschäften noch bei den Fastfood-Betrieben. Und wenn doch, dann klingelt jemand heftig, ohne dass sich etwas tut. Dann wird laut gerufen, bis irgendwann ein missmutiger Kollege erscheint und eine zusätzliche Kasse öffnet. Freuen Sie sich aufs Geschäft: Wenn nicht jetzt, wann dann? Es müsste ein Gesetz geben, dass Geschäfte dazu verpflichtet, ab fünf Personen die nächste Kasse aufzumachen. In manchen Betrieben haben wir die Mitarbeiter mit einem kleinen Headset und Mikrofon vernetzt.

Ohne dass die Kunden das mitbekamen, erschien eine Fee, die zur Freude aller die nächste Kasse öffnete.

Auch über das Anstellen bei den Quick-Service-Betrieben sollte man sich mehr Gedanken machen. Irgendwie habe ich immer das Gefühl, dass ich mich in der falschen Reihe angestellt habe. Meine Reihe dauert gefühlt immer am längsten. Besser finde ich die Idee bei den Airlines oder bei der Post. Die haben eine Wartezone, und der Nächste darf an die nächste freie Kasse oder den nächsten freien Schalter.

Unternehmen brauchen Menschen mit 360-Grad-Blick, Persönlichkeiten mit »open mind« oder Döner-Blick. Aber wie entwickelt man diesen Blick? Dazu wieder ein Experiment:

Das E.T.-Spiel

1. Die Partner stehen ca. 3 Meter auseinander. Sie strecken ihren Zeigefinger Richtung Partner aus, sehen auf den Finger, gehen aufeinander zu und stoßen mit den Zeigefingern zusammen.
2. Die Partner gehen wieder auseinander, sie strecken ihren Zeigefinger Richtung Partner aus, aber sie sehen jetzt nicht mehr auf den Finger, sondern sie schauen sich in die Augen. Sie gehen aufeinander zu und stoßen mit den Zeigefingern zusammen.

Hat es funktioniert? Wenn Sie mit den Fingern zusammengestoßen sind, ohne auf die Finger zu sehen, sind Sie in der Lage, den 360-Grad-Blick auszuführen.

Das Ziel ist: Wir konzentrieren uns auf einen Punkt (z. B. die Augen des Partners) und signalisieren ihm, dass wir nur für ihn da sind. Trotzdem sehen wir alles, was rundherum passiert. Aus dem Augenwinkel erkennen Sie, dass ein neuer Kunde Ihre Location betreten hat, dass die Muffins aus sind … dass ein Kunde etwas sucht und nicht findet … Das ist »open mind«, eine der wichtigsten Eigenschaften des neuen Verkäufers.

Wir können den 360-Grad- oder Döner-Blick auf zweierlei Weisen wunderbar nutzen: privat und beruflich.

360 Grad beim Begrüßen Wenn Sie jemanden mit Handschlag begrüßen, gehen Sie auf ihn zu und nicht umgekehrt, heben Sie zwei bis drei Schritte vor dem Begrüßen die Hand, achten Sie darauf, dass Sie während des Handhebens, des Begrüßens und Händeschüttelns nicht auch nur eine Hundertstelsekunde wegsehen (z. B. in Richtung Hände). Das würde Unsicherheit signalisieren. Wenn ein Polizist Sie fragt: »Haben Sie was getrunken?«, und Sie sehen nur einen kurzen Augenblick weg, dann wird er Sie pusten lassen.

Also: Wenn Sie jemandem die Hand geben, begrüßen Sie ihn, ohne seine Augen loszulassen. Sehen Sie ihm so lange in die Augen, bis Sie seine Augenfarbe erkennen. Die gleichen Regeln gelten bei einem Vorstellungsgespräch, wenn Sie bei einer Bank einen Kredit brauchen, beim Fußball, beim Boxkampf, auf Partnersuche und bei der zukünftigen Schwiegermutter ...

360 Grad im Service Ein Beispiel aus der Gastronomie: Ein Kellner hat Zeit im Service und macht 1000 Euro Umsatz. In der Regel bekommt er etwa 8 Prozent Trinkgeld, also 80 Euro. Wenn er weniger Zeit mit den Kunden verbringt und mit sehr viel Tempo und Hektik den doppelten Umsatz macht, bekommt er dann auch doppelt so viel Trinkgeld, also 160 Euro? Nein! Der Trinkgeldsatz fällt rapide ab und sinkt auf etwa 5 Prozent vom Umsatz. Warum ist das so? Wenn man in Stress ist, hat man keine Zeit und vor allem keinen Augenkontakt. Die Folge: Der Kunde fühlt sich anonym. Das kann so weit gehen, dass der Kunde aufsteht, bezahlen will und sich nicht mehr erinnern kann, wer ihn bedient hat.

Stellen Sie sich vor, Sie gehen auf eine Toilette am Bahnhof. Es gibt zwei Toilettenfrauen/-männer. Die eine Person sitzt da, mit gesenktem Blick nach unten (da bin ich immer ganz froh, da kann man sich schön vorbeimogeln), die andere sitzt aufrecht und hält mit ihren Besuchern Augenkontakt. Welche Person hat mehr Trinkgeld auf dem Teller? Richtig, die zweite Person.

Überreichen von Produkten: verkaufen statt verteilen Die meisten Verkäufer verteilen nur ihre Produkte, ohne Augenkontakt mit dem Kunden: »Bitteschön.« Da überlegen sich Marketing-Experten coole Namen wie Chocolate Chip mit Rainbow Candy, und der Verkäufer überreicht das Produkt ohne Inspiration mit einem »Bitteschön« ... In der klassischen Gastronomie wird dieses Verhalten gnadenlos bestraft: Weil der Gast sich anonym fühlt (es hat mich niemand gesehen), gibt er wenig oder gar kein Trinkgeld. Wenn wir ein Produkt (Salat, Einkaufstüte, Getränke, Quittung, Geld, Zimmerschlüssel, Gesichtscreme ...) überreichen, dann immer mit Augenkontakt. Nur so fühlt der Kunde sich persönlich angesprochen.

Aber wie erreiche ich Augenkontakt? Es gibt da mehrere Möglichkeiten. Sie erreichen den Augenkontakt, indem Sie kurz vor dem Überreichen des Produktes innehalten und etwas zu dem Kunden sagen: »Jetzt bin ich da mit Ihrer Mango-Lassi.« Schon sieht Sie der Kunde an, weil er sich **angesprochen** fühlt.

» Augenkontakt auf der Achse zum Kunden herstellen
» Produkt aussprechen
» Produkt übergeben/abstellen/servieren

Die Italiener und die erfahrenen Bedienungen im Biergarten haben noch einen anderen Trick, um Aufmerksamkeit zu erzielen. Sie reichen das Produkt bei der Übergabe zuerst etwas höher in der Blickachse des Kunden und sprechen das Produkt laut aus, wenn sie es überreichen. So erzeugt man gezielt einen Augenkontakt.

Der Italiener sagt: »Ihr Espresso«, und reicht ihn Richtung Gesicht des Kunden, bis er den Augenkontakt hergestellt hat. Dann erst serviert er ihn.

Die Bedienung sagt: »Das Helle«, und hebt es in die Luft, bis die Gäste sie ansehen.

Das können Sie auch: Reichen Sie das Produkt bei der Übergabe Richtung Augen und sprechen Sie das Produkt laut aus: »Ihr Caramel Macchiato – viel Spaß!« So sieht Sie der Gast an, es entsteht ein kurzer letzter Kontakt. Nehmen Sie in der Bäckerei noch mal die Tüte in die Hand und überreichen Sie sie mit Augenkontakt, während Sie den Kauf noch einmal aussprechen: »Ihr Baguette« oder im Hotel: »Ihr Zimmerschlüssel«. Überreichen Sie bei Vapiano die Pasta, bei Nordsee das Fischbrötchen, bei Sushi circle die Sushi mit Augenkontakt und betonen Sie das Produkt. In Betrieben mit Tablett wie Burger King oder Kentucky Fried Chicken heben Sie das Tablett kurz an und in Richtung des Gastes, natürlich auch hier mit Augenkontakt und während Sie das Produkt aussprechen.

Starbucks macht das sehr gut. Die Mitarbeiter betonen bei der Ausgabe meistens ihre Produkte: »Ihr Caffé Latte.« Oft auch mit dem Namen des Kunden: »Ein Caffé Latte für Lucca.«

TOOL 3: DIE HALTUNG

Der Stand, die Haltung, die Stimme und Mimik können Sie unbewusst zum Loser oder zum Winner machen. Dieses Tool haben wir anfangs unterschätzt. Meine Partnerin Andrea Grudda spricht vom Powerhouse – ein Begriff aus dem Fitnessbereich, der ursprünglich aus dem Pilates-Training stammt. Manager und Servicemitarbeiter waren mit der Powerhouse-Haltung ab sofort präsenter. Man hörte ihnen zu, man kaufte, was sie empfohlen hatten.

Sehen wir uns die bekannten Verhaltensweisen und deren Botschaften an:

Die Hände hinter dem Rücken sind weit verbreitet. Diese Haltung bedeutet: Ich verberge etwas, ich könnte auch eine Waffe hinter dem Rücken tragen. Sie ist fatal und löst Unbehagen und sogar aggressives Verhalten beim Gegenüber aus. Ich nehme an,

» Hände hinter dem Rücken, herunterhängende Arme, Fragezeichen-Haltung. Breiter Stand signalisiert Gefahr. Das darf nur Cristiano Ronaldo beim Freistoß.

dass diese Haltung (Hände hinter dem Rücken) noch aus der Zeit des Königsdienstes stammt. Da mussten die Sklaven die Hände hinter dem Rücken halten, damit sie dem König das Essen nicht vergiften konnten.

Herunterhängende Arme: Die Energie fließt aus dem Körper heraus, man wirkt kraftlos, ohne jegliche Energie und Motivation. Herunterhängende Arme provozieren ebenfalls. Denken Sie an Boxer, die ihren Gegner damit provozieren, oder an die Türsteher und Security-Leute mit herunterhängenden Armen. Die wirken kraft- und saftlos. Man hat vor diesen Personen keinen Respekt, und sie wirken unterbewusst motivationslos. Da ist es nicht verwunderlich, dass Chefs ihr Personal mit herunterhängenden Armen anmachen mit den Worten: »Habt ihr nichts zu tun?«

Manche neigen dazu, das Gewicht von einem Fuß auf den anderen zu verlagern. Sie schwanken wie ein Strohhalm im Wind. Wer jedoch mit beiden Fußsohlen in gutem Kontakt auf dem Boden steht und in der Haltung ein Gefühl von Festigkeit vermittelt, ist in der Regel auch ein starker Mensch. Er weiß, wo er steht, er kennt seinen Standpunkt. So haben die Gäste auch mehr Respekt vor ihm. Die Gäste verhalten sich so, wie Sie sind.

Vermeiden Sie deshalb jedes nervöse Hin-und-Hergerenne; es wird als Unsicherheit ausgelegt. Lehnen Sie sich nicht ans Desk, hängen Sie nie wie ein Fragezeichen am Counter. Das gibt ein hässliches und unmotiviertes Bild ab, Sie wirken damit fahrig und lustlos.

Sehen wir uns jetzt die optimale Präsenz an. Die Powerhouse-Haltung. Grätschen Sie ganz leicht die Beine (so breit wie das Becken ist, in der Regel heißt das, zwischen die Füße würde noch ein Fuß passen, mehr nicht) und verteilen Sie das Gewicht gleichmäßig auf beide Füße. Das gibt Ihnen einen sicheren Stand, Sie wirken als »Fels in der Brandung«. Der feste Stand beeinflusst auch die Stimme. Frauen neigen oft dazu, die Beine eng zusammenzustellen. Schon wird aus der Bauchstimme eine Kopfstimme, und darunter leiden Überzeugungskraft und Glaubwürdigkeit.

Als zweites heben Sie ihr Brustbein an. Schon steigt Ihre Aura und hebt Ihre Ausstrahlung. Die Balletttänzerin und Trainerin Annett Göhre spricht vom »Licht«, das man zeigen sollte.

Die drei wichtigsten Basic-Tools für einen gelungenen ersten Kontakt:

- **Augenkontakt – Augenfarbe**
- **360-Grad-Blick**
- **Powerhouse**

Trainieren Sie diese Tools auch mit Hilfe von Rollenspielen. Praktizieren Sie sie täglich, bis sie Ihnen in Fleisch und Blut übergegangen sind.

Als Drittes befassen wir uns mit der Energie. Es gibt einen einfachen Trick, wie man Energie, Bereitschaft, Motivation ausstrahlen kann. Heben Sie die Arme im 90-Grad-Winkel an. Mit dieser Haltung bleibt die Energie bei Ihnen, Sie strahlen Power, Motivation, Lust und Einsatzfreude aus. Verkäufer mit dieser Haltung verkaufen wesentlich mehr als andere. Warum? Die Stimme wird kräftiger, sie wirken symphatischer und selbstbewusster, sicherer usw. Vielleicht ist diese Haltung anfangs ungewohnt, aber betrachten Sie sich mal selbst im Spiegel: zuerst mit herunterhängenden Armen und eingefallenem Brustbein, dann mit erhobenem Brustbein und angewinkelten Armen. Sie werden schnell erkennen, was mehr Power ausstrahlt.

Wenn Manager oder Mitarbeiter durch ihren Betrieb gehen, dann immer mit der Powerhouse-Haltung. Sie signalisiert den Gästen und Kollegen pure Energie.

Barack Obama macht das perfekt. Achten Sie auf seine Haltung, wenn er aus einem Flugzeug steigt, ein Interview gibt oder durch die Straßen schlendert.

TOOLS FÜR EINE GUTE PRÄSENZ IM UMGANG MIT KUNDEN UND GÄSTEN

Neben diesen grundlegenden Tools gibt es eine ganze Reihe von weiteren Tricks, mit denen Sie Ihre Präsenz im Umgang mit Kunden und Gästen verbessern können.

DER STAND ZUM KUNDEN

Stellen Sie sich mit dem Becken zum Kunden. Manche Service-Mitarbeiter möchten dem Gast Schnelligkeit signalisieren und stehen mit dem Becken schräg zum Kunden, als wären sie in einer Fluchtbewegung. Sie meinen es gut, aber das Bild ist dennoch negativ: Sie sehen immer so aus, als wären sie gestresst.

Wichtig: Wenn Sie an einem Counter stehen, hinter einer Bar oder am Hostess-Pult, nehmen Sie die Powerhouse-Haltung ein. Wenn ein Gast auf Sie zukommt, bleiben Sie nicht wie festgenagelt stehen, das wirkt arrogant. Da braucht man sich nicht zu wundern, wenn die Gäste hochnäßig reagieren. Verlassen Sie Ihren Standort, sobald Sie den Gast begrüßen, auch wenn Sie nur 1 Zentimeter auf ihn zugehen. Schon fühlt sich der Gast willkommen, Sie wirken offen und als Gastgeber, der sich auf den Gast freut.

DIE HÄNDE

Die Hand ist eines der wichtigsten Instrumente aktiver Kommunikation. Die offene Hand zeigt uns ihre sensible Innenfläche. Wer sie offen zeigt, schenkt Vertrauen. Er versteckt seine Gefühle nicht. Eine offene Hand signalisiert die Bereitschaft, Gegenargumente anzunehmen.

Gestik ist eine willkommene Bereicherung des gesprochenen Wortes, steigert die Farbigkeit, Natürlichkeit und Lebendigkeit der Sprache. Sie haben nicht nur Zuhörer, sondern auch Zuschauer.

Vermeiden Sie kleine, zuckende Bewegungen aus dem Handgelenk, vor allem unter der Gürtellinie. Setzen Sie zuerst die Geste ein und dann das Wort, niemals umgekehrt.

Stützen Sie sich nicht mit den Händen auf dem Tresen ab, damit dringen Sie zu stark in die Intim- Privatsphäre des Gastes ein. Der Tresen gehört dem Gast. Respektieren Sie das, dann wirken Sie auf jeden Fall sympathisch.

DIE MIMIK

»Wer nicht lächeln kann, sollte kein Geschäft eröffnen«, lautet ein altes chinesisches Sprichwort. Ein freundlicher, entspannter Gesichtsausdruck schafft schnellen Kontakt zu den Zuhörern. Sie bekommen das Gefühl: Der Redner mag uns. Er spricht gern zu uns. Die Grundeinstellung eines Menschen prägt mit der Zeit auch seinen Mundausdruck. Einen sauertöpfischen, negativen Menschen erkennen Sie an seinen herabgezogenen Mundwinkeln. Ist ein Mensch fröhlich, genießt er, verleiht er seinem Gesicht einen strahlenden Glanz. Wichtig dabei ist, nicht mit dem Mund, sondern mit den Augen zu lächeln, sonst wirkt es künstlich. Wenn Sie oder Ihre Mitarbeiter mal nicht so gut drauf sind, fordern Sie nie das Mundlächeln ein. Fordern Sie das Augenlächeln, das Mundlächeln ist nicht so wichtig und kommt mit der Zeit automatisch.

DAS STIMMVOLUMEN

Mein grausamstes Service-Erlebnis war auf einem Schiff. Ich wurde vom Service-Direktor gebeten, mir den praktizierten Service anzusehen, denn der Besitzer einer der größten Privatjachten der Welt war unzufrieden. Das Service-Meeting sollte eigentlich auf dem Festland in einem Seminarraum stattfinden. Ich hatte diese Idee verneint, weil ich das orginale Service-Erlebnis brauchte, um herauszufinden, was da falsch lief. Und so saß ich nun allein in diesem Speisesalon. Top Tischkultur, top ausgebildetes Servicepersonal, immer achtete jemand in Reichweite darauf, ob ich etwas brauche. Und es gab großartiges Essen.

Nach dem zweiten Gang stoppte ich die Vorführung. Mir war inzwischen klar, wo der Haken lag. Ich konnte mein eigenes Schluckgeräusch hören – etwas Grausameres hatte ich bis dahin noch nicht erlebt. Wir wussten, was zu tun war: natürliches Leben erzeugen.

Achten Sie auf ein natürliches Stimmvolumen und produzieren Sie Leben. Flüstern ist immer mit einem Krankheitsbild verbunden. »Sei leise, die Oma ist krank.« In diesem Klima fühlt man sich nicht wohl.

GLAMOUR & STYLE

Warum wirkt das persönliche Auftreten von Servicemitarbeitern oft so ärmlich? Ärmlichkeit ist meist der Untergang einer Firma. Billig darf man sein, aber der Geruch der Ärmlichkeit ist tödlich. Kein Wunder, dass solche Firmen wieder vom Markt verschwinden. Gäste wollen sich wie Stars fühlen, und dabei wollen sie von Stars umgeben sein. Menschen lieben Glamour & Style. Pimpen Sie Ihre äußere und innere Erscheinung: Make-up, Frisur, Outfit, Powerhouse-Haltung. Ich habe schon oft Mitarbeiter gesehen, die sich erst nach ihrer Schicht stylten. Wenn sie aus der Personalumkleide kamen, waren sie kaum mehr wiederzuerkennen. Top gestylt machten sie sich auf den Weg in den Feierabend. Im Job sahen sie aus wie eine graue Maus. Ein Teilnehmer berichtete mir mal von einer Toilette auf einer Autobahn-Raststätte: Kerzen, Blumen, Parfüms zur Auswahl, und der Toilettenmann war top gestylt. Der Toilettenmann sagte: »Ich komme aus Afghanistan und bin Architekt. Ich kann mir hier nicht aussuchen, was ich mache, aber ich kann mir aussuchen, wie ich es mache.«

MATRIX UND ZEIT

Hektik ist ein Zeichen von Sparsamkeit und Ärmlichkeit. Der Kunde will ein Star sein und sich wertgeschätzt fühlen, deshalb sucht er sich entsprechend großzügige Partner. Partner, die den Gast nicht nur den Gast als Mittel zum Zweck sehen, sondern gewisse Zeitressourcen haben und sich einen relaxten Service leisten können. Hektik ist unnötig und ein Atmosphärenkiller. Arbeiten Sie zügig, ohne hektisch zu wirken, und seien Sie relaxt beim Gastkontakt.

SMALLTALK

»Sie haben ein schönes Kleid« – das wäre Schleimerei. »Oh, du hast die neuesten Sneakers von Nike an« – das weiß der Gast auch, und schon sind Sie in Kontakt von Fan zu Fan. Wenn Sie Smalltalk aufbauen möchten, brauchen Sie Gemeinsamkeiten, einen gemeinsamen Level. Das können die neuesten Sneakers oder das neueste Smartphone sein, auf das Sie ihn ansprechen. In den Top-Hotels in Asien werde ich immer wieder nach meiner Herkunft gefragt, und dann dreht sich das Gespräch fast immer um Fußball: »Oh, Sie kommen aus München?« Dann geht es los: »Schweinsteiger, Müller, Lewandowski ...« Ein bisschen Fachsimpelei. Smalltalk ist klasse.

Meine Tochter erzählte mir begeistert von einem Smalltalk-Erlebnis bei Vapiano an der Kasse: »Wir haben der Frau die Karten gegeben, sie hat uns nett begrüßt und angelächelt. Ich habe gezahlt, die Frau hat meinen Nagellack angeschaut und gefragt, ob der von Chanel ist. Ich habe ihr gesagt, dass ich ihn von D&G habe. Sie hat mir ein Kompliment für den Nagellack gemacht und gesagt, dass sie ihn sich auch kaufen will. Uns hat es gefreut, dass wir auf den Nagellack angesprochen wurden.«

Machen Sie beim Smalltalk den ersten Schritt, aber nicht als Dienstleister, sondern als Partner und Freund. Haben Sie keine Angst vor Gästen, die Ihnen unmissverständlich zeigen, dass es Sie nichts angeht, woher sie kommen. Denken Sie daran: »Es gibt keine dumme Fragen, nur dumme Antworten.« Bleiben Sie in so einem Fall cool und versuchen Sie nicht, sich zu verteidigen. Wo viel gehobelt wird, da fallen auch Späne. Beim nächsten Mal klappt es wieder.

STILGRUPPEN STATT ZIELGRUPPEN

Früher konnte man von Zielgruppen sprechen. Aber man kann sich da schnell irren. Das Adventure Camp Schnitzmühle hat aus einem Zimmer ein Erotik-Zimmer gemacht. Alles in rot, sogar mit Peitschen und Fesseln. Für die »harte« Zielgruppe. Als eines Tages ein Pärchen vor der Rezeption stand, das mit einer Harley Davidson angereist war, gab man den beiden den Schlüssel des Erotikzimmers. Fünf Minuten später erschienen die Gäste wieder an der Rezeption, um dem Rezeptionisten mitzuteilen, das Zimmer sei ihnen zu »heftig«. Darauf bekamen sie ein noch nicht renoviertes Zimmer im rustikalen Bauernstil. Diesen Dialog an der Rezeption verfolgte ein pensioniertes Pärchen. Die beiden fragten, ob sie das Zimmer mal sehen könnten, sie gingen hoch und kamen nicht mehr wieder. Vielleicht sollte man allmählich das Zielgruppendenken verlassen und in Stilgruppen denken.

Menschen, die sich immer jünger fühlen, wollen vom Service auch dementsprechend jung angesprochen werden. Ein Mensch, der sich jung fühlt, will auf keinem Fall so angesprochen werden, dass er sich alt fühlt. Manche bekommen schon Ausschlag, wenn sie mit »meine Dame«, »mein Herr« oder gar »gnädige Frau« angesprochen werden.

Ich hatte vor Kurzem mit dem Türsteher eines bekannten Clubs zu tun. Er sah mich an und sagte: »Da sind nur junge Leute oben.« Ich sagte Ja und legte die 8

» Barbara Dürer im Alter von 63 Jahren (1514), Tina Turner im Alter von 69 Jahren

Euro Eintritt auf den Tresen. Er sah mich verdutzt an und wiederholte, diesmal etwas lauter: »Da sind nur Junge oben.« Jetzt wurde mir klar, was er mir mitteilen wollte. Ich sagte: »Okay, ist das ein Problem?« Und er erwiderte: »Nein, ich wollte es Ihnen nur sagen.« Oben angekommen, hatte ich auf einmal das Gefühl, von den anderen Gästen angestarrt zu werden. Ich fühlte mich nicht mehr dazugehörig und alt. Ich verließ den Club, ohne etwas getrunken zu haben. Wahrscheinlich dachte sich der Türsteher jetzt: Ich hab's ihm doch gleich gesagt.

Die mentale Einstellung hat sich verändert. Der neue Mensch neigt zu Kooperation und gelingenden Beziehungen. Die Menschen werden nicht mehr älter, sondern jünger.

Betrachten Sie Menschen immer neutral, vermeiden Sie die bekannten Anreden (mein Herr, die Dame ...). Das Alter ist ein konstruierter Rahmen, eine mathematische Zahl, und hat nichts mit der eigentlichen mentalen Stimmung zu tun. Ich kenne aus Seminaren 70-Jährige, die sehr jung wirken, und 20-Jährige, die uralt wirken. Sebstian Nielsen sagt: Alt ist derjenige, der mehr Lust an der Vergangenheit hat als an der Zukunft.

SOLL ICH MEINE GÄSTE ODER MITARBEITER **DUZEN ODER SIEZEN?**

In der Modeszene duzt man sich. Warum? Man muss in kürzester Zeit funktionieren. Kameramann, Beleuchter, Choreograf, Model, da ist keine Zeit für Abtasten und Kennenlernen. Das Du und das Lächeln sind der schnellste Weg hin zu einem gelingenden Miteinander.

Ein Top-Barmann eines Design-Hotels sagte einmal: Lieber einen Touch zu locker als einen Touch zu steif. Er duzt generell alle seine Gäste. Ich bin 50 und fühle mich wie 30, und ich freue mich, wenn ich mit Du angesprochen werde. Das signalisiert mir, ich gehöre dazu. Sicher muss auch der Rahmen und die Situation passen. In einem Sausalitos ist das Du passend, in einem Drei-Sterne-Lokal vielleicht unpassend. Entscheiden Sie selbst. Generell sprechen moderne und junge Firmen oft in der Du-Form.

Das gilt auch fürs Management: Respekt erreicht man nicht durch das Sie oder das Du. Ich kenne CEOs, die ihre Mitarbeiter duzen. Sie signalisieren damit Lockerheit, flache Hierarchien, ein gutes Miteinander. Und sie werden respektiert. Mein Partner Prof. Kleiber-Wurm und ich siezen uns, obwohl wir seit vielen Jahren permanent zusammenarbeiten und zu Freunden geworden sind. Auch das passt. Das Sie erzeugt eine gewisse Distanz und Spannung, was auch nicht schlecht ist in einer langen und respektvollen Beziehung.

Ich persönlich duze meine Mitarbeiter. Mit ihnen will ich im Team sein und durch dick und dünn gehen. Mit Kunden wähle ich zwischen Sie und Du, je nach Situation. Geschäftspartner oder Senioren sollte man vielleicht besser siezen. Wenn ich mir nicht sicher bin, dann umgehe ich das Du oder Sie.

WAS GAR NICHT GEHT

Manchmal werde ich von Teilnehmern gefragt, ob es gut ist, Kunden zu berühren. Meine Antwort ist ein klares Jein. Es ist bewiesen, dass Körperkontakt zu mehr Trinkgeld führen kann. Ich kenne eine amerikanische Restaurantkette, wo so etwas praktiziert wird. Der Kellner wirft sich zur Begrüßung auf die Knie, und während er die Gäste begrüßt und anhimmelt, berührt er sie kurz am Arm. Die Gäste merken davon nichts, sondern spüren nur einen inspirierenden Kontakt. Sie sehen, dieser Kontakt muss gekonnt praktiziert werden. Ich persönlich finde es schwierig, einen gelungenen konstruierten Körperkontakt durchzuführen. Auf alle Fälle bringt Körperkontakt mehr Nähe zum Kunden – vielleicht beim Begrüßen von Stammgästen per Handschlag. Auf keinen Fall dürfen Sie den Gast jedoch von hinten berühren.

Wirklich problematisch finde ich, wenn jemand in die Privatsphäre anderer Menschen eindringt. Das kann einem Kellner passieren, wenn er zum Beispiel einen Smalltalk mit einem Gast führt und dessen Tisch berührt. Das ist ein grober Verstoß: Der Tisch gehört dem Gast; wenn Sie diesen berühren, dringen Sie zu tief in dessen Privatsphäre ein.

LUST AUF MENSCHEN

Als ich die Lufthansa Lounges coachte, ist mir Folgendes aufgefallen: Wenn die Mitarbeiter aus dem Office in den Kundenraum gingen, fiel ihr erster Blick auf das Büffet. Wenn ein Mitarbeiter sich aus dem Lager oder Office in den Kundenbereich begibt und zuerst die Basics checkt (brennt das Licht, fehlt etwas im Angebot, funktioniert dies oder jenes), dann ist das ein Zeichen für wenig positive Energie. Der Fokus muss sein: Hab Lust auf Menschen, auf Kontakte und auf Leben. Der Fokus muss sein: Wer ist im Raum, hallo, kurzer Flirt, wie ist die Stimmung unter den Kunden. In vielen Fällen sind Service-Mitarbeiter mit Basicarbeiten beschäftigt, und der Kunde wirkt als Störfaktor, manchmal sogar als größter Feind.

Für Manager gibt es ein wunderbares Spiel, wie Sie ihren Mitarbeitern den Kundenfokus näher und begreifbarer vermitteln können.

EXPERIMENT FOKUS KUNDE: Ihre Mitarbeiter haben eine Minute Zeit. Sie sollen in den Gastraum gehen (Voraussetzung: Es müssen ein paar Menschen im Gastraum sein) und Ihnen anschließend in einem Bild (nur eine Sache) darüber berichten, was sie gesehen haben. Sie werden erstaunt sein, worauf sich die Wahrnehmung konzentriert: schmutzige Tische, die Blumen gehören mal wieder gegossen, eine Zigarettenkippe liegt auf dem Boden usw.

UND SO IST ES AUCH IN DER PRAXIS: Den Gast/Menschen nimmt kaum einer wahr. Es geht aber um Menschen und nicht um mise en place und Ware auffüllen.

Die Amerikaner nennen den ersten zwischenmenschlichen Kontakt »open doors« – geöffnete Türen. Wir nennen ihn »Matrix« – das ist der ein Zwischenraum zwischen zwei Zellen. Was passiert, bevor ein Kunde etwas kauft? Wie wird er begrüßt? Spürt der Kunde ein positives Energiefeld? Wie ist die Präsenz? Achten Sie auf eine ethische Begrüßung, perfekten Augenkontakt, 360-Grad-Blick, Powerhouse-Haltung. Das sind die Zutaten und Instrumente der Anerkennung und Wertschätzung in der **Beziehung Gast – Service member.**

Das Gleiche gilt für die Verabschiedung: »Als Sie mir das Geld zurückgab, versuchte ich, noch ein Danke oder Guten Tag loszuwerden, doch schon galt mir keine Aufmerksamkeit mehr.« Würden das Ihre Kunden auch bemängeln? Behalten Sie Ihre Kunden immer im Auge, keiner darf Ihnen entwischen.

Wichtig finde ich auch den zweiten Besuch eines Kunden. Im Hotel, an der Rezeption oder Bar, im Restaurant oder wo auch immer: Erkennen Sie jemanden wieder, dann sprechen Sie ihn sofort darauf an. »Schön, Sie wiederzusehen.« Das ist die neue Währung der Aufmerksamkeit und Wertschätzung.

Die schlimmsten Fehler am Empfang FEHLER 1: »Haben Sie reserviert?« Das bedeutet Druck: Gehöre ich dazu oder nicht? Vor allem aber merkt sich der Gast diesen Satz: »Haben Sie reserviert.« Wenn der Gast dann eine Woche später spontan in Ihr Restaurant gehen will, fällt ihm der Satz ein: »Wir haben nicht reserviert.« Und er geht womöglich in ein anderes Lokal. Man merkt den Fehler, wenn man mit der Zeit immer weniger Walk-in-Gäste hat.

Richtig wäre: »Kommen Sie spontan oder haben Sie sich angemeldet/angerufen?« So nehmen Sie dem Gast den Druck, »reservieren« zu müssen.

FEHLER 2: Einen Korb geben: »Tut mir leid, wir sind ausreserviert/ausgebucht.«

Richtig wäre: Immer eine Option bieten, z. B.: »Wir hätten noch einen Tisch ab ca. 22 Uhr oder für morgen Abend …«. Oder: »Wir hätten nächstes Wochenende noch ein Zimmer frei.« Damit setzen Sie die Botschaft: Der Gast ist uns nicht gleichgültig und man kann auch spätabends noch essen gehen. Vielleicht nutzt der Gast das Angebot nicht jetzt, sondern kommt ein anderes Mal, wenn er zu später Stunde einen Tisch sucht. So füllt man auf Dauer seinen Betrieb.

In einem griechischen Restaurant ist mir Folgendes passiert. Ich: »Haben Sie noch einen Tisch für zwei?« Der Kellner: »Ja, für 15 Minuten.« Ich: »Den nehme ich.« Während er mich platzierte, sagte er: »Machen wir eine Karaffe Weißwein und ein Mineralwasser.« Ich: »Ja.« Nach zwei Minuten kamen die Getränke. Der Kellner: »Machen wir fünf kleine Gerichte in die Mitte, warm und kalt?« Ich: »Gute Idee.« Das Essen kam fünf Minuten später. Während wir speisten, kamen die Gäste, die reserviert hatten. Der Kellner kam an unseren Tisch und beruhigte uns: »Lasst euch Zeit, die trinken erst mal einen Aperitif an der Bar.« Wir hatten zwar anschließend einen Stein im Bauch vom schnellen Essen, aber wir waren happy.

Checkliste Präsenz

- Powerhouse-Haltung
- 360-Grad- oder Döner-Blick
- Blickkontakt halten, bis Sie die Augenfarbe erkennen
- Lächeln mit den Augen
- Auf den Kunden zugehen (und wenn es nur 1 Zentimeter ist)
- Arme im 90-Grad-Winkel, Hände offen halten
- Auf beiden Beinen stehen, Füße beckenbreit auseinander.
- Brustbein heben

DIENSTLEISTUNG ODER SERVICE?

Wissen Sie, wo das Wort Service seinen Ursprung hat? Service bedeutet im Englischen Dienst und ist abgeleitet vom lateinischen »servitium« = Sklavendienst. Wenn man jetzt an Service denkt, drängt sich ein merkwürdiges Bild auf: Ich schaffe an und du tust etwas für mich. Das war der geistige Kern von Service und Dienstleistung in der Vergangenheit. Der traditionelle Service war »dienen« – eine untertänige Hilfeleistung. Der Service war ein emotionsloser, kühler Austausch von Waren.

Wo leisten wir einen Dienst? Wenn überhaupt, dann beim Militär. Was haben wir nicht alles über Gastfreundschaft gesprochen. Über Total Quality Management. Über Iso-Zertifizierungen. Da bleibt das Lächeln auf der Strecke. Wir übersehen dabei vollkommen, dass zwischen Kunde und Produzent ein sehr viel innigeres Verhältnis aufgebaut werden muss als zwischen Befehlsgebern und Befehlsempfängern wie beim Militär. Der neue Kunde will verführt werden, er will im Service eine liebevolle Atmosphäre. Dienstleistung ist ein Muster ohne Wert.

Der Musterservice ist vergleichbar mit einer Musterehe. Sie kommen nach Hause und Ihre Frau oder Ihr Mann sagt: »Ich tue doch alles für dich!« Diese Frau/Mann würde ich sofort verlassen. Ich will niemanden, der alles für mich tut. Ich will eine freche Liebhaberin, die mich überrascht und irritiert. Alles, nur keine Langeweile. Deswegen sind die Stammkunden oft die gefährdetsten Kunden. Sie werden als selbstverständliches Mitglied gesehen und man schenkt ihnen zunehmend weniger Aufmerksamkeit.

DER KAUFAKT WIRD ZUM LIEBESAKT. VOM DIENEN ZUM FLIRTEN

»Hat sie mich angemacht, wie heißt sie, wann kommt sie wieder?« Das waren die Worte meines Freundes, als er bei einem Lifestyle-Mexikaner von einer Servicekraft einen Caipirinha überreicht bekam. Das war kein kühler Austausch einer Ware, sondern ein Flirt. Ab diesem Zeitpunkt war mir klar: Wenn der Kaufakt ein Liebesakt ist, dann ist der Future Service gleichbedeutend mit Flirt und einem Austausch von Potenzialen.

Stefanie Rahenbrock vom Backshop Pan di Amare zu einem Kunden, der eine Brezel bestellt: »Ich habe vergessen, das Blech rechtzeitig in den Ofen zu schieben. Aber ich verspreche Ihnen, sie sind in fünf Minuten fertig. So lange unterhalte ich Sie.« Und sie lächelt ihn an. Das ist klasse, geht aber natürlich nur, wenn es die Zeit erlaubt. Schlecht wäre dagegen: »Die dauern aber noch fünf Minuten.« Das ist ein No-Verkauf. Besser wäre: »Die dauern nur fünf Minuten. Möchten Sie in der Zwischenzeit einen Kaffee oder Espresso trinken?« Das ist der Yes-Verkauf.

Liebe deinen Kunden!, heißt das neue Motto. Ein Service, der eine liebevolle Atmosphäre schafft, richtet sich nicht nach bestimmten Vorlieben und Richtungen. Die Flirts sind geschlechtslos und generationslos. Es geht um die Schaffung eines offenen Raums, in dem Liebe möglich wird. Flirten Sie mit allen: mit älteren Personen, Babys, Hunden, Personen des gleichen Geschlechts, einfach mit allem, was Augen hat.
Und zwar so: Wenn Ihnen ein Gast entgegenkommt, begrüßen Sie ihn, halten Sie den Blickkontakt, bis Sie die Augenfarbe erkennen, lächeln Sie mit den Augen. Alles andere kommt von allein. So signalisieren Sie dem Gast: Ich bin nur für dich da. Ihr Benefit sind Spaß und Wertschätzung pur.

FLIRTEN IM SERVICE		
Liebe nicht nur dein Produkt	sondern	Liebe deinen Kunden
Und biete eine Dienstleistung		Und überrasche ihn mit liebevoller Perfektion wie einen Partner, in den du verknallt bist. Da ist nichts gut genug!

WENN GÄSTE NICHT ZURÜCKGRÜSSEN

Sie begrüßen oder verabschieden Ihre Kunden und erhalten keine Reaktion. Kennen Sie das? Warum ist das so? Warum reagieren manche Gäste nicht?

Manchmal hört man von den Teilnehmern, die Werte haben sich verändert, schlechte Manieren, die Gäste sind arrogant … Mag sein. Aber das ist auf jeden Fall nur die halbe Wahrheit. Die andere Hälfte: Gäste und Kunden haben Stress an Stellen, wo Sie es nicht erwarten würden.

Wir haben mal eine Fluggesellschaft trainiert. Wo, glauben Sie, hat der Fluggast den größten Stress? Beim Einchecken, Start, Flug, bei der Landung oder beim Auschecken? Ganz eindeutig: beim Einchecken. Manche Fluggäste können drei Nächte vorher nicht mehr schlafen. Erst wenn sie im Flugzeug sitzen, sind sie entspannt. Dann darf auch das Flugzeug abstürzen, Hauptsache, sie sitzen.

Genauso ist es, wenn Gäste Ihren Betrieb betreten. Der Gedanke im Kopf lautet: »Was soll ich essen?« Der eine Gast hat Stress, weil er von anderen Gästen beobachtet wird, der andere hat Hunger und Durst, was bei vielen Leuten extremen Stress verursacht. Manche suchen auch einen besonders schönen Platz …

Da vergisst man schon mal seine guten Manieren. Mir ist so etwas mal bei einem Biergartenbesuch passiert. Der Biergarten war voll (Stress!), ich sah ein paar freie Plätze an einem großen Tisch und fragte die sitzenden Gäste: »Ist der Platz noch frei?« Darauf erwiderte einer der Sitzenden: »Bei uns in Bayern sagt man zuerst mal Servus.« Und das ist mir passiert, einem Trainer!

Es gibt viele Gründe, warum Menschen beim Betreten oder Verlassen eines Restaurants, eines Geschäfts oder einer sonstigen Location mit ihren Gedanken woanders sind. Das muss man wissen und respektieren. Das Angebot der Begrüßung und der Verabschiedung kommt trotzdem immer zuerst vom Service. Der Kunde hat dann die Wahl, zurückzugrüßen oder auch nicht. Auch wenn er in Gedanken woanders ist und eventuell nicht zurückgrüßt, nimmt er ihre Begrüßung trotzdem im Unterbewusstsein positiv auf.

Allerdings kann man sagen, dass ein monotones Begrüßen die Reaktion der Gäste hemmt. Ich würde sogar noch weiter gehen und behaupten: Begrüßen und Verabschieden sind eine reine Bewusstseinsfrage. Will ich jemanden begrüßen, so schaffe ich es.

In der Grafik sehen Sie die Höhe der Anspannung, wenn ein Kunde Ihre Location betritt. Die Anspannung verringert sich mit der Aufenthaltsdauer. Die farbigen Abschnitte symbolisieren Gäste, die sich gerade in einer Schlange befinden. Sie empfinden unterschiedliche Gefühle, das reicht vom Stress bis zur Entspannung. Der eine befindet sich am Anfang der Schlange und ist nicht gerade begeistert über die Rolle, die er gerade einnimmt. Zeitdruck, Hunger und Durst etc. können zu einer gewissen inneren Anspannung führen. Je näher die Gäste ihrem Ziel kommen, desto mehr nimmt die innere Anspannung ab.

Wie können Sie diese Anspannung aktiv verringern? Ganz einfach, indem Sie den Döner-Blick oder 360-Grad-Blick anwenden. Versuchen Sie, einen Kontakt zu den wartenden Personen herzustellen. So signalisieren sie den Wartenden: Ich habe dich registriert. Die Wartenden fühlen sich nicht mehr anonym.

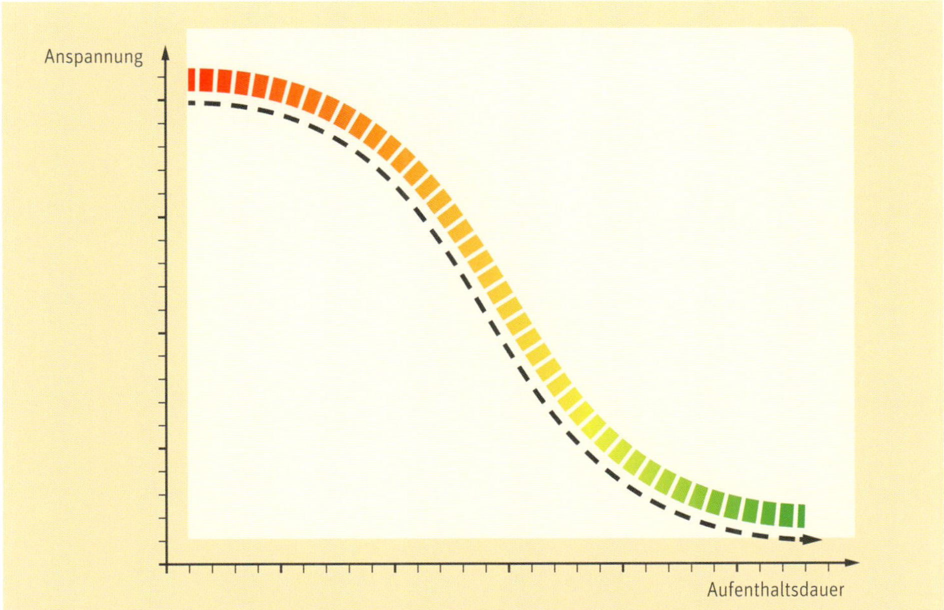

» Die Anspannungskurve Ihrer Gäste (inspiriert von Erich Dishmeier)

VOM BETREUTEN WOHNEN – ›KANN ICH IHNEN HELFEN?‹ – ZUM ENERGETISCHEN AUS-TAUSCH – ›SCHÖN, SIE ZU SEHEN‹

Future Service hat viel mit Körperhaltung, Blickkontakt usw. zu tun, aber auch mit Sprache. Diese zeitgemäße Sprache nenne ich »energetische Sprache«. Hier stehen wir noch am Anfang der Entwicklung. Anbei erhalten Sie unsere ersten Ergebnisse der Definition einer energetischen Sprache im Future Service.

DONT'S (Manche Kunden sind so genervt, dass sie fast schon einen Ausschlag bekommen, wenn sie einen der folgenden Sätze hören)	**WIE WIRKT DAS FÜR DEN GAST?**	**BEISPIELE EINER ENERGETISCHEN SPRACHE** (Wie soll man es beschreiben, ohne die ausgelutschten Phrasen zu wiederholen?)
»Kann ich Ihnen helfen?« »Kann ich Ihnen behilflich sein?«	Helfen? Ich bin doch nicht krank! Manchmal würde ich gerne darauf antworten: Ja, bringen Sie mir einen Rollstuhl. Denken Sie mal an Ihre Boutiquebesuche. Was antworten Sie einer Verkäuferin, die Ihnen mit den Worten begegnet: »Kann ich Ihnen helfen?« Bestimmt mit: »Nein danke, ich schaue mich mal um.« Dann drehen Sie eine Runde und gehen aus dem Geschäft. Im Fünf-Sterne-Hotel Söl'ring Hof auf Sylt wollte ein etwa 70-jähriger Gast seinen Koffer nehmen. Der Chauffeur bot sofort an: »Ich helfe ihnen.« Der 70-Jährige antwortete mit: »Nein, das schaffe ich schon alleine, so gebrechlich bin ich noch nicht.« Die heutigen Menschen wollen sich nicht mehr »helfen« lassen, wenn es nicht wirklich nötig ist.	Wenn Sie einen suchenden Gast antreffen: Einfach und natürlich begrüßen und abwarten, wie der Kunde reagiert. Oder flirten Sie mit ihm, indem Sie ihn witzig ansprechen: »Suchen Sie mich?« Alles ist erlaubt, außer »Helfen«. Der Chef vom Söl'ring Hof »Johannes King« hatte eine Idee. Er spricht die Gäste direkt an: »Stopp, das ist mein Job, sonst tragen die anderen Gäste die Koffer auch noch.« Und schon hatte er die Koffer.
Suchen Sie was Bestimmtes?	Das übt Druck aus.	Sprechen Sie den Gast direkt an: »Die Toiletten sind hier.« Oder Sie begrüßen ihn einfach, halten Augenkontakt und warten ab. Dann sprechen Sie ihn konkret auf ein Produkt an.

DONT'S	**WIE WIRKT DAS FÜR DEN GAST?**	**BEISPIELE EINER ENERGETISCHEN SPRACHE**
Anrede: Mein Herr, meine Dame	Mit dieser Ansprache fühlen sich Menschen uralt. Ähnliches gilt für »gnädige Frau«.	Umgehen Sie einfach diese alten Floskeln. Der Barchef Ben Shane sagt: Lieber zu frech als zu brav. Er duzt alle seine Gäste.
Der Nächste, bitte.	Ich fühle mich wie ein Güterzug. Oder wie beim Arzt.	Einfach nett begrüßen
Werden Sie schon bedient?	Warum wissen Sie das nicht? Keine Aufmerksamkeit. Der Kunde/Gast bekommt den Eindruck: Die haben keine Organisation.	Begrüßen – Augenkontakt halten und abwarten
Ist das alles?	Diese Frage wird meistens mit einem Ja beantwortet.	Aktiv Produkte anbieten, Bezug zum bereits Gekauften
In der Metzgerei: Darf's ein bisschen mehr sein?	Sprüche aus einer alten Welt	Aktiv Produkte anbieten, aber nur, wenn es sinnvoll ist.
Beim Frisör: Haben Sie einen Termin?	Ja, und wenn nicht?	Erst mal begrüßen, Augenkontakt halten und abwarten
Hat's geschmeckt?	Banaler geht's nicht. 99 Prozent der Service-Mitarbeiter im Hotel und Gastgewerbe fragen: »Hat's geschmeckt?«	Wenn der Gast aufgegessen hat: »Schön, dass es Ihnen geschmeckt hat.« Er sagt schon etwas, wenn es nicht so wäre. Oder alternativ, natürlich passend zur Situation: »Toll, da haben wir wieder schönes Wetter morgen.« »Darf ich Sie befreien?« »Da freut sich der Koch.« »Da freut sich unser Spüler.«

DONT'S	WIE WIRKT DAS FÜR DEN GAST?	BEISPIELE EINER ENERGETISCHEN SPRACHE
War alles in Ordnung? Oder: War alles recht?	War alles recht? Bloß das nicht! Ich will begeistert werden und nicht, dass alles recht ist. Stellen Sie nie Ihre Leistung in Frage. Kein Liebespärchen würde das tun und die Leistungsfrage stellen. »Kann ich in unserer Beziehung noch etwas besser machen?« – »Bist du zufrieden mit mir?« Solche Fragen zerstören eine Liebesbeziehung. Sie sind Zeichen einer Unsicherheits- und Angstkultur.	Ein Gastgeber oder Partner sollte ein Gefühl für die Intensität der Liebe entwickeln, spüren und dementsprechend reagieren. Gehen Sie immer davon aus, dass Ihr Produkt top war, und bestätigen Sie die Leistung. »Schön, dass es Ihnen geschmeckt hat.« Ist der Teller nicht aufgegessen, so stellen Sie eine offene Frage: »Was ist da los?« Natürlich wählen Sie Ihre Sprache situationsbedingt. Wenn Sie den Gast fragen wollen, dann nur nach den Highlights – so bekommen Sie zumindest eine positive Antwort: »Was hat Ihnen am besten zugesagt?« »Haben Sie es rausgeschmeckt? Wir verwenden Sambuca im Tiramisu.« »Möchten Sie das Rezept?« »War die Vorspeise nicht atemberaubend?«
Als Begrüßung: »Bitte«	Der Gast/Kunde fühlt sich als Nummer.	»Hallo, schön, Sie zu sehen.« – »Hallo, auf was haben Sie Lust?«
Haben Sie schon gewählt?	Uralte Dienstleistungssprache	Besser: »Auf was haben Sie Lust?« »Was macht Sie an?«

DONT'S	WIE WIRKT DAS FÜR DEN GAST?	BEISPIELE EINER ENERGETISCHEN SPRACHE
An der Rezeption im Hotel: »Hatten Sie eine gute Anfahrt?«	Stellen Sie sich vor, Sie fahren zu Ihrem Lebenspartner, der am Ende der Stadt wohnt. Sie freuen sich auf ihn, er macht die Tür auf und empfängt Sie mit den Worten: »Hattest du eine gute Anfahrt?« Oder stellen Sie sich vor, Sie gehen ins Theater. Der Vorhang geht auf, Sie freuen sich auf das Schauspiel und der Intendant erscheint und würde Sie fragen, ob Sie denn eine gute Anfahrt hatten. Jetzt würde Sie bestimmt denken, geh zur Seite, ich will das Theaterstück sehen. Sobald man angekommen ist, will man das Spiel, den Urlaub oder den Aufenthalt erleben und keine Fragen beantworten.	»Hi, schön, dass du da bist, schön, dich zu sehen.« Das muss die Begrüßung ausstrahlen. Die Hawaiianer würden »Aloha« sagen. Beim ROBINSON Club hatten wir enormen Erfolg mit folgender Anrede: »Schön, dich zu sehen. Herzlich willkommen im ROBINSON Club ...« Oder bei Gästen, die Sie nicht kennen: »Schön, Sie kennenzulernen. Willkommen in München, Hamburg, Berlin ...«
»Sie waren aber schon lange nicht mehr da.« Oder: »Ich habe Sie schon lange nicht mehr gesehen.«	Übt Druck aus, der Gast/Kunde fühlt sich ertappt. Oder er war doch erst vor Kurzem da und hat jetzt das Gefühl, man nimmt ihn nicht wahr.	»Schön, Sie zu sehen.« Vielleicht auch: »Schön, Sie wiederzusehen.« Denken Sie an den nächsten Besuch des Kunden. Zu wem würden Sie lieber gehen? Zu einem Gastgeber, der Sie beim letzten Besuch mit »Ich habe Sie schon lange nicht mehr gesehen« begrüßt hat? Oder zu einem, der gesagt hat: »Schön, dich wiederzusehen.«?

DONT'S	WIE WIRKT DAS FÜR DEN GAST?	BEISPIELE EINER ENERGETISCHEN SPRACHE
»Haben Sie reserviert?«	Das bedeutet: »Gehörst du dazu oder nicht?«	Erst mal begrüßen, Blickkontakt halten usw. Wenn man sich nicht sicher ist, könnte man folgende Frage stellen: »Kommen Sie spontan oder haben Sie angerufen?« Diese Frage übt keinen Druck aus, sondern wirkt energetisch. Vor allem sagt man dem Gast damit: »Bei uns darfst du auch spontan kommen.«

Die alte Dienstleistung wollte alles recht machen. Es ging um Fürsorge: »Geht's Ihnen gut?« Das war auch in Ordnung so. Wie am Beginn des Buches erwähnt, will der Gast aber nicht mehr versorgt, sondern verzaubert werden. Das stetige Nachfragen, ob alles in Ordnung war, schwächt die erbrachte Leistung: Man ist sich nicht sicher. Vor allem jedoch zerstört es die Beziehung. Stellen Sie sich vor, Sie würden Ihren Partner nach einer heißen Nacht fragen: »Wie war ich?«

Vermeiden Sie eine Sprache mit Blick in die Vergangenheit wie z. B. bei der Frage: »Hatten Sie einen schönen Aufenthalt?« Richten Sie Ihr Wording auf die Zukunft aus: »Wann sehen wir uns wieder?« Oder: »Ich wünsche Ihnen einen guten Start in die Woche.«

»Darf es schon etwas zu trinken sein« – »Hatten Sie eine gute Anfahrt«, oft auch gepaart mit einer künstlichen Dienstleistungsstimme – dieser Servicestil spielt eine Dienstleisterrolle. Der Gast ist König, und wir sind die Untertanen im Königsdienst. Das mag vielleicht noch in einem Theaterstück funktionieren. Im heutigen Zeitalter will man aber nicht mehr »bedient« werden. Sprechen Sie immer natürlich und ethisch.

CHECKLISTE **SEXYNESS**

FIT + SEXY	Die zwei Flügel eines Service: Be fit & be sexy
Sexy	Jeder Mensch hat die Fähigkeit zur Sexyness.
Drei Sekunden	Der erste Eindruck: Wir entscheiden in drei Sekunden. Du hast niemals eine zweite Chance, einen guten ersten Eindruck zu hinterlassen.
Moral	Ist ein konstruiertes (persönliches) Wertesystem ohne Wert. Gespieltes Lächeln und gespielte Freundlichkeit wirken wie eine venezianische Maske. Was du denkst, strahlst du aus.
Ethik	Der neue Service ist offen und handelt natürlich mit einer neuen Klarheit.
Blickkontakt und klare Augen	Blickkontakt ist das Instrument für Energieaustausch, Anerkennung und Wertschätzung. Sieh dem Partner so lange in die Augen, bis du die Augenfarbe erkennst. An den klaren Augen erkennt man den Top Service Member.
360 Grad	Der Member beherrscht den 360-Grad-Rundum-Blick.
Döner-Blick	Nimm Kontakt zu allen Gästen auf, die in der Reihe stehen (Motto: Hallo, schön, dich zu sehen).
Ich liebe es	Die alte Dienstleistung war ein Austausch von Produkten, die neue Dienstleistung ist ein Austausch von Flirts.
Verkaufen statt verteilen. Betonen Sie Ihre Produkte	Sprechen Sie alle Produkte noch mal aus, wenn Sie sie servieren: »Ihr (jetzt betonen) Gemüsesandwich.« Achten Sie auf den Blickkontakt. Motto: Produkte verkaufen statt verteilen.
Der Stand	Auf beiden Füßen stehen, die Beine hüftbreit auseinander.
Entgegengehen	Am Counter: Verlassen Sie während der Berüßung Ihren Standort (wenn es auch nur 1 cm ist) und gehen Sie dem Kunden entgegen.

FIT + SEXY	Die zwei Flügel eines Service: Be fit & be sexy
Haltung	Arme in einem 90-Grad-Winkel anheben, Handflächen öffnen, Kopf hoch, Schultern runter, locker machen
Brustbein heben	Achten Sie auf Ihr Brustbein, zeigen Sie Ihr Licht (Aura)
Hände	Hände offen halten, nicht auf dem Tresen abstützen (der Tresen gehört dem Gast)
Mimik und Stimme	Lächeln mit Mimik (sonst wirkt es künstlich); auf die Bauchstimme achten.
Kommunikation	Kommunikation entsteht, wenn beide auf dem gleichen Level kommunizieren. Das kann z. B. eine gemeinsame Neigung sein, vom Sonnenuntergang bis zum Fussball.
Zeit	Hektik ist ein Armutszeugnis für jede Firma und jeden Service. Sie ist ein Beziehungskiller.
Glamour & Style	Pimpen Sie Ihre Ausstrahlung. Menschen lieben Glamour & Style. Lieber den Duft von Glamour als Rheumacreme riechen.
Anspannung	Der Member weiß, dass Kunden, die gerade den Betrieb betreten, eine hohe Anspannung in sich tragen.
Energetische Sprache	Vermeiden Sie die Dienstleistungssprache, die Ihre Kunden/Gäste schon tausend Mal gehört haben, z. B.: »Kann ich Ihnen helfen.« Besser ist: »Hallo, schön, Sie zu sehen.«

DER MANAGER

DAS FLUGZEUG FLIEGT, WOHIN ES DER KAPITÄN STEUERT

Prof. Kleiber-Wurm

» Wolfagng Pauli und seine Energie-Felder

Emotion Sells. Das Abtauchen in die emotionale Sphäre, der erste Kontakt, die Energie im Unternehmen: All dies ist planbar, machbar und trainierbar. Und der Manager trägt dafür die Verantwortung.

Es gibt vier Kräfte in der Natur: starke Wechselwirkung, schwache Wechselwirkung, elektromagnetische Schwingung und Gravitation. Seit einiger Zeit scheint man eine fünfte Kraft kennenzulernen die auf die Forschungen von Wolfgang Pauli (Nobelpreis für Physik) zurückgehen: Energie-Felder.

Man konnte diese Form der Kraft bisher nicht erkennen, weil die Partikel, die diese Energie tragen (sogenannte Neutrinos) möglicherweise nicht an Materie gebunden sind. Diese neuen Energiefelder werden derzeit intensiv untersucht (zum Teil in aufwändigen unterirdischen Wassertanks in Japan, Italien und auch Deutschland). Immerhin weiß man, dass wir pro Sekunden auf einer Fläche des Daumennagels von 67 Milliarden Neutrinos aus dem Weltall getroffen werden. Neutrinos durchdringen alles, auch die dicksten Bleiplatten, möglicherweise sind sie sogar schneller unterwegs als das Licht.

Diese Energiefelder scheinen das Geheimnis der morphogenetischen Felder zu sein. Es gibt etwa 72 Seismographen weltweit. Sie zeichnen alles auf, was es zu messen gibt. Erstaunlich ist, das z. B. am Todestag von Lady Di sowie beim Tsunami in Asien die Seismographen wild ausschlugen und etwas anzeigten, was es eigentlich nicht anzuzeigen gab: Die weltweite geschlossene Bestürzung und auch Trauer erzeugten ein starkes, messbares Energiefeld.

Das Internet ist ein elektronisches globales Netzwerk. Die Morphogenese ist ein energetisches globales Netzwerk. Beides verstehen wir nicht, wenden es aber täglich an. Im Internet surfen wir im Netz. Bei der Morphogenese verständigen wir uns in der Fußgängerzone mit anderen Menschen, ohne Ampel und Systeme. Aber den Einsatz dieses Netzwerkes im Management müssen wir erst lernen. Vor 25 Jahren wussten nur ein paar Spezialisten etwas vom Internet, heute gehört es zu unserem Alltag. Derzeit wissen nur ein paar Spezialisten etwas von Morphogenese – in ein paar Jahren wird das Thema völlig normal sein und die alten Motivations-Lerntheorien ablösen.

Die Natur macht alles perfekt. Sie liefert Energie durch Sonne, Nahrung und Natur. Menschen werden durch diese Energielieferanten positiv aufgeladen. Ist man verliebt, so ist man auf Wolke 7, und es fließt eine hohe Energie. Im Gefängnis findet das alles nicht statt, man ist unterversorgt mit Kontakten, Liebe, Sonne, Natur und erlebt somit einen Mangel an Energie. Das bedeutet: Wer Menschen Energie liefert, gewinnt. Und die Energie fließt dahin, wo die Aufmerksamkeit hingeht. Je stärker die Energie fließt, desto stärker läuft das Business. Wir müssen also zum Energieversorger werden und nicht zum Energieabzapfer.

MORPHOGENESE IST MANAGEMENT

Gespielte Herzlichkeit ist so ein Energieabzapfer, und schon im ersten Teil unseres Buches haben Sie einige weitere kennengelernt. Was müssen wir also produzieren, damit wir zu Energielieferanten werden? Weisen Sie alle Energieräuber im Unternehmen in ihre Schranken, verbannen Sie jede Art von negativem Gerede. Bad Talk sollte der Vergangenheit angehören. **Loser halten Meetings ab, Sieger feiern Partys.** Als Gastgeber müssen wir zu Energielieferanten werden.

Beim Betreten einer Location wird Energie spürbar: positive oder negative Energie. Und dasselbe gschieht bei jedem Kontakt mit einem Mitarbeiter, einer Firma, einer Räumlichkeit oder einem Produkt.

Was ist eine positive Morphogenese? Das sind wellenförmige Schwingungen, die sich nach innen und außen ausbreiten und von allen unterbewusst wahrgenommen werden. Würde man den Vorgang sichtbar machen, dann würde sich ein ähnliches Bild ergeben wie bei einem Magnetfeld. Das Gleiche passiert auch bei einer negativen Morphogenese. Sie kennen den Spruch: Man kann einen Menschen nicht riechen. Wir spüren und riechen förmlich die negativen Schwingungen. Alle Energiefelder kann man messen, mittlerweile auch die Morphogenese. Es wird nicht mehr lange dauern, bis man mit Messinstrumenten die Energie eines Unternehmens messen kann.

Ich habe zwar keinen morphogenetischen Zähler dabei, wenn ich einen Betriebscheck durchführe, aber ich achte beim Betreten einer Location auf die vorhandene Energie und lasse diese auf mich wirken. Man spürt, ob ein Betrieb gesund ist oder nicht. Ich beobachte das Leben im Betrieb: Können die Gäste sich frei entfalten und

leben? Wie ist die Stimmung, die Ausstrahlung des Personals? Kann man spüren, was die Mitarbeiter denken? Wie stellt sich die Präsenz dar, wie ist der Geruch im Raum? Sauberkeit, Lautstärke, Musik, Licht, gesunde Pflanzen etc. ergeben im Ganzen eine positive oder negative Morphogenese.

Der neuseeländische Fotograf Carlo Van de Roer macht Fotos von Menschen, die deren Gedanken und Gefühle reflektieren. Dabei hilft ihm die AuraCam 6000, die mit zwei Handsensoren ausgestattet ist. Während des Fotografierens müssen die Personen ihre Hände auf die Sensoren legen. Die Kamera errechnet die elektromagnetischen Felder, die eine Person ausstrahlt, und gibt somit Auskunft über den energetischen und aurischen Zustand eines Menschen.

Die innerbetriebliche Energie wirkt sich auch auf das Verhalten der Gäste aus. Gäste mit einer demütigen Haltung sind das Resultat von energielosen Unternehmen. Die Energie zieht die Gäste und Mitarbeiter an, die man sich wünscht. Und der Chef allein bestimmt diese Morphogenese. Das lässt sich nicht delegieren. Man könnte behaupten: Zeige mir deinen Chef und ich sage dir, wie die Mitarbeiter sind – oder umgekehrt. Der Leader wirkt dabei wie ein Leuchtturm.

DIRTY TALKS UND DIE VERSTECKTEN BOTSCHAFTEN

Ich habe mit meinem Bruder zehn Jahre lang ein sehr erfolgreiches Café in einer Kleinstadt geführt und machte, wenn z. B. am Donnerstagabend mal weniger Betrieb war als sonst, unterbewusst folgenden Fehler. Ich äußerte mich zu meinem Personal: »Heute ist aber wenig los«, oder: »Heute ist bestimmt wieder Totentanz«. Mit welcher Stimmung bediente anschließend mein Personal die Gäste? »Es ist nichts los.« Das Resultat: Der Betrieb wirkte schlaff und tot.

Anderes Beispiel: Der Betriebsleiter eines der bestgehenden Restaurants in Deutschland äußerte sich Samstagabends bei voller Hütte mir gegenüber: »Heute ist typisches Samstagspublikum unterwegs.« Hey, der Samstagabend ist der umsatzstärkste Abend der ganzen Woche! Tolles Publikum, jung, gestylt, voller Spannung und Freude ... und der Betriebsleiter äußert sich negativ über seine Kunden.

Gerne werden auch Kunden mit der Bezeichnung »Pax« beschrieben. Das Wort Pax kommt von »Pack'se« – am Kragen sozusagen. Das kann nicht funktionieren. Wie soll hier eine positive Energie entstehen?

Sobald aber der Manager solche negativen Äußerungen selbst macht oder zulässt, inspiriert er die Mitarbeiter zum Mitmachen.

Bei einer Airline-Lounge hieß es: »Wir haben mal wieder 300 Leute durchgejagt.« Oder bei den Fastfood-Ketten spricht negativ über »die Schüler« und »das Landvolk«. Einzelne Kunden werden beobachtet und mit negativen Kommentaren belegt: »Schau dir die da vorne an mit der grünen Strumpfhose.« Oder es heißt: »Haben wir schon wieder Ende des Monats, weil sie die Cents zusammenkratzen?« Es gibt unzählige Beispiele dazu, bis hin zu dem schon erwähnten Satz: »Heute essen sie wieder wie die Schweine«, der ebenfalls in einer Airline-Lounge fiel.

Problematisch sind auch allgemeine Äußerungen über die Gäste/Kunden oder die Gesellschaft im Ganzen: Die Gäste wollen nur viel und billig. Die Welt geht den Bach runter. Die Gesellschaft hat keine Werte mehr. Mitarbeiter sind faul. Alle Politiker sind Schwachköpfe. Man wird nur ausgebeutet. Alle Frauen sind untreu ...

Diese Art von Dirty Talk hat fatale Auswirkungen auf das Team und damit auch auf die Gäste. Unterlassen und unterbinden Sie jede Art von negativen Äußerungen und Botschaften. Denken Sie daran: Energie geht nicht verloren. Vor diesem Hintergrund wird es erklärlich, warum manche Betriebe sich einfach nicht aus dem Schatten lösen können – sie wirken immer von gestern, es fehlt die Power und der Kick. Negative Energie wirkt sich negativ aus.

Wenn ein Mitarbeiter eine energieabzapfende Botschaft sendet wie: »Die hat nur fünf Cent Trinkgeld gegeben.« Oder: »Ich bin heute müde und habe keinen Bock zu arbeiten«, dann unterbrechen Sie dieses Gerede, indem Sie darauf hinweisen, dass Sie es nicht hören wollen. »Stopp, wir sprechen nur positiv über Kunden.« – »Stopp, so etwas will ich nicht hören.« Dieses Unterbrechen ist sehr wichtig, denn Menschen, die solche Sachen sagen, wollen meist Aufmerksamkeit erreichen und stecken leider durch ihre Aussagen andere Mitarbeiter an.

DER ÜBERFORDERTE MANAGER HAT AUSGEDIENT

Die Tradition hat uns geprägt. Ein Manager muss anscheinend Werte wie »Ich bin fleißig«, »Ich habe heute schon viel gemacht«, »Ich bin konzentriert« und »Zuerst kommt die Arbeit, dann der Spaß« signalisieren, um anerkannt zu werden. Wer allzu gutgelaunt an die Arbeit herangeht, wird schnell wieder auf den Boden der Tatsachen zurückgeführt: »Hey, warst du schon wieder im Urlaub?« – »Hast du nichts zu tun?« – »Geht's dir zu gut?«

Diese Wertehaltung wirkt sich auf die Ausstrahlung aus. Viele Manager wirken angestrengt, übermüdet, ausgepowert. Die oben genannten »Werte« prägen den Manager. »Ich leide, also bin ich Manager.«

Die Netzwerkgeration kann man mit diesen Werten nicht mehr beeindrucken oder gar motivieren, im Gegenteil. Eine leidende Haltung wird als Zeichen von Schwäche und Überforderung bewertet. Dem modernen Manager sieht man die Härte des Alltags nicht an. Er sendet immer positive Signale, ist immer wach, hat Lust und denkt positiv. Lassen Sie sich nicht von außen beeinflussen.

Ein gutes Beispiel für den modernen Manager ist Heidi Klum: immer frisch, immer smart, immer top Haltung, immer wach. Oder Palina Rojinski, Jurorin von»Got to dance«: Sie ist einfach Weltklasse. Smart, ethisch, modern, ohne Schnörkel.

SERVICEKULTUR – WO LIEGT IHR FOKUS?

Jeder Betrieb hat einen inneren Kern, einen Fokus, auf den sich alles konzentriert. Bei einem Lebensmittelgeschäft hat man den Eindruck, die Aufgabe und Funktion eines Mitarbeiters bestehe darin, achtzugeben, dass die Regale immer gefüllt sind und die Angebote schön präsentiert werden. Der Kunde wird eher als Störung empfunden. Ich habe schon mal gehört, dass jemand sagte: »Der Job wäre ja eigentlich super, wenn nur die Kunden nicht wären.«

Oft lautet der Fokus eines Managers: »Alles soll funktionieren.« Ich habe viele Leader beobachtet, deren erster Blick auf die Organisation fällt, wenn sie ihr Restaurant betreten: Ist das gesamte Personal anwesend, funktioniert die Kasse, steht das Mise en

Place, wie ist die Hygiene, funktionieren die Maschinen. Alles konzentriert sich auf interne Abläufe. Das machen auch viele Firmen perfekt. Aber wie der Gast bedient wird – das ist dann eher Zufall. »Mal sehen, ob der Mitarbeiter sich macht.« Als Service-Alibi dienen die einmal formulierten Service-Richtlinien. Sind sie definiert und durchgelesen, denken viele Manager, die Arbeit sei damit getan. Und so ist es in vielen Betrieben: Der Fokus gilt der Organisation; die Kommunikation zwischen Kunde/Gast und Service wird zum Lotteriespiel.

Im Handel müssen aber die Produkte und der Service top sein. Nur so sind Vertrauen und Bindungen herbeizuführen, nur so ist ein wirklicher Vorsprung vor den Mitbewerbern zu erreichen. Unternehmen müssen also – wollen sie eine attraktive Zukunft entwickeln – nicht immer mehr und aggressiveres Marketing platzieren, sondern sie müssen eine Servicekultur entwickeln. Ich will im Service eine Sinngebung und eine Bereicherung für mein Leben erfahren – so muss die Haltung sein.

Was braucht es dazu? Jedes Flugzeug fliegt, wohin es der Kapitän steuert. Der Kapitän steuert das Unternehmen und nicht die Mitarbeiter. Das heißt: In den Köpfen der Manager entsteht die Richtung und das Ziel einer neuen Servicekultur. Perfekte Organisation und funktionierende Abläufe sind Basics, der Fokus liegt auf dem Kunden. Alle Beteiligten müssen einen Kundenfokus entwickeln.

Das darf keine hohle Absichtserklärung sein – wie die Floskel, der Mensch stehe im Mittelpunkt –, sondern das muss ein tief verankerter ethischer Wunsch sein. Wünsche sind Energieformen. Alle weiteren Schritte sind dann relativ einfach: Mitarbeiter-Information, Motivation und Training. Sie wissen doch: Begeisterung ist übertragbar. In der Führung eines Unternehmens muss also das Bewusstsein für diese neue Servicekultur entstehen.

Präsenz des Managers Der »Fokus Kunde« steht und fällt mit den Leadern. Jeder Betrieb trägt die Handschrift desjenigen, der ihn führt. Deswegen ist die Leader-Präsenz im Raum enorm wichtig. Ich kenne viele Leader, die zwar anwesend, aber doch nicht wirklich da sind. Ist der Leader nicht präsent, fährt das Schiff ohne Kapitän, sozusagen führungslos.

Manche Leuchttürme sind zwar zu sehen, aber außer Betrieb. Nur allzu oft sehe ich Manager, die zwar präsent, aber nicht aktiv sind.

Warum ist die Präsenz eines Leaders so wichtig? Er gibt dem Unternehmen ein Gesicht, eine Handschrift und strahlt somit eine Botschaft Richtung Service und Gast aus: »Wir stehen bereit, wir wollen, wir sind strukturiert, wir freuen uns auf Sie, ich bin bereit, ich habe alles im Blick.«

Ein Beispiel aus der Gastronomie: Um z. B. das Mittagsgeschäft in einer Lage mit vielen Mitbewerbern anzukurbeln, muss der Betrieb zur Hauptgeschäftszeit »stehen«. Der Leader hat seine Position eingenommen, das Angebot steht, Licht, Musik, Duft, der Service steht an den Kassen und ist bereit für den ersten Kunden. Alles passt. Wenn das Mittagsgeschäft um 12 Uhr beginnt, muss der Betrieb mit allen Beteiligten spätestens um 11:45 Uhr stehen. Sie wissen: Der erste Eindruck zählt. Und dieser erste Eindruck ist enorm wichtig für die ersten Gäste, die den Betrieb betreten.

Das Mittagsgeschäft ist sehr sensibel (ebenso wie übrigens das Frühstücksgeschäft). Der Gast steht schließlich unter Zeitdruck. Umso wichtiger, dass schon der erste Gast das Signal bekommt: Wir sind nicht verschlafen, sondern wach wie eine Espressobar in Verona um 8 Uhr morgens. So gewinnen Sie täglich Kunden für Kunden und bauen somit Ihr Geschäft auf.

Präsenz ist eine innere Entscheidung, und manche Leader muss man auch zur Präsenz führen. Es gibt zwei Arten von Leadern: die einen sind in die Administration verliebt, die anderen in die Kunden. Deshalb überlassen wir nichts dem Zufall und stellen grundsätzlich Präsenzregeln für die Hauptgeschäftszeiten auf. Zu dieser Zeit hat der Leader immer im Gast-/Kundenraum anwesend zu sein, auch wenn einmal nichts los sein sollte. Ich habe schon Leader gesehen, die bei vollem Geschäftsgang im Büro waren. Auch wenn der Betrieb funktioniert und sie das Geschehen an den Kassen über die Bildschirme im Büro überwachen können, ist das trotzdem ein sehr schlechtes Signal an die Member. Sie fühlen sich alleingelassen und denken: »Ich schufte hier und mein Chef macht es sich gemütlich oder chillt.« Nicht selten hört man Aussagen von Mitarbeitern wie: »Mein Chef ist da, wenn man ihn nicht braucht, und nicht da, wenn man ihn braucht.« Legen Sie die Leader-Präsenzzeiten fest, indem Sie an der Bürotür ein Schild anbringen, z. B.: »11:30 Uhr bis 14:30 Uhr keine Bürozeit«.

Taktik und Position Auf welcher Position sollte Ihrer Meinung nach der Kapitän einer Fußballmannschaft spielen? Sicher haben Sie einen Spieler im mittleren Bereich des Spielfeldes bestimmt. Das wäre wohl die optimale Position, denn von dort aus kann er direkten Einfluss auf die Spieler im Sturm, im umliegenden Mittelfeld und in der Verteidigung einnehmen. Für die Zuschauer ist er sichtbar, und er ist der Leuchtturm für das Team. Er kann Tempo vorgeben, Signale senden und einspringen, wenn Not am Mann ist. Diese Position ist wie die Brücke oder Kommandozentrale auf einem Schiff zu sehen. Sie sollte immer besetzt sein.

Organisation und Ordnung im Raum Die roten Punkte stellen die Schichtleiter eines Restaurants dar. Der grüne Punkt ist der Betriebsleiter. Die Linien sind die Hauptlaufwege. Jeder hat seine Position (Brücke). Warum ist die Definition der Positionen und Laufwege sinnvoll? Immer wieder sieht man Leader abseits des Geschehens stehen. Leader sind Botschafter! Besprechen Sie mit Ihren Leadern die Taktik und klären Sie auch, wo man den Leader nicht sehen will.

Ein Beispiel aus einem Restaurant: Der Betriebsleiter (grüner Punkt) steht in der Nähe des offenen Grills (das Herzstück den Betriebes). Von dort aus hat er einen sehr guten Blick zum Ausgabepass des Grills, zur Hostess am Eingang des Grillrooms. Er hat aber auch einen sehr guten Überblick über den gesamten Raum und vor allem über die Gäste. Von diesem Punkt sieht er alle Gäste, die kommen und gehen. Dieser Punkt ist

Wie sieht Ihre Ordnung (Taktik) im Raum aus? Wo ist Ihre Brücke? Wie sehen Ihre Laufwege aus? Bitte zeichnen Sie Ihre Position und Laufwege ein. Wo, glauben Sie, ist Ihr Punkt, von dem aus Sie der Leuchtturm für Ihr Team sind? Das ist der Punkt, wo Sie alles im Blick haben und zugleich präsent für Ihre Gäste/ Kunden sind.

seine Brücke, von dort aus unternimmt er seine Ausflüge und kehrt immer wieder zu dieser Position zurück. Die Schichtleiter 1 und 2 beobachten jeweils einen Flügel des Grillrooms. Schichtleiter 3 beobachtet einen separaten Raum. Als wir dieses System noch nicht definiert hatten, passierte es immer wieder, dass die Schichtleiter zusammenstanden und sich unterhielten. Das gibt aber ein schlechtes Bild für die Gäste und Mitarbeiter ab. Die Gäste haben das Gefühl, die Führungspersonen fühlen sich wichtiger als die Gäste. Die Mitarbeiter werden eifersüchtig auf die Führung (Mein Chef flirtet schon wieder mit der Hostess, und mich lässt er alleine arbeiten und lässt mich im Stich). Da geht sehr viel Disziplin verloren. Unser Motto lautet: Jeder hat seine Position und seinen Bewegungsraum. Führungspersonen, die regungslos im Raum stehen, bremsen die Geschwindigkeit eines Unternehmens. Jeder sollte immer in Bewegung sein. Das Motto des F&B Operationmanagers Dieter Schenk lautet: »Alles, was sich bewegt, wird gegrüßt, und alles, was steht, wird geputzt.«

IHR SPIELFELD IN IHREM BETRIEB

Ich sehe verschiedene Präsenzbrücken bei Selfservice-Betrieben. Am besten wäre die Position vor den Kassen; so kann der Restaurantmanager oder Schichtleader die Gäste begrüßen, er hat die Kassen im Überblick, hat einen guten Blick auf die Kontrolle/ Ausgabe. Der Manager sollte je nach Betriebsaufkommen wandern. Kurz vor dem Mittagsgeschäft kann er im Welcomebereich die Gäste begrüßen. Bei regem Geschäftsgang kann er ein Bindeglied zwischen der Küche und den Verkäufern sein. Zwischendurch sollte er durch die Tische gehen und alles checken, dann wieder am Ausgang die Gäste verabschieden. In diesem Zusammenhang fällt mir auf, dass ich noch nie in einem Selfservice-Restaurant von einem Manager am Tisch begrüßt wurde. In traditionellen Restaurants ist es normal, dass sich der Manager an jedem Tisch kurz bemerkbar macht und somit signalisiert: Ich bin »zuständig«, ich habe alles im Griff. Er übernimmt die Gastgeberrolle. Warum passiert das in Selfservice-Restaurants nicht? Überlegen Sie sich in Ihrem Betrieb als Hotelier, Rezeptionist, im Frühstück, Wellness, Housekeeping im Café, an der Bar oder wo auch immer Ihre optimale Präsenzbrücke.

» Ihr Spielfeld in Ihrem Betrieb

CHECKLISTE MANAGEMENT

Morphogenese	Bauen Sie ein positives Energiefeld auf. Unterbinden Sie negative Strömungen sofort.
Fokus Kunde	Jedes Flugzeug fliegt, wohin es der Kapitän steuert. Alle Beteiligten müssen einen Kundenfokus entwickeln.
Der überforderte Manager	Seien Sie Vorbild. Sie brauchen niemanden zu erziehen, die Mitarbeiter schauen sich alles von Ihnen ab. Achten Sie auf die eigene Ausstrahlung, Haltung usw.
Präsenz	Eine der wichtigsten Eigenschaften eines Leaders ist die Präsenz. Der Leader ist ein Leuchtturm im Betrieb, er sieht alles, und wird von jedermann wahrgenommen.
Taktik	Wo ist Ihre Position im Unternehmen? Wo wirken Sie kraftvoll und haben alles im Blick? Wie sehen Ihre Laufwege aus?

SERVICE – GESICHT UND STRATEGIE

» Ikea weltweit: Eine Shop-Eröffnung in Kanada.

» Red Bull verleiht Flügel.

EMOTION SELLS – WIE GELINGT DIE UMSETZUNG?

Ihre Philosophie von Service bestimmt Ihr Handeln in Ihrem Betrieb. Ihre Grundhaltung bestimmt die Art, wie Ihr Betrieb wahrgenommen wird. Dazu brauchen Sie eine Strategie. Die Strategie ist gleichbedeutend mit der Umsetzung einer Vision. Sie ist die geistige Software für ein System und Konzept. Man kann diese geistige Software mit einem Film vergleichen, der im Fernsehen ausgestrahlt wird: Der Fernseher ist die Hardware, der Film ist die Software. Oder denken wir an die Play Station: Rund 1 Milliarde Geräte (Hardware) wurden verkauft, aber mittlerweile rund 8 Milliarden Spiele (Software).

ERFOLGREICHE STRATEGIEN: EINIGE BEISPIELE

»Wohnst du noch oder lebst du schon?« Wenn sich Familien belohnen wollen, dann machen sie einen Samstagsausflug zu Ikea, shoppen und essen Köttbullar. Ingvar Kamprad, der Gründer von Ikea, hat es verstanden, Sinngeber zu sein und die Menschen zu bereichern. Er praktiziert in seinen Häusern die Idee des Future Service. Der Kunde wird mit Du angeredet und empfindet das nicht als Anmaßung. So reden Freunde miteinander.

Dass Kamprad und seine vielen Mitarbeiter dabei auch ordentlich Geld verdienen, ist nichts Negatives. Selbst in Dubai gibt es Ikea inzwischen. Offensichtlich wird die Botschaft »Liebe deinen Kunden« auf der ganzen Welt verstanden.

Strategien verkörpern immer die Wertematrix, mit der die betreffende Firma am Markt wahrgenommen wird. Hier einige Beispiele:

- Ikea: Man baut seine Möbel selbst zusammen
- Apple: Top design + top Technik
- Aida: Das Club-Schiff
- Audi: Fortschritt durch Technik
- Instagram: Share
- Facebook: Freunde treffen
- Zalando: Schrei vor Glück
- Red Bull: Verleiht Flügel
- Sausalitos: Viel Spaß

So merkwürdig sich das anhört, in diesen einfachen Sätzen liegt das Geheimnis aller erfolgreichen Firmen, von Puma bis Vodafone, von h&m bis zur Bar Centrale, von Apple bis zu Red bull, von mtv bis zu Anna Sui. Menschen lieben Geschichten, Entertainment und einen gewissen Witz.

WAS HAT STRATEGIE MIT SERVICE ZU TUN?

Wir wissen, der Service ist die Dockingstation zwischen dem Produkt und den Märkten. Und wir wissen: Kunden kaufen Märchen und Träume. Die Kunden lieben Firmen, die sie mit Träumen versorgen. Also sollten Sie sich die Frage stellen: Welches Märchen, welchen Traum kaufen Ihre Kunden, und welche Geschichte sollte Ihr Service zelebrieren? Wie kommt Ihr Produkt am besten zur Geltung? Welches Erlebnis hat der Kunde? Denn genau das wünscht er sich: ein Erlebnis.

In vielen Betrieben trudelt der Service ohne Orientierung umher. Oft passt er überhaupt nicht zu den tollen Produkten und zu den Firmen. Vielen Firmen fehlt eine Service-Strategie, ein klares Bild und eine Definition, wie es sein könnte. Und weil all das fehlt, drehen sich diese Firmen im Kreis. Die Software entscheidet darüber, ob ein Produkt abgelehnt oder angenommen wird oder ob es gar abhebt wie eine Rakete. Kein modernes Unternehmen kann ohne Strategie am Markt erfolgreich arbeiten. Das gilt auch und besonders für die Service-Strategie.

IHR SERVICE BRAUCHT EIN GESICHT

Diese Service-Strategie nennen wir »Service-Gesicht«. Jedes Unternehmen braucht ein klares Service-Gesicht, sofern es am Markt als etwas Besonderes und Einzigartiges wahrgenommen werden will. Denn in Zukunft wird alles »Normale« aussortiert.

Die Vorstellung von diesem Gesicht muss klar und deutlich sein. Wenn einmal die Vorstellung des Service-Gesichts steht, ist es einfach, es in die Praxis umzusetzen.

Einige Beispiele dazu: Die Service-Strategie im ROBINSON Club lautet: »Value Service & Freunde unter sich«. Die Mitarbeiter heißen Robins, und Freunde (Robin & Gast) duzen sich. So entsteht eine lockere Atmosphäre und eine persönlich Bindung.

Im Gesundheitszentrum Lansherhof gibt es Guest Assistants, die von früh bis spät um den Gast herumwuseln und ihm das Gefühl geben: »Du bist wichtig.« Das ist der Mehrwert. Dafür wird bezahlt – die Kur ist eine Selbstverständlichkeit.

ENTWICKLUNG DES SERVICE-GESICHTS

Wie wird ein Service-Gesicht entwickelt? Sehen wir uns ein sehr erfolgreiches Beispiel an.

» Das Restaurant Brenner, vorher und nachher

Die Ausgangslage und das Bewusstsein

Rudi Kull + Albert Weinzierl, Inhaber des Restaurants Brenner in München, stellten fest: »Diesen großen Saal bekommen wir nur voll, wenn es uns gelingt, Spirit und Magic aufzubauen.«

Die Vision

Als Erstes brauchte man ein klares Bild, eine Vision. Welche Stilgruppen möchte man ansprechen, welches Märchen sollen die Kunden erleben? Das Konzept war bald klar: Feuer mitten im Raum, Menschen sitzen um das Feuer herum, es gibt Fisch und Fleisch, das ganz pur auf dem Grill gegrillt wird, keine Soßen. Eben puristisch mediterran wie in einer Trattoria in Italien. Die Stimmung, die Gäste, die Atmosphäre stehen im Vordergrund. Und wir sahen den Glamour einer Großstadt wie New York.

Jetzt galt es, den Service darauf abzustimmen. Gesucht wurde ein Service-Gesicht, das einerseits Glamour hat und andererseits lockere Atmosphäre und Stimmung erzeugt.

Die Strategie

Das Service-Gesicht im Brenner lautet: Mailand City & New York City Feeling in München. Die Gäste sollen beim Überschreiten der Türschwelle eine Mischung aus Mailand und New York spüren. New York steht dabei für Großstadt-Spirit, Glamour, Flirt, kosmopolitisches Gefühl, high tech & high touch, nichts ist unmöglich… Mailand steht für italienischen Charme am Tisch, eben wie in einer Mailänder Trattoria, lebendig, temperamentvoll, aktiv.

Nachdem das Service-Gesicht klar definiert war, fiel der »Rest« ziemlich leicht. Wir haben Programme, sprich Service-Drehbücher, erstellt und das Personal trainiert. Und am Ende haben wir auf diese Weise aus dem Brenner eines der umsatzstärksten Restaurants in Europa geformt.

WARUM IST **DAS SERVICE-GESICHT** SO WICHTIG?

Wir laufen meist als Rolle herum (z. B. Brötchen verkaufen, jemanden einchecken) und nicht als Person und Geschichtenerzähler. Mitarbeiter wollen aber wissen, was sie zu tun haben und warum sie es tun.

In einem Hotel am Bodensee tauchte die Aufgabe auf, »ein Service-Gesicht und eine Strategie für die Rezeption zu entwickeln«. Da das Hotel einen polynesischen Touch hatte, war für mich die Sache klar: »Aloha« wie in Hawaii – so will ich empfangen werden und nicht mit dem Standardsatz »Herzlich willkommen, hatten Sie eine gute Anfahrt« abgespeist werden. Die Mitarbeiter nahmen den Gedanken positiv auf. Als ich vier Wochen später wieder in diesem Hotel eincheckte, traute ich meinen Augen und Ohren nicht. »Aloha!«, schallte es durch den türkis getünchten Raum mit Bambus und Aquarium: Südsee-Feeling pur. Und so ging es weiter: »Schön, Sie zu sehen. Haben Sie Lust auf einen Mai Tai oder einen Virgin Bombay Mule?« Die Blumenketten und die strahlenden Rezeptionistinnen ließen mich sofort eintauchen in ein Meer von Glück und das Gefühl, angekommen zu sein. Die Mitarbeiter wussten mit dem Aloha-Gedanken sofort, was sie zu tun haben.

An dieser Geschichte sehen Sie, wie wichtig das Service-Gesicht sein kann. Es definiert eine Richtung, die wiederum einen gewissen Service-USP definiert. Und der wiederum generiert Umsatz und Ertrag. An dieser Service-Richtung haben sich die Mitarbeiter zu halten. Die Mitarbeiter in dem eben beschriebenen Hotel am Bodensee werden bezahlt, um einen Aloha-Service zu zelebrieren und nicht ein Standard-Check-in vorzunehmen, wie ihn so viele Hotels praktizieren. Nur mit einem klar definierten Service-Gesicht wird es Ihnen gelingen, eine emotionale Sphäre aufzubauen und Ihren Gästen ein Erlebnis zu bieten. Emotion sells – so kann es gelingen.

SERVICE-GESICHT UND **MANAGEMENT**

Auf ein klar definiertes Service-Gesicht können Sie sich als Manager immer beziehen, wenn es um Detail-Korrekturen bei den Mitarbeitern geht. Das ist ein klarer Vorteil für beide Seiten. »Ich erinnere euch, unsere Aufgabe ist es, das Ambiente einer Mailänder Trattoria zu zelebrieren. Deshalb ist es mir wichtig, dass ihr die Gäste immer kraftvoll begrüßt und zwei bis drei Aperitifs aktiv anbietet, wie in Italien.« Mit dem Service-Gesicht können Sie und Ihre Mitarbeiter sich immer auf die Vision und Strategie beziehen. Jeder weiß sofort, was gemeint ist, und Sie sind nicht der Gefahr ausgeliefert, jemanden persönlich angreifen zu müssen. Wenn Sie fragen müssten: »Warum hast du keinen Aperitif angeboten?«, dann wäre ein ganz anderes, für beide Seiten wesentlich unangenehmeres Gespräch die Folge.

» Aus einer kleinen Skihütte entstand eine wunderbare Lebenswelt: Bio-Holzhotel »Forsthofalm« in Leogang.

So sind im Laufe der Zeit viele individuelle, sehr erfolgreiche Service-Gesichter entstanden.

- »eye love you« im Louis Hotel
- »modern japanese guide« im Restaurant emiko
- »glamour inside« bei jades
- »mailand city & new york city feeling« im Brenner in München
- »value service« bei Club Robinson
- »aloha« im Viva Paradise Island
- »mcyes®« für McDonald's
- »make friends« für Aviva Single Hotel
- »Natur ist Freiheit« für die Forsthofalm
- »Adventure camp« für das Freizeithotel Schnitzmühle

und viele mehr

Wenn du ein Schiff bauen willst, dann trommle nicht Männer zusammen, um Holz zu beschaffen, Aufgaben zu vergeben und die Arbeit einzuteilen, sondern lehre die Männer die Sehnsucht nach dem weiten, endlosen Meer. (Antoine de Saint-Exupéry: Die Stadt in der Wüste)

Ohne Service-Gesicht läuft jeder Manager als »Blind watch maker« herum. Der Blind watch maker, der blinde Uhrmacher kennt die Details, hat aber keine Vorstellung vom Ganzen. Er baut ein Zahnrad nach dem anderen ein und kann nur hoffen, dass die Details etwas Ganzes ergeben. So wird es aber nie etwas. Wir brauchen den Blick des Ganzen. Der Captain future kennt Zeit und Uhr… und organisiert aus diesem ganzheitlichen Wissen heraus die Details. Nur Captain future kann ein echter Leader sein.

SERVICE-GESICHT: DIE UMSETZUNG

Die strategische Ausrichtung von McDonald's lautet: »Ich liebe es.« Wie können Sie »Ich liebe es« im Service umsetzen? Indem Sie die Philosophie von »mcyes®« praktizieren. Mcyes® ist das Service-Gesicht. Das ist die Uhr, sie beschreibt die Vision, den Weg und das Ziel. Ein Member wird nicht nach Arbeitsstunden bezahlt, sondern als »mcyes®-Member«. Das ist sein Job, und das gilt in jedem Betrieb.

» Eine neue Generation von innovativen Betrieben kommt auf uns zu. Hier sehen Sie Selim, den Inhaber von What's Beef. Es gibt nur drei Burger, aber die haben es in sich.

Definieren Sie ein klares Service-Gesicht. Beschreiben Sie, was Sie nicht möchten, und vor allem, welchen Service Sie möchten. Hier unser Beispiel

NO-SYSTEM	Mit »No–System« bezeichnen wir eine unprofessionelle Gesprächsführung am point of sale.
Das No-System fördert ...	• ein »Nein« bei Zusatzverkäufen • Verwirrung beim Kunden (bedeutet zugleich Zeitverlust) • Erfolglosigkeit • Demotivation der Verkäufers • bei etwa 300 Gastkontakten am Tag Energieverlust und Müdigkeit
YES-SYSTEM	Als Yes-System bezeichnen wir Strategien, die uns helfen, in der Kommunikation, im Service, im Verkauf und speziell im Verkauf von Zusatzprodukten erfolgreicher zu werden. Durch die professionellen Dialoge wird Ihr Service effizienter, schneller und attraktiver. Das Yes-System wird Ihnen zum Freund und Begleiter werden und ist für jedermann, beruflich wie privat, einfach umsetzbar. Speedness, Sexyness, Simpleness, Successfulness waren unser Antrieb, dieses System zu erstellen.

Alles, was man denken kann, kann man auch tun. Nur denken muss man können.

Was ist das No-System und was bedeutet das Yes-System?
Das Yes-System versetzt Sie in die Lage, klare Botschaften an Ihr Team zu senden. Wenn ein Schichtleiter bei einem Rundgang in seinem Betrieb feststellt, dass ein Member eine falsche Beratungstechnik anwendet, kann er ihn ansehen und »Yes« sagen. Der Mitarbeiter wird kurz und mit einem Lächeln bejahen: »Yes.« So einfach kann eine System-Verständigung sein. Sie können sich immer auf die Philosophie beziehen, dass nimmt die Härte aus dem Controlling.

Dulden Sie keine Abweichungen. erklären Sie Ihren Membern Ihr System und sagen Sie Ihnen: »Es gibt viele Wege nach Rom, man kann aber nur einen begehen. Unser Weg lautet: Yes (oder wie auch immer Ihr Service-Gesicht heißen mag). Das ist unser Service-Gesicht und System. Es hilft uns, unser strategisches Ziel zu erreichen.«

FITNESS – INTELLIGENZ IN BERATUNG UND VERKAUF

» Future Service ist Yes-Service.

DER DEAL

Als ich mich mit meinem zum Bersten gefüllten Tablett umdrehte, erblickte ich den strahlenden Restaurantleiter, der mich während des Bestellvorgangs beobachtet hatte, auf mein Tablett sah und ein Yeah-Zeichen machte. Wir hatten einen Deal vereinbart: Ich führte verschiedene Testkäufe durch, und wenn der Verkäufer das Yes-System anwandte, bejahte ich so lange, bis dem Verkäufer nichts mehr einfiel. Ich ließ mich einfach von dem Kassenmitarbeiter führen und sagte immer nur »Ja« zu seinen Angeboten. Das Tablett war randvoll: Menü, Kirschtasche, Cappuccino, Ketchup extra, Muffin … obwohl ich mit der Zeit nicht mehr wusste, wohin mit dem ganzen Essen, war ich natürlich auch sehr happy. Yes funktioniert. Aber es gab auch Situationen, wo ich nur mit einem einzigen Produkt den Counter verließ, obwohl ich zu jeder erdenklichen

Bestellung bereit war.

Beraten und verkaufen ist easy. Was braucht es dazu? Eine gute Präsenz, eine inspirierende Produktkenntnis, eine positive Einstellung zum Verkauf, drei einfache Sales-Techniken und eine intelligente Verkaufstaktik.

AUSTAUSCH VON **FÄHIGKEITEN**

Kunden sind nicht verwöhnt, sondern sie sind Kenner geworden. Unsere Kunden reisen und waren schon mal in Thailand, Mallorca, New York. Wenn nicht geografisch, dann mental. Man kennt sich aus, man weiß, wie kalt eine Coke sein muss, was gute Pasta ausmacht. Man weiß, was Qualität ist. Und man weiß auch, wie guter Service sein kann. Der Kunde ist fit – meistens fitter als der Verkäufer. Kunden brauchen nirgendwo abgeholt zu werden, sie sind bereits da. Das Unternehmen muss also rasch in diese Echtzeit-Gesellschaft eintauchen können, um einigermaßen mitzuhalten.

Kunden sind nicht verwöhnt, sondern sie sind Kenner geworden. Das Motto im Future Service muss lauten: Frag nicht Google, frag mich.

Im 5er-BMW werden Sie mit dem Head-up-Display exakt zu Ihrem Ziel gelotst. Oder denken Sie nur an die Apps: high tech pur. Die E-Produkte werden immer schneller und schlauer, der Service immer intelligenter und relaxter. An diesem Tempo, an dieser Intelligenz misst man Ihren Betrieb und Ihren Service.

Fragen Sie einen Verkäufer irgendetwas; wie oft bekommen Sie dann den Satz zu hören: »Ich bin neu und erst seit drei Tagen hier«, »Da muss ich den Kollegen fragen«. Inkompetenz und Wartezeiten sind aber Relikte aus der alten Dienstleistungs-Mentalität. Was heute gebraucht wird, ist ein Austausch von Fähigkeiten, Emotionen und Erlebnissen. High-tech-Abläufe und High-touch-Service. In einer intelligenten Ökonomie braucht man intelligente Partner.

Virtuelle Services wie Wikipedia, GPS, Facebook, Google – um nur einige zu nennen – sind zu unseren Freunden geworden. Google braucht 0,27 Sekunden, um eine Frage zu beantworten. Das größte Warenhaus der Welt ist Ebay und nicht Karstadt, im Buchhandel ist es Amazon. Sie können sich im Internet eine Küche von Ikea zusammenstellen und in einer 3-D-Ansicht betrachten und bestellen. Im Restaurant Yoojis in Zürich können sie per Touchscreen Ihre Bestellung aufgeben und mit anderen Gästen chatten. Wenn Sie mehr über Ihre Bestellung wissen möchten, stellen Sie Ihr Essen auf einen Scan-Infopoint, und Sie erhalten dann Informationen über das Produkt. Auch immer mehr Quick-Service-Gäste nutzen die Bestellmöglichkeit am Terminal.

Wie können wir im Future Service zum intelligenten Partner werden? Dazu brauchen Sie Fitness: ein großes Wissen über die professionelle Führung von Kunden und ein gutes Verständnis von Service und Verkauf. Die neuen Verkäufer sind brutal fit und kennen ihr Angebot und dessen Vernetzungen spielerisch.

OHNE FACHKOMPETENZ KEIN VERKAUF

Stellen Sie sich vor, Sie gehen in eine Bar, deuten auf das Regal hinter dem Barkeeper und fragen ihn, wie der mittlere Whisky schmeckt. Barkeeper: »Sehr gut.« Und der linke? »Auch gut.« Und der rechte? »Alle sind gut«, antwortet der Barkeeper schon leicht genervt. Diese Antworten werden Sie sicher nicht dazu verleiten, einen Whisky zu probieren.

In unserem Café hatten wir die besten Kuchen der Welt, von meiner Mutter gebacken: Bioeier, selbst gepflückte Früchte, Valrhona-Schokolade, alles vom Feinsten und ohne Zusatzstoffe. Ich muss gestehen, ich wusste nicht, wie mein Service reagierte, wenn ein Gast fragte: »Wie schmeckt der Valrhona-Schokoladenkuchen?« Wahrscheinlich haben sie geantwortet: Gut.

Damit meine Endorphine in Bewegung kommen, müssen Produkte dementsprechend beschrieben werden.

In der Mega-Boutique Jades in Düsseldorf konnte der Umsatz einer bestimmten Jeans verfünffacht werden mit folgender Beschreibung: »Hi, willst du mal die PRPS-Jeans sehen? Der Stoff ist Biobaumwolle aus Namibia, dann wird der Stoff nach Japan verschifft und auf 60 Jahre alten Webstühlen gewebt und mit der Hand von Spezialisten genäht, deswegen der einzigartige Sitz. In New York designen Künstler jede Hose individuell. Das Besondere an der Jeans ist: Wenn du sie kaufst, dann darfst du die Jeans die ersten zwei Monate nicht waschen, dann passt sie sich exakt deiner Körperform an.

Dieses Modell kostet nur 900 Euro.«
Eine Bäckerei-Verkäuferin im Untergeschoss einer Einkaufspassage antwortete auf die Frage: »Wie schmeckt das Mohnbrötchen mit der süßen Mohnfüllung?« mit: »Man wird süchtig drauf.« Sie hat verstanden, worauf es ankommt.

WAS MUSS ICH WISSEN?

Jeder sollte über jedes Produkt in Bezug auf Produktinformation (Was ist es?) und Produktvorteil (Was ist das Besondere daran?) Bescheid wissen. Bei einem Besuch meiner Kunden in einem Kempinski-Hotel-Restaurant befragte ich die Kellner, welche Mittagsempfehlung es heute gäbe. Es gab Tiefseegarnelen. Die Produktinformation (Produktionsgröße, Zubereitung, Preis) konnten alle beantworten, aber auf die Frage nach dem Produktvorteil gab es keine überzeugende Antwort. Genau das ist aber der entscheidende Kauffaktor – und leider oft auch der größte Schwachpunkt bei der Angebotskenntnis. Was macht dieses Produkt einzigartig, was sind die Besonderheiten? Einkäufer machen sich oft große Mühe, Top-Produkte in die Regale zu stellen, und niemand weiß Bescheid.

Im Falle der Tiefseegarnelen holten wir einen Koch, der uns und den Kellnern die Tiefseegarnele im Detail beschrieb. Er erklärte uns den Unterschied zwischen einer Garnele und einem Scampi und erzählte, dass die Tiefseegarnelen in 700 Meter Tiefe in reinem Wasser schwimmen und damit unbelastet sind und hervorragend schmecken. Ich konnte anfangs mit diesen Informationen nicht so viel anfangen. Als der erste Gast in das Restaurant kam, empfahl der Kellner im folgenden Wortlaut die Mittagsempfehlung. »Guten Tag, heute haben wir Tiefseegarnelen. Die schwimmen in 700 Meter Tiefe, sind unbelastet und schmecken dadurch einfach wunderbar.« Die ersten 22 Gäste bestellten die 22 vorhandenen Portionen. Was sagt uns das? Menschen lieben es, verführt zu werden. Sie lassen sich gerne Tipps, Beschreibungen und Hinweise geben. Liebe dein Produkt und liebe deinen Kunden. Und erzähl ihm etwas. Shoppen ist Sex für die Sinne.

SOUVERÄN DURCH ANGEBOTSKENNTNIS

Als ich meine Lehrzeit anfing und ein großes Tablett tragen musste, fasste ich das Tablett von außen mit beiden Händen an. War ich da locker? Nein, natürlich nicht, ich war steif wie ein Brett. Später konnte ich das Tablett mit drei Fingern balancieren. Da wirkte ich dann schon deutlich lockerer.

Können Sie sich noch an die erste Fahrstunde, Tanzstunde oder an das erste Date erinnern? Man ist nervös, ungelenk und scheu. Sobald Sie etwas beherrschen, wirken Sie mit Ihrer ganzen Persönlichkeit. Ähnlich ist es mit der Angebotskenntnis. Sie ist die Basis für Selbstvertrauen im Umgang mit Kunden, für die Beratung und letztendlich für den Verkauf.

Das neue Shoppen ist Inspiration und keine Informationsvermittlung. Stellen Sie sich immer die zwei genannten Fragen über das Produkt:

PRODUKT	**PRODUKTINFORMATION: WAS IST ES?**	**PRODUKTVORTEIL: WAS IST DAS BESONDERE DARAN?**
Prps Jeans	Name der Jeans: Prps, Designer-Jeans, Bio-Baumwolle aus Namibia. 900 Euro. Wir haben sie in folgenden Größen da: 30, 31, 32, 33	Wird auf alten Webstühlen in Japan gewebt und per Hand vernäht, deswegen die einzigartige Verzahnung des Stoffes, Bio-Baumwolle, passt sich vor der ersten Wäsche der Körperform an.

Wenn Gäste Fragen stellen wie: »Wie schmeckt denn das neue Wochencurry?«, dann nennen Sie zuerst die Produktvorteile (das Besondere an diesem Produkt). Das weckt Lust auf das Produkt. Information über das Produkt nennen Sie erst, wenn Sie der Gast direkt danach fragt: Wie teuer ist das Curry? Kann ich das Curry im Menü haben?

JETZT SIND SIE DRAN
Iced Kakao Cappuccino, Wiener Schnitzel, Korean glass noodle duck tale, Frischkäse-Bagel, Tandoori India Salat, gebackener Kürbis mit Kardamom – Limette und Chili, Süßkartoffel-Wedges mit Zitronengras – Crème fraîche, Kidneybohnen-Buletten, Zucchini-Spaghetti, Mango Lassi, Grilled Chicken Salad, Tomatensuppe, Chicken Fajita Sandwich, Long Island Ice Tea, Hot Brownie, Angus Xt Cross, Spaghetti Pomodoro, Rib Eye Steak, usw.

PRODUKT	**PRODUKTINFORMATION (PRODUKTNUTZEN)**	**PRODUKTBESCHREIBUNG (EMOTIONSNUTZEN)**
Grüner Veltliner (L&T) 2013 Weingut Bründlmayer	Kategorie: Weißweine Region: Kamptal (Niederösterreich) Rebsorte: grüner Veltliner Weintyp: trocken Jahrgang: 2013 Preis: 49,80 €/Flasche	Ein wunderbar leichter, frischer, etwas perlender Grüner Veltliner mit einem feinwürzigen Hauch von Apfel und Zitrusfrüchten. Gut gekühlt an heißen Tagen der pure Genuss.

WAS HASSEN WIR IM SERVICE AM MEISTEN?

Es gibt in Wien ein Restaurant, in dem man regelmäßig beschimpft wird. Und es ist trotzdem voll. Oder denken Sie nur an die grantelnden Münchner Bedienungen in den Wirtshäusern. Nicht Unhöflichkeit, lange Wartezeiten, arroganter Service etc. stören uns am meisten, sondern Gleichgültigkeit: Sie scheinen wir am meisten zu hassen. Einige Kellner berichteten mir, wenn sie unhöflich zu den Gästen seien, bekämen sie mehr Trinkgeld. Darauf hatte ich keine Antwort. Bis ich von einem Laborversuch mit einer Maus hörte. Die Maus hatte zwei Räume zur Auswahl. In einem Raum wurde sie mit Elektroschocks traktiert. In dem anderen Raum hatte die Maus absolut keinen Kontakt. In welchen Raum ging die Maus? Richtig: In die Folterkammer. Schlechter Kontakt scheint immer noch besser zu sein als kein Kontakt. Es gibt also drei Varianten: Variante a, auf negativer Basis, unhöflich, grantig usw. Den Weg möchte ich mit Ihnen nicht gehen. Variante b, die Gleichgültigkeit. Absolut tödlich. Variante c erzeugt einen Kontakt auf positiver Basis.

Das Fatale an der ganzen Sache ist: Sie denken, Sie sind auf dem positiven Ast c, die Kunden empfinden Ihre Position aber auf b oder gar auf a. Der Kunde fragt den Service: »Wie schmeckt den die Senf-Honig-Sauce?« Und der Service antwortet: »Sehr gut.« Der Gast fragt weiter: »Wie schmeckt die Chilisauce?« Der Service: »Auch gut.« Diese Beschreibung ist nicht wirklich sexy. Und jetzt wird es richtig schlimm, der Gast fragt nämlich: »Können Sie mir etwas empfehlen?« Und der Service antwortet als Gipfel der Gleichgültigkeit: »Alles ist gut, ich weiß auch nicht, was Sie wollen.«

Sie sind in einem Lebensmittelgeschäft und sagen zu der Verkäuferin: »Ich suche Erbsen.« Und die Verkäuferin antwortet: »Ach, da hinten in der vorletzten Reihe.« Sie dreht sich um, und weg ist sie.

Um aus dem Klima der Gleichgültigkeit herauszukommen, muss man etwas tun. Zum Beispiel so: In einem wahrlich abgefahrenen Laden, die Kellner waren bekannt als wild und gefährlich, kam einer auf uns zu: Unterarme tätowiert, Mütze auf, Drei-Tage-Bart. Wir waren zu viert, die Erste bestellte einen Ramazotti. Der Kellner reagierte folgendermaßen: »Ramazotti? So was führen wir hier nicht. Bei den dunklen Amaros ist der Zucker verbrannt, das ist nicht gut, wir haben nur helle Amaros, zum Beispiel den Nonino, da ist der Zucker nicht verbrannt worden.« Wir staunten – und alle bestellten einen Nonino. Der Kellner war auf seine Weise präsent und zeigte uns, wir waren ihm nicht gleichgültig.

Oder so: In der Schumanns-Bar bestellte ich meinen gewohnten Campari Soda. Der Barkeeper servierte den Longdrink und sagte, probier mal, schmeckst du's raus? Ich merkte, dass der Drink anders schmeckte, besser, voller, stärker. Konnte aber das Rätsel nicht lösen. Fragend sah ich den Barkeeper an. Und er sagte: »Ich habe dir einen Campari Tonic gemacht.« Er hatte den Campari einfach mit Tonic statt mit Soda aufgefüllt. Der Barkeeper erwähnte, dass dieser Campari Tonic ein Geheimtipp vom Inhaber Charles Schuman sei. Seitdem bestelle ich überall Campari Tonic. Eine echte Bereicherung für mein Leben.

» Die Emiko-Bar im Hotel Louis in München

AKTIONEN WIRKLICH NUTZEN

Ich frage mich oft, warum Verkäufer ihre Aktionen und Angebote so wenig nutzen. Stellen Sie sich vor, Sie gehen zum Bäcker und bestellen zwei Brezen zu 80 Cent. Während der Verkäufer Ihnen die Brezen einpackt, sehen Sie das Sonderangebot: drei Brezen für 99 Cent… Happy hour in der Bar, neue Saisongerichte, neue Desserts, neue Kuchen, neue Kaffeespezialitäten usw. gehen oft unter. Der Service wirkt gleichgültig. Erzählen Sie Ihrem Gast von Ihren Angeboten und den allerneuesten Produkten. Zum Beispiel so: »Möchten Sie mal unser Wochensandwich ›Tanja grilled chicken barbecue‹ probieren?« Gäste lieben die Besonderheiten, die gewissen Extras, das Einzigartige, nur diese Woche, die Schnäppchen… Die Produkte, die Sie anbieten, müssen einen Sinn machen. »Noch einen Muffin dazu?« So spricht der Verkäufer nur mit meiner Geldbörse. Geben Sie dem Kunden lieber Informationen: »Zur Zeit haben wir eine Muffin-Aktion« oder: »Heute haben wir wieder die Schweizer Vanille-Sahnetorte im Sortiment«.

Dass es geht, zeigt ein Beispiel von American apparel. Als ich an der Kasse stand und der Kassierein zwei T-Shirts überreichte, machte sie mich auf das Sonderangebot aufmerksam: »Wenn Sie drei kaufen, erhalten Sie einen Rabatt von 22 Prozent. Das bedeutet, das dritte T-Shirt ist fast umsonst.« Dieser Hinweis ließ mich umkehren und ein drittes T-Shirt kaufen. Hätte ich nicht drei Shirts gekauft, hätte mir womöglich zu Hause meine Partnerin erklärt: Warum hast du denn nicht drei Shirts gekauft, das weiß doch jeder.

Wir kaufen heute nicht mehr, weil wir etwas brauchen, sondern, weil wir etwas lieben. Dann schwimmen wir in einem Überfluss von Dopamin.

Die historischen Wurzeln der Verführung Schon in den Fünfzigerjahren erschien das Buch »Die geheimen Verführer« von Vance Packard. Der Untertitel »Der Griff nach dem Unterbewussten in jedermann« weist auf Packards Hauptanliegen, die so genannte Motivforschung hin. Er kritisiert die Überredung des Konsumenten zu Kaufentscheidungen, die nichts mit seinen tatsächlichen Bedürfnissen und auch nichts mit der Qualität des angebotenen Produkts zu tun haben.

Das Buch umfasst zwei Teile. Im ersten Teil mit der Überschrift »Der Verbraucher will überredet sein« zeigt Packard damals (in den 1950er Jahren) neue Strategien der Werbung auf. Im zweiten Teil »Der manipulierte Bürger« weist Packard auf neue Methoden der politischen Werbung und der Mitarbeitermotivation in den großen Konzernen hin.

Packard brachte als Erster das Thema Unterschwellige Werbung ins Bewusstsein der Öffentlichkeit, indem er über die von James M. Vicary, dem Inhaber der New Yorker Werbeagentur »Subliminal Projection Co.« angeblich entwickelte Technik der subliminalen Beeinflussung berichtete. Diesen Berichten zufolge sollten im Kino nicht wahrnehmbare Werbespots für Popcorn/Cola den Verkauf von Popcorn/Cola in die Höhe getrieben haben (Iss-Popcorn-trink-Cola-Studie). Die Behauptungen erwiesen sich aber bald als von Vicary erfunden. Aus den » geheimen Verführern« (Vance Packard 1957) wurde der offene und intelligente Austausch von Emotionen (H. J. Hartauer 2003). Aus der Ansprache des Unterbewusstseins wurde die Dimension der bewussten Intelligenz, die in Echtzeit entscheidet, von wem ich mich verführen lasse und wen ich verführe. Glück und Lust sind die Motoren der neuen Gesellschaft, nicht mehr Last und Leiden.

Und wer sind die großen Verführer? Allen voran Heroes wie Yvonne und Alexander Tschebull in Hamburg. Sie sind authentisch, intelligent, ethisch, bescheiden und produzieren Top-Qualität. Menschen, Kunden, wollen lustvoll verführt werden. Dabei steht nicht der Nutzen eines Produkts im Vordergrund, sondern seine Möglichkeiten. Die Verführung der Möglichkeiten. Das muss man erst lernen. Hat ein Verkäufer eine Absicht, so kann man ihm diese sofort ablesen. Menschen haben ein feines Gespür entwickelt und lassen sich nichts mehr »andrehen«. Sie spüren, wenn sie für den Verkäufer nur ein Mittel zum Zweck sind – nämlich zum Geldverdienen. Wenn die Absicht der Grund ist, dann wird die Stimme kalt und aufdringlich. Die ehemalige Karstadt-Chefin Eva-Lotta Sjöstedt sagt in diesem Zusammenhang: »Wir wollen in Zukunft Menschen nichts verkaufen, wir wollen, dass Menschen etwas kaufen.« Der neue Verkauf hat einen anderen Ansatz – er sieht in erster Linie den Menschen und das Produkt, das diesem Menschen bereichert. Der Mensch kauft keine Produkte, sondern einen Zukunfts- und Emotionsnutzen. Ein Menü macht einfach mehr Spaß als ein einzelnes Gericht. Eine Suite erfüllt mich mehr als ein Standardzimmer. Die zusätzliche Speisen-Tagesempfehlung spornt Gäste an, ihre eingefahrenen Gewohnheiten zu verlassen und etwas Neues auszuprobieren. So erweitern Sie den Erfahrungsschatz Ihrer Gäste. Haben Sie keine Angst! Auch wenn es dem Gast nicht so schmecken sollte, die Erfahrung ist wichtiger als seine Gewohnheit. Denn am nächsten Tag erzählt er womöglich seinen Freunden von seiner neuen Erfahrung: »Stell dir vor, ich habe gestern in der Pizzeria ›das Mehl‹ die Pizza ›Die dunkle Seite der Macht‹ probiert, aber die kennst du ja nicht, du Banause.« Der neue Verkauf ist intelligent und kitzelt vor allem meine Endorphine. Er verführt mich, er macht Lust und Freude.

» Yvonne Tschebull,
Restaurant Tschebull

» Monica de la Rosa,
Front Office Managerin
im Louis Hotel,
München

SERVICE THAT SELLS© – DIE EINSTELLUNG

»Service ist Verkaufen, Verkaufen ist Service.« Dieser Satz steht in einem der besten Service-Handbücher (»Service that sells«). Was bedeutet dieser Satz? Wenn Sie in einem Restaurant sitzen und der Kellner Sie nach dem Essen fragt: »Möchten Sie noch einen Espresso oder einen Cappuccino ?«, empfinden Sie das als Service oder als aufdringlich? Natürlich als Service. Es kommt selbstverständlich darauf an, wie Sie gefragt werden. Aber sobald Sie mit der Hand dem Kellner winken müssen nach dem Motto: »Könnten wir bitte noch was bestellen?«, empfinden Sie den Service als schlecht. Deshalb bedeutet smartes Anbieten immer Service. Service ist zugleich Verkaufen, und Verkaufen bedeutet immer auch Service.

Ein Beispiel von vielen: Ich brauchte dringend einen Laptop und ging in einen der führenden Elektronik-Fachmärkte. Als Erstes musste ich wie immer um einen Verkäufer buhlen: »Könnten Sie mir bitte ...« Und weg war er. Als ich endlich einen der begehrten Verkäufer hatte, äußerte ich meinen Wunsch nach einem Laptop. Der Verkäufer: »Welches darf es denn sein?« – »Ich reise viel und führe viele Powerpoint-Präsentationen mit integrierten Videoclips durch.« Darauf empfahl er mir den neuesten Toshiba-Laptop. Da ich in Eile war, fackelte ich nicht lange und kaufte das Gerät. Zu Hause angekommen, schaltete ich ihn ein und suchte vergebens das Office-Programm. Bei meinem letzten Laptop-Kauf war Office schon installiert gewesen ... Ich musste mich also wieder auf dem Weg in dieses »Fachgeschäft« machen und ein Office-Programm kaufen. Zu Hause, als das Office-Programm installiert war, suchte ich im großen Karton die Tasche. Bei meinem letzten Laptop hatte unten im Karton eine wunderschöne Ledertasche gelegen. Aber bei meinem jetzigen Kauf – Fehlanzeige. Ich musste wieder in diesen Fachmarkt fahren und zusätzliches Geld ausgeben.

Ich hatte dem Verkäufer alle Informationen gegeben, auf die er hätte eingehen können. Ich hatte ihm gesagt, dass ich sehr viel reise (also muss der Laptop leicht sein, und ich brauche eine Tasche dazu). Ich hatte ihm gesagt, ich verwende Powerpoint (Office-Programm) und spiele viele Videoclips (dazu braucht man eine gute Grafikkarte). War das ein guter Service?

Dieser Service hat mich nicht bereichert, im Gegenteil, ich bin um 25 Jahre gealtert. Ganz anders sah der Kauf eines Macbook Air im Apple Store aus. Der Verkäufer hatte etwas Lässiges, er war eher »einer von uns«, kein x-beliebiger Verkäufer eines Unternehmens. Lächelnd kam er auf uns zu: »Hi, was darf es sein?« – »Wir brauchen einen Laptop.« – »Super, kommt mit, dann zeige ich euch unsere Modelle.« Nachdem wir uns für eines entschieden hatten, ging der Service los: »Ihr habt erwähnt, dass ihr einen Beamer anschließt; dazu braucht ihr einen Adapter. Bisher habt ihr mit Windows gearbeitet – wenn ihr weiterhin mit Windows arbeiten wollt, dann braucht ihr das

I-works Programm. Und natürlich eine coole Tasche.« Meine Tochter war anfangs von der Idee einer Mitgliedschaft bei Apple nicht so begeistert. Dann sagte der Verkäufer: »Das Netzwerk trifft sich im Apple Store, da triffst du eine Menge Leute in deinem Alter.« Das war das schlagende Argument. Letztendlich verließen wir den Store nicht nur mit dem Laptop unter dem Arm, sondern auch mit einer Mitgliedschaft, Tasche, Adapter, einem Office-Programm und jeder Menge Glücksgefühle.

Sehen wir uns ein Beispiel in Dubai an: Was habe ich gelacht! Als ich aus der Umkleide kam, sah ich einen Verkäufer, der unaufgefordert in der linken Hand und in der rechten Hand die nächsten Größen des Jeans-Modells in die Höhe hielt, das ich gerade anprobierte. Wer kennt das nicht: Man möchte eine Jeans in einer bestimmten Größe anprobieren, man kommt aus der Kabine, und der Verkäufer prüft mit einem ernsten Blick, kombiniert mit der Aussage: »Ja, da muss ich mal sehen, ob wir dieses Modell noch in einer kleineren Größe haben, ich gehe mal ins Lager.« Mit einem Blick, als ob er gerade in ein Krisengebiet gehen müsste. Als ich mich für die linke Hand, also die kleinere Jeans, entschieden hatte, war ich schon gespannt, was passiert, wenn ich wieder aus der Kabine käme. Da stand er und hielt jetzt zwei passende T-Shirts in der Hand. Als ich diese anprobierte und wieder aus der Kabine kam, musste ich lachen: Er hielt in der linken Hand einen Minz-Tee und in der rechten Hand ein Glas Limettenlimonade für mich. Das war Service vom Feinsten.

DIE ZELLEN **ZUM LEUCHTEN BRINGEN**

Wir brauchen für diese Art, den Kunden zu begeistern, eine anderen Ansatz als Verkaufen. Verkaufen klingt kalt und emotionslos. Kunden wollen shoppen und nicht einkaufen. Nennen wir es: »Die Zellen zum Leuchten bringen.« Ich will Kunden überraschen, verführen, lieben, verzaubern, ihr Herz muss hüpfen.

»Die Zellen zum Leuchten bringen« bedeutet aktiv sein und nicht passiv. Um die Zellen zum Leuchten zu bringen, braucht es aber Fitness in der Umsetzung. Haben Sie einmal dieses Bewusstsein verinnerlicht und beherrschen die Taktik, dann ist der Erfolg nicht mehr umkehrbar.

Aber wie komme ich aus der Falle des Ordertakers und der Gleichgültigkeit heraus? »War alles recht?«, »Geht's Ihnen gut?«, »Perfekt von rechts vorlegen«, »Permanent die Getränke nachschenken«, »Ihr Tee braucht noch fünf Minuten«, oder: »Möchten Sie ein stilles, medium oder ein Wasser mit Kohlensäure?« Das reicht nicht mehr. Wo haben Sie Möglichkeiten, mit dem Gast/Kunden zu kommunizieren, wie können Sie seine Zellen zum Leuchten bringen? Wie können Sie schnell werden und zugleich den maximalen Erfolg ausschöpfen?

»Noch eine Apfeltasche dazu?«, wirkt aufdringlich!

»Noch etwas dazu?« oder: »Ist das alles?«, wirkt gleichgültig!

Die Zutaten lassen sich in einfachen Schritten beschreiben. Mit diesen Techniken können Sie Kunden professionell führen und beraten, was dem Verkauf zugutekommt. Sie funktionieren überall, egal ob Sie ein Hochhaus in Manhattan, ein Fischbrötchen bei Nordsee, einen Druckeradapter für den PC oder Jasmintee in einem Teegeschäft verkaufen wollen.

Menschen lieben einen aufmerksamen Service, bei dem sie selbst zum Entscheider über ihre Möglichkeiten werden. Ähnlich wie bei einem Smartphone: Es gibt viele Apps, und der Benutzer entscheidet selbst, welche Programme und Apps er öffnen will.

So soll es sein. Schaffen sie eine Win-Win-Situation. Das heißt nicht, dass Beratung und Verkauf Auslaufmodelle sind: Im Gegenteil, es bedarf in Zukunft höchster Professionalität in der Gesprächsführung. Denn falsche Beratung und Führung kann aufdringlich oder gleichgültig wirken.

»Service that sells« in richtiger Anwendung kann der Schlüssel zum perfekten Verkauf sein. Damit Verkaufen aber als Serviceleistung betrachtet wird, müssen wir die Do's und Don'ts im Service erkennen und perfekt anwenden.

WAS NERVT WIRKLICH?

Vielen Gästen nervt das lästige Fragen und Beraten bei den Quick-Service-Betrieben. Aber was nervt sie wirklich?
Am allermeisten nervt sie das Nachdenken.
»**Welches Dressing möchten Sie zum Salat?**«
Gast: Hm ... muss jetzt nachdenken.
»Welcher Bagel?« Gast: Hm ...
»Welches Topping?« Gast: Hm ...
»Welche Sauce?« Gast: Hm ...
»Darf's noch was sein?« Gast: Nein (Nein sagen zu müssen nervt ebenfalls).
»Möchten Sie noch ein Dessert?« Gast: Nein.
»Welchen Muffin?« Gast: Hm ...
»Welchen Kaffee?« Gast: Hm ...

Und im schlimmsten Fall wird man dann auch noch gefragt: »Ist das alles?«, oder: »Noch was dazu?« Es passiert auch, dass der Gast eine negative Antwort auf die Frage nach einem bestimmten Aktionsprodukt bekommt: »Das ist aus!« und mit dieser Antwort ohne Alternativangebot stehen gelassen wird.

»Welches Getränk?« Jetzt müssen Sie überlegen, was will ich? Die ganze Fragerei nervt uns mittlerweile tödlich. Bei den wechselnden Angeboten und deren Kombinationsmöglichkeiten hat man als Kunde das Gefühl, drei Semester Systemgastronomie studiert haben zu müssen.

Sehen wir uns eine klassische Beratung an. Diese Fragetechnik nervt und kostet wertvolle Sekunden in der Bestellungsaufnahme.

Service: Hallo
Gast: Ich hätte gerne einen Big Mac.
Service: Einzeln?
Gast: Hmm, als Mcmenü.
Service: Welches Mcmenü?
Gast: Hmm ... das Mcmenü small.
Service: Welches Getränk?
Gast: Hmm ... eine Cola.
Service: Noch eine Apfeltasche dazu?
Gast: Nein, danke.
Service: Zum Hieressen?
Gast: Hmm, ja, zum Hieressen.

Service: Ist das alles?
Gast: Ja.

Oder in einem Restaurant:
Service: »Guten Abend, möchten Sie einen Aperitif?«
Oder nach dem Essen: »Möchten Sie noch etwas Süßes?«

Der Gast muss jetzt nachdenken und wird das Wort aussprechen, das ihn eigentlich am meisten nervt und das auch der Service gar nicht hören will: »Nein.«

WARUM STELLT MAN DIE NO-FRAGEN?

Der Mitarbeiter an der Kasse kennt seine Produkte und deren Kombinationsmöglichkeiten in- und auswendig. Und das scheint der Haken an der Sache zu sein. Was für den Verkäufer logisch erscheint, spiegelt er auf den Gast: »Wenn ich es weiß, dann muss der Gast es doch auch wissen.« Falls der Kunde unwissend ist, fragt oder überlegt, wird er mit einer gewissen »Anstrengung« beraten. Die Beratung oder das Abfragen haben oft einen versteckten Unterton nach dem Motto: »Was, das weißt du auch nicht?« Oder: »Das ist jetzt schon die dreihundertste Frage nach der Sauce für die Chicken Nuggets, so langsam müssen Sie es doch mal kapieren.«

Im Grunde scheint es so zu sein: Wenn ich bei Subway ein Sandwich will, bei Starbucks einen Kaffee, bei Vapiano einen Teller Pasta, bei Nordsee einen Salat oder bei Snog einen Frozen Joghurt, dann gehen manche Mitarbeiter davon aus, dass ich das System kenne und dementsprechend bestelle oder reagiere. Das mag bei den Stammkunden funktionieren, aber was ist mit den Gästen, die gelegentlich oder spontan kommen oder noch gar nicht wissen, was sie wollen?

Mit dem Beraten und dem Verkauf ist es wie mit dem Tanzen. Im klassischen Tanz führt der Mann die Frau, im Future Service führt der Service den Gast. Sehen Sie jeden Gast als Tanzpartner. Der eine Partner (Gast) kommt als Profi, der andere ist Anfänger, der eine liebt klassische, der andere lateinamerikanische Tänze oder Rock & Hiphop. Der Kunde braucht also einen Tanzpartner (Service), der sich schnell auf ihn einstellen kann. Der eine ist geübt, da muss man nur mitgehen, der andere ist ein Anfänger und will geführt werden. Dann gibt es noch die unterschiedlichen Stile unserer Gäste. Jeder Gast ist individuell, und das zeichnet auch die Vielfalt der Betriebe aus: Man trifft eine große Welt mit vielen Individualisten.

Das Tanzen im Service ist easy: Der Tanz heißt »YES«. Mit einfachen Mitteln können Sie auf jede Situation erfolgreich reagieren und entsprechend agieren. Sie werden Ihre Beratungszeit halbieren und gleichzeitig den maximalen Erfolg generieren. Manche meiner Teilnehmer konnten dadurch ihren Umsatz verdoppeln.

Sehen wir uns also die besten Verkaufstechniken an. Mit diesen Techniken praktizieren Sie einen exzellenten Service und schöpfen den größtmöglichen Umsatz aus, ohne aufdringlich zu wirken.

SALES-TECHNIK 1: DIE AUSWAHL

Sie fragen Ihren Lebenspartner: »Gehen wir heute ins Kino?« Und er antwortet: »Nein, ich habe keine Lust.«

Und im Restaurant?
Service: »Möchten Sie noch einen Espresso?« Gast: »Nein.«
Service: »Möchten Sie noch eine Nachspeise?« Gast: »Nein.«
Service: »Was möchten Sie trinken?« Gast: »Weiß nicht.«
Oder im Einzelhandel:
Verkäufer: »Kann ich Ihnen helfen?« Kunde: »Nein.«
In der Bäckerei: »Wie wär's noch mit zwei Aprikosenplunder, die sind im Angebot.« Kunde: »Nein.«
Oder: »Sonst noch etwas?« Kunde: »Nein.«

Oder im Hotel:
Rezeptionist: »Sollen wir Ihr Auto parken?« Gast: »Nein, danke.« Oder: »Brauchen Sie Hilfe für Ihr Gepäck?« Gast: »Nein, danke.«
Oder: »Haben Sie noch einen Wunsch?« Besonders Frauen bekommen jetzt oft von Männern einen blöden Spruch zu hören: »Den Wunsch können Sie jetzt nicht erfüllen.«
Oder: »Darf es noch etwas sein?« Gast: »Nein.«

Zehn Sekunden später winkt der Gast, wir möchten doch noch etwas bestellen. Oder Ihr Partner will nach einer gewissen Zeit doch ins Kino gehen. Kennen Sie das? Warum ist das so?

Druck erzeugt Gegendruck. Wenn Sie nur ein Produkt anbieten – »Möchten Sie noch einen Cappuccino?« –, dann ist der Gast gezwungen, spontan eine Entscheidung zu treffen. Er fühlt sich unter Druck gesetzt. Und um in einer Drucksituation keinen Fehler zu machen, gehen Menschen immer zuerst auf Nummer Sicher. Das bedeutet: Sie sagen »Nein«. Dann überlegen sie, möchte ich vielleicht doch noch was trinken? Bleiben wir noch hier? Gehen wir? Und so weiter. Diese Überlegung geht dann ziemlich schnell. Ja, ich will noch einen Cappuccino. Aber der Verkäufer hat sich schon umgedreht. Weg ist das Geschäft.

Mit anderen Worten: Die ganzen Standardfragen können Sie sich sparen. Möchten Sie noch etwas dazu? Ist das alles? Sonst noch etwas? Vorweg einen Aperitif? Noch eine Schuhpflege dazu? Die Antwort kennen Sie im Voraus: Nein, nein, nein. Diese Dialoge sind meist erfolglos, sie kosten Kraft und wirken aufdringlich. Denn diese Dialoge bedeuten Druck.

DIE MUTTER ALLER VERKAUFS- UND BERATUNGS-TECHNIKEN

Dabei gibt es eine wunderbare Möglichkeit. Dies ist die Mutter aller Verkaufs- und Beratungstechniken: Bieten Sie immer eine Auswahl an und zwingen Sie Ihren Dialogpartner zum Auswählen.

Service: »Als Abschluss noch einen Espresso, Cappuccino oder Latte Macchiato?« So hat der Gast drei Bilder zur Auswahl und überlegt: »Was mag ich lieber, einen Espresso, Cappuccino oder Latte Macchiato?« Das ist Sog statt Druck, und der Gast empfindet diese einfache Technik als Service.

- **Gehen wir ins Kino oder machen wir die Steuer?**
- **Möchten Sie als Abschluss noch einen Muffin oder eine Kirschtasche?**
- **Wie sieht es aus mit einem Glas Champagner, Pfiff Bier oder einem Aperol Sprizz?**
- **Gehen wir zu mir oder zu dir?**

Bieten Sie im Verkaufsdialog immer aktiv eine Auswahl von mindestens zwei Produkten an. Egal, ob privat oder beruflich.

Im Übrigen gibt wirklich die Zahl der Alternativen den Ausschlag. Nennen Sie immer mindestens zwei und höchstens drei Produkte. Der Gast fragt: »Welchen Kuchen haben Sie?« Wenn der Service jetzt antwortet: »Apfelkuchen, Erdbeere, Zitrone, Marmor, Valrohna-Schokoladenkuchen, Bienenstich, Joghurt und Schwarzwälder«, dann wird das dem Gast zu viel. Bei so viel Anstrengung kann er womöglich wieder die Lust am Kauf verlieren.

Nennen Sie also im ersten Schritt genau zwei bis drei Angebote. Und wenn der Gast auf diese keine Lust hat (das sehen Sie an seiner Reaktion), erst dann dürfen Sie zwei bis drei weitere aufzählen.

Vapiano hat zum Beispiel elf verschiedene Pastasorten und etwa zwanzig verschiedene Sugos, die in vier Preiskategorien zur Auswahl stehen. Zählen Sie auf keinen Fall alle Pastasorten auf: Pappardelle, Spaghetti, Penne, Linguine, Conchiglie, Companelle, Fusilli, Tagliatelle, Ravioli, Dinkelspaghetti oder Dinkelfusilli. Das würde zu viel Zeit

» Espresso, Cappuccino oder doch lieber Latte macchiato?

kosten und überfordert den Gast. Nennen sie anfangs maximal drei Pastasorten wie Spaghetti, Linguine oder Fusilli und maximal drei verschiedene Sugos. Im Fall von Vapiano würde ich Saucen aus verschiedenen Preisgruppen wählen, z. B. Arrabiata, Carbonara oder mit Scampi.

Diese Technik muss in Fleisch und Blut übergehen. Ich habe meine Mitarbeiter immer vor nächtlichen Anrufen gewarnt: »Wenn ich dich in der Nacht um 3 Uhr anrufe und sage: ›Ich hätte gerne einen Wrap‹, dann möchte ich von dir hören: ›Einen Dill-Avocado-Käse-Wrap oder einen Curry-Chicken-Wrap?‹ Dann kannst du weiterschlafen.« Trainieren Sie mit Ihren Verkäufern die Antworten. Sie glauben nicht, wie schnell das die Kassen klingeln lässt.

• Beispiel bei Balzac Coffee
Gast: »Ich hätte gerne einen Kaffee.« Verkäufer: »Einen Caffé Americano, Espresso oder Cappuccino?«

• Beispiel bei Mosch Mosch
Gast: »Ich hätte gerne eine kleine Vorspeise.« Verkäufer: »Eine japanische Teigtasche mit Gemüsefüllung oder einen japanischen Grillspieß mit Hühnchen oder Garnelen?«

• Beispiel bei Block House
Gast: »Ich hätte gerne eine Beilage zum Steak.« Verkäufer: »Frisches Saisongemüse, Baked Potato mit Sourcream oder das Block-House-Brot?«

• Beispiel bei Nordsee
Gast: »Ich hätte gerne einen Snack.«
Verkäufer: »Fish & Chips, heißer Backfisch oder die Garnelenbox?«

• Beispiel im Wellnessbereich
Gast: »Ich hätte gerne eine Massage.«
Verkäufer: »Ein Ganzkörper-, Rücken- oder Fußmassage?«

• **Beispiel im Beautybereich**
Gast: »Ich hätte gerne eine Gesichtsbehandlung.«
Verkäufer: »Die Basisbehandlung, Fresh Face oder die O2 Flash – Sauerstoff für die Haut?«

• **Beispiel an der Rezeption**
Gast: »Ich hätte gerne ein Doppelzimmer für eine Nacht.«
Verkäufer: »Das Deluxe, Standard oder die Suite?«

Wichtig ist, dass Ihr Gast immer das Gefühl hat, er entscheide selbst. Deshalb bieten Sie immer eine Auswahl an.

AUSWAHLTECHNIK BEI ZUSATZPRODUKTEN

Mit der Auswahltechnik werden Sie erfolgreicher bei Zusatzverkäufen. Hier einige Beispiele.

Verkäufer: »Noch einen Apple-Caramel-Muffin oder einen Donut?« So überlegt der Gast: Was mag er lieber? Sie riskieren viel weniger ein Nein, als wenn Sie nur nach dem Muffin fragen. Deshalb: Bei Zusatzverkäufen immer zwei Produkte zur Auswahl nennen.

Gast: »Ich hätte gerne ein Matjesbrötchen.« Verkäufer: »Noch eine Cola oder Bionade dazu?« Sparen Sie sich die Frage: »Noch etwas zu trinken?«

Gast: »Ich hätte gerne eine Dorade.« Verkäufer: »Möchten Sie Gemüse oder Rosmarinkartoffeln dazu?«

Gast: »Ich hätte gerne ein Mcmenü mit einem Royal TS, Pommes und Fanta.« Verkäufer: »Gerne, haben Sie noch Lust auf einen Cappuccino oder eine Apfeltasche?«

Denken Sie daran: Bieten Sie nur ein Produkt an (»Noch eine Apfeltasche dazu?«), dann setzen Sie den Gast unter Druck und es wirkt aufdringlich. Bieten Sie zwei Optionen an, so empfindet der Kunde dies als Service.

Manche Betriebe machen das schon. Sind aber trotzdem nicht erfogreich, obwohl die Fragetechnik stimmt. Was kann die Ursache sein? Überprüfen Sie Ihr Angebot! Oft passt das Zusatzangebot nicht zu den bestellten Produkten oder es animiert die Kunden nicht mehr. Wenn wir mit Cola, Mineralwasser und Apfelschorle nicht erfolgreich waren, kreierten wir hausgemachte Limonaden wie: »Waldbeerenlimonade, Lemongras Spritzer oder eine Bio Limetten Orangen Limonade«. Damit erzeugten wir mehr Interesse und Begeisterung.

Ein Glas Prosecco als Aperitif – wie langweilig. Ich möchte Besonderheiten wie einen ganz speziellen »Winzersekt vom (Weingut) Brut Rosé« hören. Statt einem normalen Sherry möchte ich einen »Vino Manzanilla Sherry aus San Lucar de Barrameda« – probieren oder einen gelben Sprizz mit Crodino und Franciacorta aufgefüllt. Immer beliebter sind alkoholfreie Drinks wie Cranberry- oder Rhabarbersaftschorlen, Lavendel Spritzer, Ingwer Zitronengras Ice Tea, Aloe Vera Soda, Very Berry Smoothie, Green Tea Frappé, Green Liquid mit Weizengras, Spinat, Gurke, Limetten- und Agavensaft, Rosewater-Lassi, Holunderblüten Smash. Pret a Manger in London hat tolle Limonaden-Eigenkreationen. In New York bieten sie auf den Märkten individuelle Limonaden und Säfte an. Frisches Crushed Ice wird gehobelt. Die Säfte werden mit Weizengras, Spirulina (Blaualge), Aloe Vera oder Guarana (wirkt anregend) gepimpt. Seien Sie kreativ. Menschen wollen verführt und inspiriert werden. Der Emotionsnutzen steht im Vordergrund.

»Früher musste man hungrige Menschen satt machen, heute muss man satte Menschen wieder hungrig machen.«

» Bieten Sie originelle, spannende Produkte an, die Ihre Gäste faszinieren.

BIETEN SIE IMMER **UNTERSCHIEDLICHE** PRODUKTE AN

Ein Fischer würde vielleicht drei verschiedene Köder verwenden, um die Trefferquote zu erhöhen.

Schlecht: »Zum Anstoßen ein Sprizz Aperol, Hugo oder Negroni?«

Hier wurden drei Mixgetränke (gleicher Köder) angeboten. Vielleicht trinkt jemand lieber etwas puristisches (ein Glas Wein oder Bier) oder der andere keinen Alkohol. Fächern Sie immer Ihre Produkte auf.

- **»Zum Anstoßen ein Glas Ampeleia Rotwein, Holunderblütensaftschorle oder ein Sprizz Aperol?«**
- **»Einen schwarzen, grünen oder Früchtetee?«**
- **»Obstkuchen, Sandkuchen oder Sahnetorte?«**
- **»Deluxe Zimmer, Standard Zimmer oder eine Suite?«**

Eine Teilnehmerin beschwerte sich bei mir, weil ich ihr »Frauen-Kaffees« anbot: »Cappuccino, Latte Macchiato oder einen Flavored Latte?« Sie sagte: »Frauen trinken immer mehr Espresso«, und recht hatte sie. Wir müssen die alten Denkmuster verlassen und zu modernen Future-Service-Managern werden.

AUSWAHLTECHNIK UND **BERATUNG**

Dieser Beratungsbaum nervt: Sie stehen in der Bäckerei vor der Vitrine und wollen Brötchen. Die Verkäuferin: »Die da unten – die Krusterl?« – Ich: »Nein, die links.« – Verkäuferin: »Die da?« – Ich: »Nein, von Ihnen aus gesehen, rechts – ja.« Verkäuferin:

»Wie viele möchten sie denn? Sonst noch was? Soll ich Ihnen eine Tragetasche geben? Möchten Sie den Kassenzettel?«

Man spricht oft von der Gastgeberrolle. Aber wann ist man ein guter Gastgeber? Man ist dann ein guter Gastgeber, wenn es einem gelingt, den Gast zu führen: ohne Druck und ohne dass er bei der Beratung oder während des Aufenthaltes groß nachdenken muss.

Eine gute Möglichkeit, unentschlossene Kunden zu beraten und zu führen, lässt sich mit der Auswahltechnik verwirklichen, und zwar mit der Links-Rechts-Methode. Dabei hat der Gast immer ein Bild vor Augen und muss nicht lange nachdenken. Im Einzelhandel spricht man von der Bedarfsanalyse oder allgemein vom Beratungsbaum.

- **In der Bäckerei**

Gast: »Ich hätte gerne diese Brötchen.« (zeigt in die Vitrine)
Verkäuferin: »Die dunklen Krusterl oder die hellen Baguettes?« (zeigt nach links und nach rechts)
Gast: »Die Baguettes.«
Verkäuferin: »Zwei oder drei Stück?«

- **Im Hans im Glück (Burgergrill)**

Gast: »Ich möchte einen Burger.«
Verkäufer: »Ich kann Ihnen den Geissbock, Birkenwald oder Klassik empfehlen.«
Gast: »Den Klassiker.«

- **Bei »Pret a manger«**

Gast: »Können Sie mir ein Sandwich empfehlen?«
Verkäufer: »Möchten Sie ein Sandwich mit Fleisch, Fisch oder ein vegetarisches Sandwich?«

Gast: »Vegetarisch.«
Verkäufer: »Vielleicht ein Thai avocado + spinach oder das Spring humous + feta granary?«

WICHTIG: Wenn Sie dem Kunden nur ein Produkt anpreisen würden, z. B.: »Ich empfehle als vegetarisches Sandwich das Thai avocado + spinach«, dann fühlt sich der Kunde unter Druck gesetzt und stellt die Frage: »Was haben Sie sonst noch im Angebot?« Bieten Sie also immer mindestens zwei Dinge zur Auswahl an.

Mit der Auswahltechnik hat der Gast immer das Gefühl, selbst der Entscheider über seine Möglichkeiten zu sein. Das ist ein großer Unterschied.

- **An der Rezeption**

Gast: Ich hätte gerne ein Zimmer. Rezeptionist:

EINZELZIMMER DOPPELZIMMER

DELUXE STANDARDSUITE

- **Im Wellness Bereich**

Gast fragt nach dem Aktiv-Programm.
Verkäufer: »Wir können Ihnen Pilates, Tai Chi und Yoga anbieten.«

- **Beispiel bei Bäckerei Junge**

»Ich hätte gerne ein Mischbrot.«
Verkäufer: »Das Urbrot, Axels Abendbrot oder das Sonnenblumenbrot?«

Natürlich sollten Sie mehr über die Produkte erzählen und nicht nur die Namen nennen. Wie das geht und wie viele Informationen Sie geben dürfen, erfahren Sie in Kürze.

DIE AUSWAHLTECHNIK **BEI FRAGEN** DES KUNDEN

Egal, in welchem Betrieb man geht, man bekommt meistens die gleichen Dialoge. Ist das alles? Noch etwas dazu? Was wollen Sie denn mit dem Handy machen? Welches Spielzeug möchtest du zum Happy Meal? Welches Bagel? Welches Dressing? Welche Größe? Welchen Wein? Welche Massage?

Wie oft habe ich bei der Spielzeugfrage meine Kinder angesehen und fragte sie erneut: »Welches Spielzeug willst du?« Und mein Kind antwortete: »Weiß nicht ...« Das alles kostet Zeit, weil der Kunde jedes Mal nachdenken muss.

Um schnelle Serviceabläufe zu generieren und um zu einem Ergebnis zu kommen, ist die Auswahltechnik perfekt. Für Quick-Service-Mitarbeiter oder in Handyläden ist Zeit oft der entscheidende Faktor. Auch während der Rush hour will man perfekten Service leisten und darf dabei den Umsatz nicht aus den Augen verlieren.

Während so einer Rush-hour-Zeit fragte ein Kellner meinen Sohn: » Was möchtest du trinken?« Mein Sohn antwortete: »Einen Saft.« Kellner: »Welchen Saft möchtest du?« Mein Sohn: »Welchen Saft haben Sie denn?« Der Kellner bedachte ihn mit einem desinteressierten Blick nach dem Motto: Was für eine dumme Frage. Am Ende bestellt er ja doch wieder eine Cola. Dann spulte er sämtliche Säfte herunter, an die er sich erinnern konnte: Orangensaft, Maracujasaft, Grapefruitsaft, Tomatensaft, Johannisbeersaft, Ananassaft. Natürlich waren das viel zu viele Informationen. Raten Sie, was mein Sohn darauf antwortete. »Ich überlege noch mal.« Das ist die Höchststrafe für einen Kellner.

Bei offenen Fragestellungen muss der Gast/Kunde überlegen. Das kostet Zeit, dann geht die Fragerei los, womöglich geht der Umsatz ganz verloren. Fazit: Diese Dialoge sind für beide Seiten anstrengend.

Verkäufer: »Welches Smartphone darf es denn sein?« Gast: »Welche haben Sie denn?«
Verkäufer: »Welche Marke möchten Sie?« Gast: »Welche haben Sie denn da?«
Verkäufer: »Welches Dressing hätten Sie gerne ?« Gast: »Welche haben Sie?«

Diese Liste könnten wir endlos weiterführen.

Stattdessen geben Sie von heute an dem Gast sofort zwei bis drei Alternativen zur Auswahl.

• **Beispiel bei l'Osteria**
Gast: »Ich hätte gerne einen Salat.«
Verkäufer: »Insalata casa, Mista oder den Fantasia?«

• **Beispiel bei Subway**
Gast: »Ich hätte gerne einen Sub.«
Verkäufer: »Mit dem Cheese Oregano, Honey Oat oder Italian White Brot?«

• **Beispiel bei Coa**
Gast: »Ich hätte gerne ein Curry.«
Verkäufer: »Mellow yellow – mango, Keen green – papaya oder das Hothead red?«

• Bei der Deutschen Bahn (im ICE)
Gast: »Ich hätte gerne den Thunfisch-Salat.«
Verkäufer: »Mit Balsamico- oder Sauerrahm-Dressing?«

• Bei Starbucks
Gast: »Ich hätte gerne eine Kaffee.«
Verkäufer: »Einen Caffé Americano, Caffé Latte oder einen Caramel Macchiato?«

• In einem Wirtshaus
Gast: «Ich hätte gerne ein Bier.«
Verkäufer: «Ein Helles, Weizenbier oder ein Indian Pale Ale?«

• In einem Restaurant
Gast: «Ich hätte gerne einen trockenen Weißwein.«
Verkäufer: «Einen weißen Burgunder von Wittmann oder einen Sauvignon Blanc von Ziregg?«

• Im Frühstücksraum
Gast: »Ich hätte gerne eine Eierspeise.«
Verkäufer: »Rührei mit Zwiebeln und Rosmarinschinken oder ein Sojaomelette mit sieben Kräutern und jungem Lauch?«

• Im Hotel
Gast: »Ich hätte gerne ein Zimmer für heute Nacht.«
Verkäufer: »Ein Einzel oder Doppelzimmer?«
Gast: »Einzelzimmer.«
Verkäufer: »Ich kann Ihnen ein Market Deluxe oder ein Courtyard Deluxe anbieten.«

• Im Wander-Hotel
Gast: »Ich würde gerne wandern gehen, können Sie mir eine Tour empfehlen?«
Verkäufer: »Eher eine sportliche und eine Tour für Einsteiger?«
Gast: »Einsteiger.«
Verkäufer: »Sehr beliebt ist der Kunst-Wanderweg mit einer Stunde Gehzeit oder der Weg der Stille zur Steinalm mit 70 Minuten Gehzeit.«

• Im Wellnessbereich
Gast: «Ich hätte gerne eine Massage.«
Verkäufer: «Ich kann Ihnen eine Kräuter-Kakaobutter- oder unsere Honig-Milch-Peeling-Massage anbieten.«

Wenn ein Kunde oder Gast mit einer Frage kommt, dürfen Sie nie mit einer Gegenfrage antworten, z. B. welcher Salat, welchen Flurry, welches Brot, welches Curry, welches Dressing, welchen Kaffee, welches Bier, welchen Wein? Stattdessen geben Sie immer zwei bis drei Optionen zur Auswahl. Diese Regel gilt überall, egal ob Sie in New York ein Hochhaus, in London einen Regenschirm oder in Berlin einen Bagel verkaufen wollen.

Grundprinzip der Fragetechnik muss es immer sein, den Gast so zu fragen, dass ...

- **es ihn nicht nervt**
- **er schnell zur Entscheidung kommt**
- **wir erfolgreicher im Verkaufen werden.**

DIE AUSWAHLTECHNIK BEIM ZWEITEN GETRÄNK

Ausgangslage: Der Gast hat ein Weißbier getrunken. Das Glas ist fast leer. Sagen Sie nie »Noch eins«. Bei »eins« hat der Gast kein Bild im Kopf, er bekommt keinen Appetit. Außerdem üben Sie mit dieser Frage Druck aus.

Besser: »Noch ein Weißbier oder vielleicht ein Glas Rotwein?«

Sprechen Sie dabei immer das Produkt noch einmal an, das er schon hatte, und geben Sie dem Gast eine weitere Alternative, in diesem Fall Wein. Vielleicht hat er keine Lust mehr auf ein Weißbier, vielleicht törnt ihn jetzt ein Wein an. So shoppen Sie die Endorphine an. Vor allem üben Sie mit der Auswahl keinen Druck aus.

»Noch eine Litschi- oder vielleicht eine Holunderbionade?« So hat der Gast eine Auswahl des Angebots, er kann entspannt zuhören, hat ein Bild vor Augen, bekommt vielleicht Appetit auf etwas, von dem er gar nicht wusste, dass er es will. Und er kann sich schneller entscheiden. Ihr Umsatz und Ihre Effektivität werden sich dramatisch erhöhen.

AUSWAHLTECHNIK: WAS KANN DER MANAGER TUN?

Übung macht den Meister. Die Auswahltechnik muss man täglich trainieren. Die Antworten müssen wie aus einer Pistole geschossen kommen.

Tranieren Sie mit der Quick power briefing-Methode Ihren Service so, dass immer eine Auswahl von zwei bis drei Produkten angeboten wird.

Manager:		Verkäufer:
• Ich möchte etwas trinken.	➔	• Cola, Fanta, Sprite?
• Ich möchte Chicken nuggets.	➔	• 9, 6 oder 20 Stück?
• Ich möchte einen Kaffee.	➔	• Cappuccino, Espresso, Flavoured Latte?

- Ich möchte eine Eierspeise.
- Ich möchte einen Kuchen.
- Ich möchte ein Spielzeug.
- Ich möchte ein Eis.
- Ich möchte ein vegetarisches Sandwich.
- Ich möchte einen fruchtigen Weißwein.
- Ich möchte Yoga machen (Wellnessbereich).
- Ich möchte etwas unternehmen (Aktivität in einem Hotel).
- Ich hätte gerne eine Gesichtsbehandlung.
- Wie komme ich zum Flughafen?
- Können Sie mir ein Restaurant empfehlen?

AKTIV SEIN MIT DER AUSWAHLTECHNIK

Fragetechnik und Auswahltechnik gehören zusammen. »Wer fragt, der führt« ist eine bekannte Weisheit und für jede Verkaufssituation notwendig. Um sich beim ersten Kontakt keine Abfuhr zu holen und somit Frust oder Enttäuschung zu vermeiden, ist es nötig, dass Ihre Mitarbeiter diese Techniken beherrschen.

Ein Gast steht vor Ihnen und überlegt. Oft warten Mitarbeiter ab, bis sich der Gast entschieden hat, da sie glauben, sonst aufdringlich zu sein. Wenn sie Kunden oder Gäste ansprechen dann üblicherweise mit: »Haben Sie schon gewählt?« oder: »Haben Sie schon etwas Schönes gefunden?« oder: »Kann ich Ihnen helfen?« oder: »Was darf es denn sein?« Die Antwort darauf lautet meistens: »Ich weiß noch nicht ...« Das nervt, kostet Zeit und ist für beide Seiten anstrengend.

Ich entführte meinen Partner (Professor) in einen Bubble-Tea-Store. Eine Situation zum Totlachen. Die Verkäuferin dröhnte auf ihn ein: »Welchen Tea, welche Mischung, welche Bubbles?« Mein Professor war sichtlich überfordert, sofort antworten zu müssen. Die Tonlage der Verkäuferin signalisierte aber auch unverkennbar: »Du gehörst nicht hierher.« Die Schlange hinter uns übte zusätzlichen mentalen Druck auf uns aus, er fühlte sich wie ein Analphabet. Genervt sagte er: »Ich komme ein anderes Mal wieder.«

Auf dem Testbogen meiner Bar-Tester stand: »Wir haben zwei Weinschorlen getrunken.« Ich rief sofort die Tester an. »Warum habt ihr in einer der besten japanischen Bars keine Cocktails probiert und stattdessen zwei langweilige Weinschorlen getrunken?« Die Tester hatten keine plausible Antwort parat. Ich warf einen genaueren Blick auf den Testbogen und sah mir den ersten Kontakt des Barkeepers an. Wie hat er die Gäste empfangen? »Schönen guten Abend, was darf es sein?« Das war der Grund. Dann bestellen die Gäste eben, was ihnen gerade so einfällt. Die Gäste waren in einer japanischen Bar, die sehr angesagt ist, die Cocktails sind alles Eigenkreationen, sehr extravagant und individuell. Aber denken Sie, die Gäste hatten mit den Weinschorlen ein Erlebnis? Denken Sie, sie erzählen ihren Freunden von den tollen Weinschorlen oder kommen wegen den Weinschorlen wieder? Wohl kaum. Der Barkeeper hat es versäumt, den Besuch zum Erlebnis werden zu lassen.

Mein Sportclub hatte nach vielen Siegen (!) erstmals verloren, im Mittwochslotto gehörte ich auch nicht zu den Gewinnern. Etwas mürrisch saß ich im Café und hoffte auf Heiterkeit und Überraschung. Aber was passierte? Der Ober fragte mich eher gelangweilt, ob's »irgendetwas zu trinken« sein sollte. Zum Glück erinnerte ich mich an Matthias Horx, der wunderbar beschreibt, wie Menschen ihre Zukunft gestalten wollen: »Nicht selten saugen nun die kreativen Supertalente die Firmen aus statt umgekehrt.« Das war's, ich bestellte sofort als Start eine »Holunderblüten-Schorle« dann eine »hausgemachte Limettenlimonade«und als krönenden Abschluss ein » Lager-Bier«. Danach verließ ich heiter und entspannt das Café.

Warum hatte der Kellner nicht diese spontanen Momente des Begehrens eröffnet? Und damit ordentlich Umsatz gemacht? Vermutlich, weil er nichts davon wusste, keine Ahnung hatte von den neuen Supertalenten, die erst zufrieden sind, wenn sie positiv überrascht werden.

Die neuen Kunden kaufen Emotionsnutzen und keinen Produktnutzen.

Mit dieser Technik » offensiv mit Beispielen führen« hat die tolle Schnitzmühle im Bayerischen Wald gigantische Erfolge erzielt. Sie brauchen nun nicht mehr 20 Kisten Cola, sondern bieten geile Überraschungen an.

Am Anfang meiner gastronomischen Laufbahn war ich sehr gut im Bereich Bar. Hier fühlte ich mich inspiriert. Ich gewann viele Cocktail-Tuniere, z. B. in St. Moritz, oder den damals begehrtesten Juniorenpreis, den »Martini Grand Prix«. Ich durfte zur Weltmeisterschaft nach Schottland reisen. Ich war mit 22 Jahren in meiner Heimat ein Star-Barkeeper. Und trotzdem tranken meine Gäste am Samstagabend einen Tee oder ein Weißbier. Ich machte wenig Umsatz und war ziemlich sauer deswegen. Als Grund sah ich die Kunden einer Kleinstadt, die womöglich nicht das zu schätzen wussten, was ich ihnen zu bieten hatte, oder denen einfach das nötige Kleingeld fehlte. Heute weiß ich, dass es mein/unser Fehler war. Wir gingen einfach an den Tisch und fragten: »Was darf es denn sein?« So bestellten die Gäste halt irgendetwas. Vielleicht auch etwas, was den Geldbeutel schonte.

Man kann aber die Gäste erziehen, indem man ihnen Botschaften vermittelt: Was trinkt man hier? Wie? Ganz einfach: Wir hätten die Gäste begrüßen und sie sofort über unseren Tagescocktail informieren sollen. So hätten wir eine Botschaft gesendet, was man hier in diesem Café trinkt: »Hallo, unser Tagescocktail ist heute der Bazillus mit Gin, Peach Likör, Grapefruitsaft und einen Dash Grenadine, er schmeckt frisch und blumig.«

Service bedeutet, den Gast zu führen! Deshalb warten Sie nicht ab, bis der Kunde sich etwas ausgesucht hat, sondern bieten Sie unentschlossenen Gästen immer **sofort** etwas an, was mit dem unverwechselbaren Charakter Ihrer Firma zu tun hat. Dabei hilft die Auswahltechnik.

Der Betriebsleiter Moritz Glätzer hat sich seinen eigenen Kräutergarten angelegt. Einen Gast mit »Was möchten Sie trinken?« anzusprechen, kommt für ihn nicht in Frage. Damit sich sein gärtnerisches Talent lohnt, verführt er die Gäste zu Gin & Kräutertees.

Vormittags um halb zehn stand ich vor der Außenbar der Comici-Hütte (Sella-Runde). Der Barkeeper kam sofort auf uns zu: »Buon giorno, un Aperol Sprizz, Hugo, Prosecco ...«

Meine Tochter reagierte sofort: »Einen Aperol Sprizz.« Ich sah sie an, und Sie sagte: »Ist doch Urlaub.« Der Barkeeper bemerkte, dass ich zögerte. Auf Sprizz, Hugo und Prosecco hatte ich keine Lust, das bemerkte der Barkeeper und bot mir ein Glas Wein an: »Vielleicht ein Glas Gewürztraminer«. Den bejahte ich.

» Die Außenbar der Skihütte »Rifugio Comici« an der Sella bietet Premium-Aperitifs an. Das geht vom Yellow Spritz über Franciacortas bis zum Glas Ampelaia-Rotwein. Dazu werden kleine Stuzzikini (Häppchen) serviert.

Als er den Aperitif servierte, schallte er die Namen wie Musik: »un SPRIZZ APEROL ...« Natürlich mit perfektem Augenkontakt. Er verstand sein Metier. Hätte er mich mit »Was darf es sein« angesprochen, hätten wir um diese Zeit bestimmt einen Espresso und Tee getrunken. Innerhalb kürzester Zeit standen 200 Gäste um Bar und Feuer und tranken perfekt gemachte Aperitifs.

Aber auf keinen Fall dürfen Sie Kunden mit »Kann ich Ihnen helfen?« ansprechen. In Boutiquen empfehlen wir, den eintretenden Kunden nett zu begrüßen, dann zu beobachten, was er macht. Dann gehen Sie zu ihm. Und jetzt - wichtig! - sprechen Sie ihn auf das Produkt an, das er sich gerade ansieht. Z.B.: »Dieser Blazer ist knitterfrei; hier drüben haben wir aber auch noch welche aus Baumwolle.« So funktioniert es auch bei Ihnen, z.B. am Frühstücksbüffet: »Hier sind klassische Rühreier, wir können Ihnen aber auch gerne ein Omelette machen.« Wenn ein Gast auf die Speisekarte am Eingang blickt: »Hier ist unser Renner, das Entrecôte für zwei Personen.« Oder: »Hier stehen die regionalen Weine und auf der nächsten Seite ...«

Andrea Grudda stand in einem Kosmetikstudio vor der Auslage von Wimpern-Pinzetten. Sie wollte sich nur umsehen. Da kam von hinten die Verkäuferin. Im Normalfall hätte sie jetzt »Kann ich Ihnen helfen?« gefragt und Andrea hätte mit Nein geantwortet und wäre wieder gegangen. Aber die Verkäuferin war schlau. Ohne große Begrüßung fragte sie: »Sind Sie ein Langsam- oder Schnell-Zupfer?« Verdutzt fragte Andrea zurück: »Warum?« Die Verkäuferin erklärte: »Wenn Sie ein Schnell-Zupfer sind, dann empfehle ich Ihnen die runde Pinzette, mit der verletzen Sie sich nicht so leicht. Wenn Sie eine langsame Zupferin sind, dann nehmen Sie die scharfe und kantige Pinzette, mit der können Sie genauer zupfen.« Andrea kaufte die 22 Euro teure Langsam-Zupfer-Pinzette und erzählte begeistert von dem Produkt.

Steht der Gast vor Ihnen und überlegt, unterstützen Sie ihn: »Möchten Sie unser Aktionsmenü probieren oder vielleicht das Expressmenü?« Oder vor dem Kaffeecounter: »Hallo, Latte macchiato oder Cappuccino?«

» HJH mit der Cortiina Bar Crew

Im Zwei-Sterne-Restaurant haben wir den Aperitif folgendermaßen angeboten: »Herzlich willkommen! Als Aperitif empfehlen wir einen Dom Perignon oder Rosé Champagner. Der Dom Perignon ist ein Vintage 2002, und wir servieren ihn gerne mit einem Löffelchen Kaviar.« Der Umsatz an Dom Perignon und Kaviar ist förmlich explodiert – und natürlich auch das verbundene Erlebnis.

Der Chefbarkeeper in der Roomers Bar in Frankfurt sprach mich folgendermaßen an: »Hallo, haben Sie ein Konzept oder möchten Sie die Karte?« – »Ein Konzept!?«, fragte ich. »Was ist das?« Er: »Haben Sie schon eine Idee oder ein Konzept, möchten Sie etwas mit Gin, Rum, gehen Sie zum Essen oder kommen Sie vom Essen …« Eine klasse Idee, wie man Gäste ansprechen kann und so in ein Beratungsgespräch kommt.

Streichen Sie die Killer-Fragen «Kann ich Ihnen helfen?« oder »Was darf es sein?« aus dem Wortschatz Ihrer Mitarbeiter.

Bei ROBINSON Club konnten 130.000 mehr »Late Check outs« gegenüber dem Vorjahr verkauft werden, zum Preis von jeweils 25 Euro. Was haben die Rezeptionisten anders gemacht? Früher, wenn ein Gast fragte, ob er am Abreisetag später auschecken könne, bekam er die Antwort: »Das kostet aber extra.« Der Gast musste also auf den Service zugehen und bekam als Antwort: »Das kostet extra.« Ich hörte von den Mitarbeitern, dass manche Gäste darauf patzig antworteten: »Ist mir egal, ob das etwas extra kostet, ich will wissen, ob das möglich ist.« Nach meinem Coaching wurden die Mitarbeiter aktiv und gingen auf die Gäste zu. Sie sprachen alle abreisenden Gäste am Vortag an

» Rezeptionsteam im Club Robinson Esquinzo in Fuerteventura

und boten ihnen einen »Late Check out« an: »Hallo, du reist doch morgen ab, möchtest du unseren ›Late Check out‹ nutzen oder reicht dir das Zimmer bis 10:30 Uhr?« Das Resultat war mehr Umsatz durch ein Mehr an Service.
Bei einem Self-Service-Restaurant am Müncher Flughafen (Terminal 2) erlebte ich, wie Zusatzverkauf funktionieren kann. Ich bestellte einen Bagel und einen Orangensaft. Der Mitarbeiter an der Kasse sprach mich an: »Nach dem Bagel und Saft einen Kaffee oder Espresso?« Ich überlegte kurz. Er sagte: »Den können Sie jetzt bezahlen und später abholen.« Und er deutete mit zwei Fingern in Richtung seiner Augen mit dem Signal: Ich habe dich gesehen und merke mir das. Ich fand die Idee klasse – nach dem Bagel und Saft – gleich bezahlen – dann abholen. Ich habe das Angebot angenommen.

Im »daily« von Dahlmann Catering (Konzept wie Vapiano) fragt der Abräumer, während er die Teller mitnimmt: »Möchten Sie noch einen Espresso oder Cappuccino?« Zur Rush Hour, wenn er selbst keine Zeit hat, den Kaffee zu servieren, und wenn er den Platz am Tisch gern bald wieder frei haben möchte, weist er auf die Kaffeebar hin: »Wenn Sie noch einen Kaffee möchten, gerne an der Kaffeebar.« Das nennt man einen »Samen« setzen, der später beim Gast aufgeht und geerntet werden kann. Der einfache Satz wird als Aufmerksamkeit und Service bewertet.

In einem anderen Self-Service-Restaurant an einem Flughafen haben wir die Abräumer mit einer Geldbörse ausgestattet und immer beim Abräumen einen Espresso oder Cappuccino anbieten lassen. Die machten mit diesem System tatsächlich täglich zwischen 500 und 800 Euro Umsatz.

So könnten auch die Abräumer im Biergarten fungieren. Der Abräumer wird aufmerksamer, spricht mit den Gästen, bekommt Trinkgeld, es entsteht Umsatz und der Gast ist happy. Das aktive Anbieten funktioniert im Grunde genommen aber überall, egal ob Sie in einer Wellnessabteilung eine Bodylotion oder ein besonderes Massageöl anbieten oder im Quick Service passende Zusatzangebote offerieren.

WAS IST MIT DEN **STAMMKUNDEN**?

Biete dem Gast mindestens zwei und maximal drei Produkte an. So hat er ein Angebot vor Augen, kann wählen und fühlt sich nicht unter Druck gesetzt. Jetzt werden Sie sagen, dass mache ich eh schon, aber wie konsequent setzen Sie es um? Wir haben schon die besten Servicemitarbeiter in Restaurants entdeckt, die uns nur ein Produkt anboten und sich wunderten, dass sie keinen Erfolg damit hatten.

Oft hört man von Teilnehmern: »Wir haben nur Stammgäste, und die wissen schon, was sie wollen.« Aber auch ein Stammgast hat das Recht auf aufmerksamen Service.

Wir unterscheiden drei Verhaltensweisen von Gästen. Die einen nennen wir »sicher«: Sie bestellen immer ihre gewohnten Produkte. Die anderen nennen wir die »Offenen«. Sie sind für alles zu haben. Und die dritte Gruppe, die »Unsicheren«, brauchen Entscheidungshilfen.

Menschen (und das gilt auch für Stammgäste) sind wie Chamäleons. Einmal bin ich so, einmal so. Derjenige, der glaubt, sicher durchs Leben zu gehen, fühlt sich auf einmal »unsicher« in einem japanischen Restaurant, und das im Zentrum von Düsseldorf. Was isst man hier, wie isst man das? Da werden Entscheidungshilfen durch die Führung im Future Service System gerne angenommen. Offene Menschen, die neugierig sind, suchen das gewisse Extra. Sie wollen verführt werden.

Was kann jetzt der Service tun? Bieten Sie zum Beispiel Ihren Stammgäste immer zuerst ihr Lieblingsgetränk an und geben dann zwei weitere Optionen. Vielleicht ist der Gast heute offen für Neues oder unsicher, was er will.

Ein Beispiel aus einem Wellness-Hotel in Südtirol: »Guten Abend. Möchten Sie wieder als Start (z. B.) ein Bier? Wir haben heute aber auch einen Winzersekt von Haderburg aufgemacht.«

Wir wiederholen immer sein Getränk vom Vorabend und informieren ihn zusätzlich über unsere Startgetränke, denn vielleicht hat er heute Lust auf etwas Neues.

WARUM IST DER AKTIVE SERVICE SO WICHTIG?

Für die Bedeutung des aktiven Service' gibt es verschiedene Gründe:

- **Früher reichte es, die Bestellung entgegenzunehmen. Die Gäste waren sowieso begeistert, endlich mal nicht kochen zu müssen. Heute reizt man damit niemanden mehr.**
- **Die Personalkosten sind von einem aktiven Service unmittelbar abhängig. 40 Prozent Personalkosten hat man bei Bestellungsempfängern im Service. Bei aktiven Verkäufern sind es 30 Prozent und weniger. Schließlich kann schon eine Cranberryschorle zum Sandwich bis zu 35 Prozent mehr Umsatz bedeuten.**
- **Da der Wettbewerb immer enger wird, gewinnen die Betriebe, die sich von den anderen absetzen. Was würden wohl fünf Männer nach einem langen Tag in London bestellen, wenn man ihnen die Frage stellt: »Was möchten Sie trinken?« Bestimmt fünf Bier. Das Mädchen im russischen Restaurant Mari Vanna machte es anders. »Good Evening Gentleman, would you like to start with a mug of fresh pressed Cranberry or Raspberry Juice?« Wir bestellten einen Mug Cranberry Juice und waren begeistert. Bin ich sonst immer nur alkoholische Aperitifs gewöhnt, so machte uns dieser rote, à la minute gepresste Saft wieder frisch. Außerdem war dieser Drink ein gelungener Start ins Russland-Feeling.**

Deshalb ist es wichtig, dass der Service die Botschaft des Unternehmens transportiert. Die Dockingstation ist wichtig, und die Beratung muss so gelenkt werden, dass sie zum Betrieb passt (Aperitif zum Brenner in München, Salat zur Pasta bei Vapiano, Schokomuffin zu Starbucks, Dom Perignon zu einem Sternerestaurant, cooler Cocktail zu einer Bar ...). Gleichzeitig muss der Gast das Gefühl haben, selbst entscheiden zu können (deshalb die Auswahl). Dann passt die Beziehung, der Kaufakt wird zum Liebesakt, man wird zum Lieblingsitaliener, zum Lieblingscafé, zum Lieblingsasiaten ...

Manchmal hören wir den Einwand, die Beratung koste zu viel Zeit. »Kommen Sie mal am Samstag bei uns vorbei, dann sehen Sie, was los ist.« Hier antworte ich: »Und was

» Koni und Roland an einer illy-Espressobar in einem Bahnhof. Bei meinen beiden Brüdern trinken Gäste sogar einen Espresso zum Bier. Besonders müde aussehende Gäste bekommen einen dreifachen Espresso angeboten. Sie glauben gar nicht, wie gerne dieses Angebot angenommen wird.

ist am Sonntag, Montag, Dienstag, Mittwoch, Donnerstag und Freitag?« Oft benutzen Verkäufer diese dreistündige Rush hour am Samstag, um den gesamten Wochenservice davon abzuleiten. Es nützt aber nichts, zu besprechen, wann »es« nicht geht. Wichtig ist die Frage, wann wir es einsetzen können.

Der Profi kennt die Techniken perfekt und setzt sie zu gegebener Zeit ein. Wer die Techniken kennt, kann schnell arbeiten. Und gerade wenn die Hütte brennt, werden Techniken gebraucht, mit denen man die Gäste führen kann. Ich kenne Mitarbeiter von Espressobars an Flughäfen, die nach dem Seminar erst richtig angefangen haben, Service zu machen und zu verkaufen. Teilweise haben sie ihren Umsatz in den frequenzstarken Zeiten in nie geahnte Höhen getrieben. Warum? Weil sie den Gast viel effektiver führen konnten und dadurch schneller wurden. Denken sie an die eine Touristin, die unserer Sprache nicht mächtig ist, vor Ihnen steht und den ganzen Betrieb aufhält, weil sie sich nicht entscheiden kann.

Die Auswahltechnik wird eingesetzt ...
... wenn Zusatzangebote gemacht werden: »Möchten Sie eine Kirschtasche oder einen Cappuccino dazu?«
... wenn beraten wird: »Möchten Sie eine Cola, Fanta oder Sprite?«
... wenn wir Fragen des Kunden erwidern. Kunde: »Den Thunfischsalat.« – Verkäufer: »Mit Balsamico- oder Sauerrahmdressing?«
...im aktiven Verkauf: »Hallo, haben Sie Lust auf einen Cappuccino oder einen Latte Macchiato?«

SALES-TECHNIK 2

Das Gesetz von zuerst und zuletzt, eine Technik für die absoluten Profis Man kann die Auswahlmethode noch toppen. Sie haben alles richtig gemacht: »Möchten Sie noch einen New York Cheese Cake oder einen Karotten-Walnuss-Kuchen?« Der Gast überlegt und weicht doch noch mit einem Nein aus. Oder der Gast fragt nach einem Sandwich und die Bedienung zählt ihm (was sie lieber nicht tun sollte) das ganze Sandwichsortiment auf. Oder der Gast weiß nicht, welchen Wein er nehmen soll, und verliert eventuell wieder die Lust. Sie verlieren womöglich das Geschäft, obwohl es so nahe ist.

Einer der Koryphäen im Weinhandel, Eberhard Spangenberg von Garibaldi, sagt: Früher ließ er seine Kunden fünf verschiedene Weine probieren, um sie dann zu fragen: »Welcher schmeckt Ihnen am besten?« Aber das funktioniert heute nicht mehr. Die Kunden stehen vor einer unvollendeten Entscheidung.

Für diese und viele andere Fälle gibt es einen Trick, der wirklich hilft, Gäste noch besser zu führen und in ihrer Entscheidung zu unterstützen.

Machen wir ein Spiel. Bitte zählen Sie einer zweiten Person folgende Zahlen auf, die die Person sich merken soll:

10 – 4 – 8 – 3 – 11 – 9 – 2 – 5 – 6 – 0

Welche Zahlen konnte die Person sich merken? Die meistgenannten Zahlen sind die erste und die letzte Zahl. Wie können wir diese Besonderheit in die Verkaufsdialoge mit einfließen lassen? Es ist ganz einfach.

Mit »Erster« und »Letzter« meinen wir, dass sich Gäste bei einer Empfehlung meist das zuerst und das zuletzt Gesagte merken.

Stufe 1

Nehmen wir als Merkbeispiel die Chicken Nuggets. Im Angebot gibt es 6, 9 oder 20 Stück. Am Anfang erwähne ich immer die Größe, die ich verkaufen will. Das heißt in diesem Fall, ich beginne mit der 9er-Größe. 20 Stück am Anfang zu nennen wäre wohl zu dreist. In die Mitte gebe ich die Größe, die ich nicht verkaufen möchte, in diesem Fall die 6er-Größe, und am Ende nenne ich die Größe, die sich der Gast am zweitbesten merken kann, in diesem Fall die 20er.
Also: »Ich hätte gerne Chicken Nuggets.«
Service: »Möchten Sie neun, sechs oder zwanzig Stück?« Die Wahrscheinlichkeit, das der Gast die 9er-Größe auswählt, ist ganz klar am höchsten.

Stufe 2

Wiederhole und beschreibe immer das Erste und gib maximal drei Möglichkeiten zur Auswahl.

Sie können dieses »Gesetz« zu Ihrem Vorteil nutzen: Weisen Sie einfach auf das Angebot, das Sie besonders empfehlen möchten, zweimal hin – einmal am Anfang und dann noch einmal am Ende ihrer Empfehlung, indem sie es genauer beschreiben.

Vielleicht möchten Sie den Verkauf des Tagescurrys erhöhen. Dann könnte Ihre Empfehlung so lauten: »Haben Sie Lust auf das Tagescurry, Sandwich oder Salat? Das Curry ist heute ein Mango-Papaya-Curry.« Haben Sie bemerkt, wie das Curry am Anfang ganz allgemein genannt und am Ende besonders herausgehoben wurde? Dieser psychologische Zug wird den Gast in vielen Fällen dazu bewegen, Ihrer Empfehlung zu folgen.

Weitere Beispiele:

- **Wir haben heute einen New York Cheese Cake oder einen Karotten-Walnuss-Kuchen. Der New York Cheese Cake ist unser Renner.**
- **Haben Sie Lust auf einen McSundae oder auf eine Kirschtasche? McSundae gibt es mit Schoko oder Karamell.**
- **Gehen wir zu mir oder zu dir? Ich habe zu Hause frische Erdbeeren, gekühlten Champagner …**
- **Vorweg ein Glas Champagner oder einen Aperol sour? Als Champagner schenken wir einen Moët & Chandon aus.**
- **Gehen wir ins Kino oder besuchen wir meine Oma? Im Kino läuft …**
- **Ich kann Ihnen den Apple-Laptop oder den von Toshiba empfehlen. Der von Apple hat …**
- **Ich kann Ihnen das Bauernbrot oder das Gewürzbrot empfehlen. Das Bauernbrot ist unser Klassiker.**

Wenn der Gast überlegt, unterstützen Sie ihn in seiner Entscheidung. Sagen Sie: »Probieren Sie mal den …« oder: »Die … Sauce ist der Renner«.

Sie denken, diese Technik beansprucht zu viel Zeit? Das Gegenteil ist der Fall. Gäste wissen manchmal nicht, was sie nehmen sollen, oder stehen am Counter und können sich nicht entscheiden. **Das** kostet Zeit.

Denken Sie an die Sauce zu den Chicken Nuggets. Wie oft werden 2–3 Saucen geannt und der Gast kann sich nicht entscheiden, welche er nehmen soll. Jetzt verlieren Sie wertvolle Sekunden. Das kostet Zeit und nervt die dahinter anstehenden Gäste. Warten Sie nicht mit dem Gast, sondern heben Sie die erstgenannte Sauce hervor.

»Möchten Sie Senf-Honig, Chili- oder Barbecue-Sauce dazu? (Der Gast überlegt: hm … – führen Sie jetzt den Gast zur Entscheidung.) Die Honig-Senf ist meine Lieblingssauce.«

WIE BESCHREIBE ICH EIN PRODUKT UND WIE VIEL INFORMATIONEN GEBE ICH?

Versetzen Sie sich in die Lage eines Gastes, der nach einer Gesichtsbehandlung fragt. Die Beauty-Mitarbeiterin antwortet: »Wir hätten die Basisbehandlung mit Reinigung, Peeling, Tiefenreinigung, Massage, Wirkstoffpackung. Sie dauert ca. 60 Minuten und kostet 45 Euro. Oder die Fresh Face: individuelle Gesichtsbehandlung mit auf die Haut abgestimmten Präparaten, Feuchtigkeit oder Regeneration: Peeling, Bedampfung, Tiefenreinigung, Brauenkorrektur, Wirkstoff-Konzentrat, Massage, Packung. Dauert ca. 75 Minuten und kostet 49 Euro. Dann die O2 Flash – Sauerstoff für die Haut. Damit erreichen Sie eine Verbesserung der Sauerstoffzufuhr der Haut mit Enzympeeling, Tiefenreinigung, O2-Ampulle, Lymphstimulation oder Antistressmassage sowie einer Sauerstoff-Gel-Packung. Dauert circa 90 Minuten und kostet 59 Euro.«

Wie fühlen Sie sich jetzt? Ich bin sicher, Sie fühlen sich überfordert. Zu viele Informationen kosten vor allem Zeit und überfordern Kunden. Oft hört man dann vom Kunden: »Ich überlege noch mal.«

Die Alternative sieht folgendermaßen aus: Beschreiben Sie auf keinen Fall alle Angebote. Weniger ist mehr. Im ersten Schritt nennen Sie nur die drei Überschriften.

Verkäuferin: »Wir hätten eine Basisbehandlung oder die Fresh Face oder die O2 Flash mit Sauerstoff für die Haut.« So hat der Gast einen schnellen Überblick über das Sortiment.

Im zweiten Schritt beschreiben sie vorerst nur die erste Behandlung und warten dann ab. Verkäuferin: »Die Basisbehandlung mit Reinigung, Peeling, Tiefenreinigung, Massage, Wirkstoffpackung. Sie dauert ca. 60 Minuten und kostet 45 Euro.«

Wichtig: Jetzt warten Sie kurz ab, welche Reaktion der Kunde zeigt. Das kann 2 bis 3 Sekunden dauern. Geben Sie auf keinen Fall zu diesem Zeitpunkt noch mehr Informationen, das würde den Kunden überfordern. Sehen Sie ihn an. Lächeln Sie und warten Sie kurz ab. Achten Sie auf seine Signale. Entweder der Gast geht jetzt auf das Angebot ein, oder er zeigt Ihnen einen wenig begeisterten Blick oder desinteressierten Ausdruck.

Falls das so ist oder er selbst nach einem anderen Angebot fragt: Beschreiben Sie das entsprechende Angebot.

Gast: »Welche war noch mal die letzte Behandlung?«
Verkäufer: »Das war die O2 Flash – Sauerstoff für die Haut. Damit erreichen Sie eine Verbesserung der Sauerstoffzufuhr der Haut mit Enzympeeling, Tiefenreinigung, O2-Ampulle, Lymphstimulation oder Antistressmassage sowie einer Sauerstoff-Gel-Packung. Dauert circa 90 Minuten, kostet 59 Euro und ist sehr beliebt.«

Wenn der Gast jetzt immer noch nicht begeistert ist, dann dürfen Sie ruhig eine dritte Behandlung anbieten. Dann auch gerne mehr Angebote als die ersten drei, die Sie genannt haben. Das machen wir aber nur, wenn der Gast nicht auf unsere bisherigen Angebote eingeht.

Im letzten Schritt holen Sie sich die Bestellung ohne Druck herein: Stupsen Sie den Verkauf an. Sehen Sie den Kunden an und (wichtig!) nicken Sie: »Wäre die O2 Flash – Sauerstoff für die Haut etwas für Sie?« Das direkte Fragen und das Anstupsen sind sehr wichtig. Manche Kunden brauchen auch eine gewisse Entscheidungshilfe.

DIESE TECHNIK KÖNNEN SIE ÜBERALL ANWENDEN

Der Kunde fragt nach einem schönen Doppelzimmer. Rezeptionist: »Ich kann Ihnen ein Doppelzimmer Deluxe zu 226 Euro sowie ein Standardzimmer zu 192 Euro oder die Suite zu 286 Euro anbieten. Das Deluxe-Zimmer hat ein Sofa, das Bett ist abgetrennt vom Raum, mit Kitchenette und Badewanne. (Jetzt anstupsen:) »Wäre das etwas für Sie?«
Gast: »Ja, ich nehme das Deluxe.«

Jetzt können Sie smart den Upgrade versuchen und die Suite anbieten. Beschreiben Sie den Benefit der Suite und nennen Sie nur den Differenzbetrag zwischen Suite und Deluxe-Zimmer. Einen Versuch ist es wert.

Rezeptionist: »Danke, ich könnte Ihnen auch unsere Suite im Haupthaus empfehlen. Sie ist 60 qm groß, hat eine gemütliche Sitzecke mit Sofas, eine freistehende Whirlwanne und kostet nur 60 € mehr als das Deluxe.«

Geben Sie anfangs nur die Überschriften. Dann wiederholen Sie das Erstgenannte und beschreiben es.

Noch einmal in anderer Reihenfolge. Vielleicht wollen Sie diesmal die Suite forcieren.
Gast: »Haben Sie noch ein schönes Doppelzimmer frei?«

Rezeptionist: »Danke für Ihre Anfrage, ich kann Ihnen die Suite zu 286 Euro sowie ein Standardzimmer zu 192 oder ein Doppelzimmer Deluxe zu 226 Euro anbieten. Unsere Suiten im Haupthaus sind 60 qm groß, haben eine gemütliche Sitzecke mit Sofas, eine freistehende Whirlwanne und kosten nur 60 € mehr als ein Doppelzimmer Deluxe.«

Dabei ist zu erwähnen, dass man die teuersten Produkte wie exklusive Weine, Spirituosen, Suiten, Speisen immer am Schluss nennen sollte. Sonst wirkt es zu aufdringlich. Fangen Sie mit der mittleren Kategorie an, setzen die preiswerteste in die Mitte und erwähnen das Teuerste zum Schluss. Mit dieser Technik können Sie in einem Club auch Magnum-, Jeroboam- oder Methusalem-Flaschen anbieten. »Hi, wollt Ihr eine Flasche Wodka, Longdrinks oder vielleicht gleich eine Magnum Flasche?«

Ein weiteres Beispiel an der Bar:
Der Gast fragt nach einem Cocktail auf Whisky-Basis. Barkeeper: »Ich kann Ihnen einen Whiskey Smash, Whiskey Sour oder einen Horses Neck anbieten. Der Whiskey Smash besteht aus Bourbon, frischer Minze, frischer Zitrone und etwas Zucker.

Mit dieser Technik hat der Gast einen klaren Überblick über die Möglichkeiten, wie bei den Apps eines iPhones. Zum Schluss wiederholen Sie das Erstgenannte und beschreiben es. So wird der Gast nicht überfordert, kann abwägen und sich schnell entscheiden.

Mit der Auswahltechnik führen Sie Kunden schnell zum Ziel. Wenden Sie bei Zusatzangeboten immer die Auswahltechnik an und unterstützen Sie den Kunden mit dem Gesetz von zuerst und zuletzt.

Aber Achtung: Wenn Sie ein Produkt anpreisen oder empfehlen, machen Sie das Produkt nicht »besser«. Das »besser« setzt ihn unter Druck.
Gast: »Ich hätte gerne einen Bagel.« Verkäufer: »Möchten Sie den Frischkäse- oder den Salamibagel. Der Frischkäse-Bagel ist besser.«

Jetzt kann der Gast schlecht sagen, nein, ich will den schlechteren Salami-Bagel.

Es gibt nicht besser oder schlechter. Meine Tochter fragte mich mal, als wir in ein Flugzeug stiegen. »Sind die Plätze in der ersten Klasse besser?« Ich antwortete ihr: »Natürlich nicht.« Die Plätze in der ersten Klasse haben mehr Komfort, mehr Platzfreiheit etc. Sonst vergeht einem doch die Lust. Für mich ist besser vielleicht etwas anderes. Ich schlafe lieber in einer einfachen Holzhütte am Strand, der andere braucht eine Luxushütte. Besser ist relativ. Die Frikadelle schmeckt pikant … der Wrap hat unter 350 Kalorien …

Kunden hören gerne auch die Worte wie:
Glück haben › Gast: »Haben Sie noch ein Doppelzimmer für heute Nacht frei?«
Verkäufer: »Ja, wir haben noch Glück, Sie können zwischen einer Suite und einem Doppelzimmer Deluxe wählen. Die Suite ist 60 qm …«
Beliebt › »Der Valrohna Schokokuchen ist sehr beliebt.«
Renner › »Unser Dry Aged Entrecote ist der Renner.«
Spezialität › »Der Nizza-Salat ist unsere Spezialität. Wir machen ihn nach einem Originalrezept.«
Gibt es nur zur Zeit › »Den Hornhecht mit den grünen Gräten gibt es nur noch diesen Monat.«

WENN DIE BESTELLUNG ZUR LAST WIRD

Vor einem Seminar ging ich in eine Bäckerei, um Butterbrezen für meine Teilnehmer zu kaufen. Zehn Stück lagen in der Auslage. Die Verkäuferin begrüßte mich: »Morgen, was darf's sein?« Ich: »Die Butterbrezen, alle.« Sie: »Alle?« Ich: »Ja, alle«. Sie wirkte sichtlich erschrocken. Wahrscheinlich hatte ich in diesem Augenblick ihr ganzes Butterbrezen-Management zerstört.

Als ich nachmittags noch eine zweite Seminargruppe hatte, ging ich wieder in diese Bäckerei. Diesesmal begrüßte Sie mich mit: »Ja, bitte?« Ihr Gesichtsausdruck sprach Bände: »Der schon wieder!« Jetzt lagen acht Stück in der Auslage. Ich: »Ich hätte gerne die Butterbrezen.« Diesmal war sie schneller als ich. Sie: »Alle?« Ich: »Ja, alle.« Daraufhin drehte sie sich um und rief in das Backoffice: »Butterbrezen sind wieder aus.« Sekunden später tauchte aus dem Backoffice ein Kopf mit einem »Was-ist-denn-heute-los-Blick« auf. Dann begann mich die Verkäuferin zu befragen. »Was machen Sie denn mit so viel Butterbrezen?« Ich: »Ich habe ein Seminar.« Sie: »Kommen Sie jetzt öfters?« Ich: »Ja, ich werde jetzt öfters kommen.« Sie überreichte mir die Butterbrezen mit der Quittung und deutete darauf mit dem Hinweis: »Könnten Sie das nächste Mal bitte vorbestellen?«

Ich verstehe die Verkäuferinnen durchaus. Sie denken sofort an das Butterbrezen-Management: »Ich habe jetzt keine Butterbrezen mehr, ich muss nachproduzieren gehen.« Sie sieht eventuell schon entäuschte Kunden, die keine Butterbrezen mehr erhalten. Hey, möchte man ihr zurufen, freu dich doch über den Umsatz! Da steht jemand vor dir, der kauft, das ist doch klasse! Hab keine Angst vor ausverkauften Produkten! Im Notfall empfiehlst du einfach im Auswahlmuster Alternativangebote. Wahlweise kannst du die Wartezeit mit einem Kaffee verkaufen.

MANCHMAL SCHÄMT MAN SICH ZU KAUFEN

Oder denken Sie an einen Imbiss, an dem Sie »Eine einfache Wurstsemmel« bestellen. Da schämt man sich schon fast. Das löst bei der Verkäuferin meist keinen Jubelschrei aus. »Einmal Pommes für 1 Euro, sonst nichts.« Wie reagieren Sie jetzt?

Die Wow-Kultur kauft mehr mit Lust als mit dem Muss. Man freut sich auf dies oder jenes. Nur freuen sich manche Service-Mitarbeiter leider nicht mit. Mit großer Vorfreude betrete ich einen Elektronikfachmarkt. »Ich hätte gerne die Kopfhörer von Beats.« Mit einem freudlosen Ausdruck antwortet der Service: »Hier drüben, in Schwarz, Rot oder Weiß?«

Vermitteln Sie Freude und Spaß – beantworten Sie Fragen und Anfragen mit »gerne«, »wow«, »phantastisch«, »perfekt« ... Es darf aber nicht gekünstelt wirken.

Yeah!!!! Wir sind in einem meiner Lieblingsrestaurants in Frankfurt in der Nähe des Bahnhofs. Es ist ein anonymes originales Thai-Restaurant, einfach, authentisches Essen. Meistens stehen zehn Personen in der Schlange und warten auf einen Tisch. Die Tochter des Hauses hatte sichtlich eine Menge zu tun, als sie mir das Essen brachte: Die Schweißperlen standen ihr auf der Stirn. Ich bemerkte, dass ich meine extra Chilis zu bestellen vergessen hatte. Vorsichtig sprach ich sie an: »Könnte ich noch etwas frische Chili haben?« Darauf sah sie mich an, strahlte über beide Ohren und zeigte mir ihre zwei ausgestreckten Daumen nach dem Motto: »Ja, Chili ist klasse, super, dass du das willst.« Ich war überrascht, denn ich hatte einen missmutigen Blick nach dem Motto »Ah, auch das noch!« erwartet. So macht Bestellen Spaß. In einem der angesagtesten Restaurants in London bestellte ich für mich und meine vier Freunde. Da kleine japanische Vorspeisen in Tapasgröße serviert werden, sollte man mindestens drei bis vier Gerichte pro Person bestellen. Meine Liste war sehr lang. Die Service-Mitarbeiterin kniete seitlich von mir, einen Block und Stift haltend und war bereit, meine Bestellung aufzunehmen. Jede Bestellung erwiderte sie mit: good choice, well, fine, yeah, phantastic... Ihre Begeisterung war hinreißend. Diese Bestätigung sorgte für ein gutes Feeling und Vertrauen. Anschließend offerierte sie mir besondere Empfehlungen, die ich bejahte.

Wenn sie zu Hause Besuch haben und einer Ihrer Freunde einen Wunsch äußert, freuen Sie sich automatisch. Freund: »Könnte ich einen Kaffee haben?« – Gastgeber: »Ja, gerne, willst du einen Espresso oder einen Cappuccino?«

So könnte es auch bei Ihren zahlenden Gästen gehen. Erwidern Sie das Shoppen ihrer Gäste.
»Ich hätte gerne die fish&chips.« – »Gerne.«
»Ich hätte gerne eine Leberkässemmel.« – »Sehr gerne.«
»Ich hätte gerne eine Schinkensemmel.« – »Danke.«
»Ich hätte gerne das Mr. Rumpsteak-Menü.« –»Super!«
»Ich hätte gerne den Scampi Italiano Salat.« – »Cool.«

HÖFLICHKEIT HAT VIELE FORMEN

Die Schweizer finden es unhöflich, wenn ein Gast sagt »Ich kriege das Wiener Schnitzel.« Für uns Deutsche ist diese Art der Bestellung normal. Schweizer Höflichkeit wäre: »Könnte ich bitte ein Wiener Schnitzel haben?« Oder denken Sie daran, wenn in Deutschland ein ausländischer Gast lapidar sagt: »Wiener Schnitzel.« Das empfinden wir als unhöflich. Menschen sind auf beiden Seiten sensibler geworden. Man traut sich fast schon nicht mehr zu fragen. Das erkennen Sie daran, wenn ein Gast fragt (ähnlich wie die Schweizer): »Könnte ich bitte noch ein Bier haben?« Legen Sie als Freizeitdienstleister den Grundstein für Höflichkeit. Egal, ob der Gast ein Glas Eiswasser oder eine Flasche Champagner bestellt oder eine banale Frage stellt. Geben Sie ihm kurz ein Zeichen, dass Sie sich freuen oder die Frage gerne beantworten. Denken Sie an einen Baumarkt, fragen Sie irgendeinen Angestellten etwas. Hat sich dort jemals schon ein Verkäufer bei Ihnen für die Frage bedankt?

Klasse, fantastisch, ja, gute Wahl, haben wir schon von Verkäufern gehört. Und wenn Ihnen das alles übertrieben vorkommt: Sagen Sie einfach »danke«. Eine solche aktive Reaktion stellt in jedem Fall Sympathie und Vertrauen zwischen Gast und Verkäufer her – wenn sie wirklich aktiv ist und nicht angelernt und automatisch rüberkommt. Das fünfte »Gerne« beim gleichen Gast nimmt Ihnen niemand mehr ab. Besonders gut kommt die aktive Reaktion an, wenn Sie in Stress sind. Die Gäste sind nicht dumm, sie sehen durchaus, dass Sie voll in Action sind.

Machen Sie das Produkt nie schlecht.
Mein Innenarchitekt schickte mich in ein Fachgeschäft für Zementfliesen. Dort entwickelte sich das folgende »Verkaufsgespräch«. Ich: »Ich würde mir gerne Ihre Zementfliesen ansehen. Verkäuferin: »Zementfliesen?« Mit einem genervten Ausdruck ließ sie mich wissen, dass diese Zementfliesen mindestens 12 Wochen Lieferzeit hatten. Ich sagte: »Okay, kann ich Sie sehen?« Verkäuferin: »Ja, wie gesagt, die haben aber 12 Wochen Lieferzeit ...« Dann sprach sie noch davon, dass jede Lieferung unterschiedlich aussieht, dass diese Fliesen schwierig zu pflegen und fleckempfindlich seien ... Wir waren eigentlich sehr gut drauf, aber diese Dame hat uns den gesamten Samstag versaut. Noch heute läuft mir der Schauer über den Rücken. Wir haben die Zementfliesen dann online gekauft.
In der Gastronomie kann sich das dann so anhören:
»Darf ich Sie auf den hohen Preis des (Glas) Weines hinweisen, damit es später keinen Ärger gibt, Sie wissen ja ...«
In den 70er Jahren wurde man bei einer Umbestellung darauf hingewiesen, dass eine Umbestellung 1 DM kostet.
Gast: »Kann ich noch eine Scheibe Brot haben« Service: »Die kostet aber 50 Cent extra«. Da vergeht einem der Appetit.

Wie entstehen solche Antworten? Durch Selbstschutz. Wahrscheinlich hat sich in der Vergangenheit ein Kunde über die lange Lieferzeit, die Flecken oder den teuren Wein auf der Rechnung etc. beschwert. Oder dass die Brezen aus sind. Schon agiert ein Verkäufer bei nächsten Kunden prophylaktisch, um späteren Reklamationen vorzubeugen. Mir sind aber vielleicht die 12 Wochen Lieferzeit egal – ich will einfach schöne Fliesen! Auf einen Porsche muss ich ja auch warten! Flecken auf Zementfliesen sehe ich eher als Patina.

Der Hinweis auf den Preis des Weins, damit es später keinen Ärger gibt, lässt einen Gast blöd aussehen. Wer mag schon auf diesen Hinweis hin so einen Wein bestellen? Der Emotionsnutzen steht vor dem Produktnutzen.

Immer positiv denken: Die Zementfliesen werden aufwendig per Hand produziert. Deswegen die Lieferzeit von 12 Wochen. Aber das Warten lohnt sich, Zementfliesen haben das gewisse Extra und nehmen mit der Zeit die Patina des Lebens an.

Der Wein ist ein exquisiter Wein und kostet nur ...
Oder so: Die Servicemitarbeiterin zeigt dem Gast noch mal den Wein auf der Karte: »Hier wäre der Amarone aus dem Piemont. Ein exquisiter Wein, den wir glasweise anbieten.« Jetzt wandern die Augen des Kunden zum rechten Rand, zum Preis, und er kann selbst entscheiden.

Wenn der Gast auf Ihre Empfehlung eingeht und den Preis nicht weiß (bei teuren Produkten), dann zeigen Sie ihm noch mal das Produkt auf der entsprechenden Weinkarte/Requisite/Prospekt. So sind Sie und der Gast auf der sicheren Seite. Ähnlich funktioniert es auch bei Zusatzangeboten wie Cremes im Beauty-Bereich, Suiten, teuere Spirituosen usw.

BLEIBEN SIE IMMER POSITIV IN DER KOMMUNIKATION!
Das Gleiche gilt für das Wort »kein Problem«. Energie (Worte) geht nicht verloren, somit schwebt die Wolke »Problem« im Raum. Antworten Sie lieber mit »gerne« ...

SALES-TECHNIK 3: DAS NICKEN

Eine der erfolgreichsten Verkaufstechniken aller Zeiten ist das Nicken. Ja, tatsächlich: Eine kleine Kopfbewegung kann über Erfolg oder Misserfolg entscheiden. Dahinter steht Ihr vorauseilender Gedanke, und den können Sie steuern, vom No-Verkauf zum Yes-Verkauf.

Ein Nicken mit Augenkontakt ist vielleicht die beste Verkaufstrategie, die Sie je lernen werden. Lächeln Sie, während Sie ein Menü, große Portionen oder Zusatzprodukte empfehlen, und bewegen Sie dabei Ihren Kopf mit einem kurzen Nicken auf und ab. Die Gäste folgen diesem positiven Signal nur zu bereitwillig. Mit dem Nicken stellen Sie keine Frage, Sie gehen davon aus, dass Ihr Angebot angenommen wird. Wenn Sie nicht nicken, sieht es so aus als ob Sie den Verkauf erzwingen möchten. Das Nicken nimmt dem Verkauf die Härte. Es wirkt weich und easy.

Mit der Nick-Technik kann man wunderbar auf groß/grande/xl/xxl/double – Portionsgrößen upgraden.

Ein Betrieb, der zwei Größen an Caipirinhas ausschenkt (normale Größe und Jumbos: doppelte Menge) konnte mit dieser Technik den Jumbo-Anteil auf 81 Prozent erhöhen. Es klappt nicht immer, aber wenn die Technik konsequent angewandt wird, kann zumindest das maximale Potenzial ausgeschöpft werden.
Hier das Caipirinha-Beispiel:
Gast: »Ich hätte gerne einen Caipi.«
Verkäufer: »Gerne, (nickend) den Jumbo?«

WEITERE BEISPIELE

Gast: »Ich möchte einen Latte macchiato.«
Verkäufer: »Gerne, (nickend) einen grande.«

Gast: »Ich möchte einen Espresso.«
Verkäufer: »Gerne, (nickend) einen doppio.«

Gast: »Ein Mineralwasser, bitte.«
Verkäufer: »Gerne, (nickend) eine große Flasche.«

Gast: »Ich möchte Pommes.«
Verkäufer: »Gerne, (nickend) große Portion.«

Gast: »Ich möchte einen Big Mac.«
Verkäufer: »Gerne, (nickend) als McDouble.«

Gast: »Ich möchte eine Cola.«
Verkäufer: »Gerne, (nickend) eine große.«

Gast: »Ich möchte nur Chicken Nuggets.«
Verkäufer: »Gerne, (nickend) 9 Stück.«
20 Stück wären doch etwas zu viel, wenn der Gast schon »nur« sagt.

Gast: »Ich möchte Ketchup dazu.«
Verkäufer: »Gerne, (nickend) zwei.«

Gast: »Bitte den Backfisch.«
Verkäufer: »Gerne, (nickend) die große Portion.« (4 statt 3 Stück)

Gast: »Ich möchte den Mango Chicken Freshup.«
Verkäufer: »Gerne, (nickend) den großen.«

Gast: »Ich möchte einen Sub mit dem Honey-Oat-Brot.«
Verkäufer: »Gerne, (nickend) den Footlong mit 30 cm.« (alternativ: »ein Ganzes«)

Kunde: »Ich möchte gerne das Käsefrühstück.«
Verkäufer: »«Gerne, (nickend) das große.«

Gast: »Ich möchte einen Cappuccino.«
Verkäufer: »Gerne, (nickend) als Express-Menü mit einem Croissant.«

Gast: »Ich möchte das Green Curry.«
Verkäufer: »Gerne, (nickend) mit Rindfleischstreifen.«

Gast: »Ich hätte gerne den Salat.«
Verkäufer: »Gerne, (nickend) mit gegrillten Scampis.«

Kunde: »Ich hätte gerne eine Massage.«
Verkäufer: »Gerne, (nickend) die Ganzkörpermassage.«

Gast: »Ich hätte gerne die Salami-Pizza.«
Verkäufer: »Gerne, (nickend) mit einem kleinen Salat.«

Gast: »Ich möchte das Nougatino.«
Verkäufer: »Gerne, (nickend) das Nougatino royal.« (zusätzlich mit Baileys)

Gast: »Ein Glas Champagner, bitte.«
Verkäufer: »Gerne, (nickend) den rosé Champagner.«

Gast: »Ich hätte gerne einen Gin tonic.«
Verkäufer: »Gerne, (nickend) mit Hendricks Gin.« (ein hochwertigerer Gin)

Gast: »Das Filetsteak, bitte.«
Verkäufer: »Gerne, (nickend) das 230 Gramm.« (Es gibt 180 oder 230 Gramm.)

Gast: »Das Entrecote, bitte.«
Verkäufer: »Gerne, (nickend) das Dry aged Entrecote.« (ein hochwertigeres Entrecote)

Gast: »Ich hätte gerne einen Cappuccino.«
Verkäufer: »Gerne, (nickend) den Grande.«
Gast: »Ja.«
Verkäufer: (nickend) »Mit Haselnuss-, Vanille- oder Chocolate-Shot?

Gast: »Ich nehme das Doppelzimmer.«
Verkäufer: »Gerne, das Market Deluxe mit Blick auf den Viktualienmarkt.« (Es wird das hochwertigere Zimmer angeboten, alternativ kann auch die Suite angeboten werden.)

UPGRADES SIND BENEFITS

Versuchen Sie, beim Upgrade den Benefit als Einleitung hervorzuheben. Sie wollen nicht einfach nur mehr verkaufen, Sie haben wirklich etwas zu bieten!

- **Das kann in einer Bar ein höherwertiger Gin zum Gin Tonic sein.**
- **An der Rezeption ist es vielleicht die Suite statt des Deluxe-Zimmers.**
- **Im Restaurant ein Glas Rosé-Champagner statt des normalen Champagners.**
- **Oder das Dry Aged Entrecote statt des normalen Entrecote.**
- **Und im Frühstücksbereich ein frisch gepresster Orangensaft statt des Safts aus dem Automaten.**

Im Beauty-Bereich können Sie die Benefits besonders gut kommunizieren:

- **»Um die Wirkung zu verstärken …«**
- **»Um das Ergebnis zu optimieren …«**
- **»Um die Pflege perfekt zu machen …«**
- **»Eine tolle Kombination ist …«**
- **»Im Anschluss an deine Maske wirkt besonders gut …«**
- **»Die Wirkstoffe können ideal ineinandergreifen, wenn du Kosmetikprodukte von einer Linie benutzt …«**

WANN NÜTZE ICH DIE AUSWAHLTECHNIK UND WANN NÜTZE ICH DIE NICKTECHNIK?

Die Nicktechnik wird eingesetzt:

Wenn der Gast aktiv ist › Wenn ein Gast ein Produkt bestellt, das es in verschiedenen Größen gibt, bieten Sie keine Auswahl an, sondern nur das, was Sie verkaufen wollen, mit einem Nicken und Augenkontakt. Z. B. kann man mit dem Nicken aus einem Einzelprodukt ein Menü machen – oder aus einer kleinen Portion Popcorn eine große.

- **Bei Starbucks aus einem Latte macchiato einen grande.**
- **Bei Subway aus einem 15-cm-Sub ein 30-cm-Sub**
- **In der Bäckerei aus einem ¼ oder ½ Brot einen ganzen Laib Brot.**

Denken Sie daran, die kleine Portion haben Sie schon verkauft.
Gast: »Eine Cola bitte.« Sie: »Eine große oder kleine?« Falsch! Die meisten Gäste würden jetzt eine kleine nehmen. Die kleine haben Sie schon verkauft, also erwähnen Sie sie nicht noch einmal. Die Frage »klein oder groß« stresst Menschen. Deswegen sollten Sie hier nicht die Auswahltechnik anbieten. Führen Sie den Gast und bieten Sie nur die große Cola an. Aber achten Sie auf das Nicken, sonst wirkt Ihr Angebot wie ein Diktat.
Sie: »Gerne (nickend) eine große.« Perfekt.

Diese Technik klappt überall:

- **Im Café: »Ich hätte gerne ein kleines Eis.« Service (nickend): »Mit Sahne.«**
- **Beim Bäcker (nickend): »Den ganzen Laib Brot.«**

Mit dieser Technik können Sie alles verkaufen, was sie wollen. Wichtig: Haben Sie keine Angst! Sie können sich mit dem Nicken nicht blamieren, der Gast kennt diese Technik nicht. Er wird aber ihrer Bewegung folgen. Und wenn der Gast ihrem Angebot nicht folgt, bekommen Sie als schlimmstes Ergebnis ein »Nein«.

Wichtig: Wort und Kopfbewegung müssen gleichzeitig in einem Guss/Atemzug erfolgen.

Die Auswahltechnik wird eingesetzt

- **Immer wenn Zusatzangebote angeboten werden**

Service: »Darf es noch ein Espresso oder ein Cappuccino sein?«

- **Bei der Beratung: bei Getränken (Cola oder Fanta), bei Beilagen (Gemüse oder Rosmarinkartoffeln), bei Saucen: Barbecue oder süß-sauer, bei Milch zum Kaffee: Vollmilch, fettarme oder laktosefreie Milch. Sandwich: Caprese, Ziegenkäse oder das Breakfast panini …**

Bei Zusatzangeboten ist man mit der Auswahltechnik sowie mit dem Gesetz von zuerst und zuletzt erfolgreicher als nur mit der Nicktechnik. Wichtig: Führen Sie den Gast und kombinieren Sie die Auswahltechnik mit der Nicktechnik.

EIN BERATUNGSBAUM MIT AUSWAHLTECHNIK UND NICK-TECHNIK

Verkäufer: »Hallo.«
Gast: »Ich hätte gern einen Big Mac.«
Verkäufer: »Gerne, (nickend) als McMenü.«
Gast: »Ja.«
Verkäufer: »Mit Pommes oder Salat?«
Gast: »Mit Pommes.«
Verkäufer: (nickend) »Mit zwei Ketchup.«
Gast: »Ja.«
Verkäufer: »Mit Cola, Fanta oder Sprite?«
Gast: »Cola.«
Verkäufer: »Zum Mitnehmen oder Hieressen?« BREAK
Gast: »Zum Mitnehmen.«
Verkäufer: »Noch eine Apfeltasche oder einen McSundae dazu?«
Gast: »Einen McSundae, bitte.«

Beim mcyes®-Programm führen wir den Gast per Beratungsbaum und setzen gekonnt die Nick-Technik und die Auswahltechnik ein. Der Gast hat immer ein Bild vor Augen und kann sich somit schneller entscheiden. So führen Sie den Gast.

Das Zusatzangebot haben wir erst nach dem BREAK »Zum Mitnehmen oder zum Hieressen« ins Spiel gebracht. Das hat mehrere wichtige Gründe.

Erster Grund: Zusatzangebote gehen oft in der Beratung unter und werden dadurch vom Gast verneint.

Zweiter Grund: Der Gast braucht etwas Luft während der Beratung, und das Offerieren eines Zusatzangebots könnte Druck ausüben. Deshalb schließen wir vorerst für den Gast die Bestellung ab, indem wir sagen: »Zum Mitnehmen oder Hieressen?« Jetzt ist der Gast relaxt und hat Luft, uns zuzuhören. Die Erfolgschance für Zusatzangebote ist somit höher.

Dritter Grund: Zusatzangebote werden oft von Mitarbeitern nicht konsequent umgesetzt. Mit dem Break haben sie eine Eselsbrücke, um das Zusatzangebot im Trubel nicht zu vergessen. Besonders wenn ein Gast für mehrere Personen am Counter bestellt, gehen oft die Zusatzprodukte unter. Schließen Sie bei einer Sammelbestellung jede Person mit dem Break ab und suggerieren anschließend ein Zusatzangebot. Wichtig für den Restaurantleiter: Der Mitarbeiter hat durch das Break-System kein Alibi mehr, den Vorschlag des Zusatzangebots zu »vergessen«. Und der Restaurantleiter hat ein wunderbares Messinstrument: Er hört einfach den Dialogen zwischen Gast und Verkäufer zu und weiß, dass immer nach der Frage »zum Mitnehmen oder Hieressen« das Zusatzangebot in der Auswahltechnik folgen muss.

Auch die Break-Technik funktioniert in jedem Fall: Wenn ein Gast sagt: »Einen Gartensalat, bitte«, dann sagen Sie »Danke« und stellen sofort die Frage: »Zum Mitnehmen?« Der Gast antwortet – und jetzt bieten Sie ihm etwas in der Auswahltechnik an. »Noch eine Cola oder ein Cappuccino dazu?« Nach der Frage »Zum Mitnehmen« wirkt das Angebot nicht aufdringlich. Das ist taktisches Verkaufen.

Sehen wir uns nun folgende Speed-Dialoge an.
Verkäufer: »Hallo.«
Gast: »Ich hätte gerne einen Big Mac.«
Verkäufer: »Gerne, (nickend) als McMenü.«
Gast: »Ja.«
Verkäufer: (nickend) »Mit Pommes und Cola.« (Hier schlagen wir zwei Fliegen mit einer Klappe; 90 Prozent der Gäste nehmen diese Kombination. Wenn dieser Gast etwas anderes will, wird er es schon sagen.)
Gast: »Ja.«
Verkäufer: (nickend) »Zum Mitnehmen.« (Zum Mitnehmen ist besser, da der bessere MwSt. Satz von 7 Prozent gilt.)
Gast: »Ja.«
Verkäufer: »Noch eine Apfeltasche oder einen McSundae dazu?«
Gast: »Einen McSundae, bitte.«

Mit zwei Fragen und dem Nicken führten wir den Gast ans Ziel. Das Zusatzangebot offerierten wir mit der Auswahltechnik.

In der Speed-Version offerieren wir dem Gast immer die gängigsten und passenden Kombinationen.
Zum Beispiel:
- Pommes und Cola zum Burger
- Gemüse und Rosmarinkartoffeln zum Entrecote
- Kartoffelsalat und Breze zum Leberkäse
- Kleines Wiener Schnitzel mit Sauce Hollandaise zum Spargel
- Amarenakirschen und Kirschlikör zum Spaghetti-Eis
- Avocado und Thunfisch zum Mediterranen Salat
- Waschen und Föhnen zum Haareschneiden

NO-PROGRAMM, YES-PROGRAMM UND SPEED-PROGRAMM AUF EINEN BLICK

NO-Programm
Verkäufer: »Hallo.«
Gast: »Ich hätte gerne das Tuna Sandwich.«
Verkäufer: »Welches Brot?«
Gast überlegt: »Hmm ... das Honey Oat.«
Verkäufer: »Ein halbes oder ein ganzes?«
Gast: »Das Halbe.«
Verkäufer: »Mit Käse?«
Gast überlegt: »Hmm ... ja.«
Verkäufer: »Welchen Käse?«
Gast: »Was gibt es denn?
Verkäufer: »Den oder den?« (deutet auf den Käse)
Gast: »Den Monterey Cheddar.«
Verkäufer: »Getoastet?«
Gast: »Ja.«
Verkäufer: »Alles drauf?« (deutet auf das Gemüse)
Gast: »Ja.«
Verkäufer: »Welche Sauce?«
Gast: »Welche gibt es denn?«
Verkäufer: »Hier.« (deutet auf die Saucen)
Dann an der Kasse:
Kassierer: »Ist das alles?«
Gast: »Ja.«

YES-Programm
Verkäufer: »Hallo.«
Gast: »Ich hätte gerne das Tuna Sandwich.«
Verkäufer: »Gerne, mit Honey Oat, Cheese Oregano oder Italian White Brot?«
Gast: »Honey Oat.«
Verkäufer: (nickend) »Ein ganzes.«
Gast: »Das ganze.«
Verkäufer: (nickend) »Mit Schmelz-, Frisch- oder Cheddar-Käse?«
Gast: »Cheddar.«
Verkäufer: (nickend) »Getoastet?«
Gast: »Ja.«
Verkäufer: »Mit allem.« (deutet auf das Gemüse)
Gast: »Mit allem.«
Verkäufer: »Mit einer Honey Mustard-, Asiago Caesar- oder BBQ-Sauce?«
Gast: »Honey Mustard.«
Verkäufer: »Danke.«
Dann an der Kasse:
Kassierer: »Einmal Tuna, (nickend) als Menü mit Cola oder Fanta.«
Gast: »Ja, mit Cola.«

Speed-Version

Verkäufer: »Hallo.«

Gast: »Ich hätte gerne das Tuna Sandwich.

Verkäufer: »Gerne, ein ganzes mit Honey Oat Brot.«

Gast: »Ja.«

Verkäufer: (nickend) »Mit Cheddar-Käse und getoastet?«

Gast: »Ja.«

Verkäufer: »Mit allem (deutet auf das Gemüse) und Honey-Mustard-Sauce.« (deutet auf die Sauce)

Gast: »Ja.«

Verkäufer: »Danke.«

Dann an der Kasse:

Kassierer: »Einmal Tuna, (nickend) als Menü mit Cola.«

Gast: »Ja.«

Weitere Beispiele für die Speed-Version

Gast: »Ich hätte gerne eine Pizza.«

Verkäufer: »Gerne, eine klassische oder extravagante Pizza?«

Gast: »Eine extravagante Pizza.«

Verkäufer: »Vegetarisch, mit Fisch oder Fleisch?«

Gast: »Die vegetarische.«

Verkäufer: »Die dunkle Seite der Macht oder die Veggie whatever? Die dunkle Seite der Macht ist mit Sepia Joghurt, Carpaccio von Roter Bete, in Honig mariniertem Ziegenkäse, Walnüssen und frischen Kräutern.«

Gast: »Ja, die dunkle Seite der Macht.«

Verkäufer: (nickend) »Mit einem kleinen Salat dazu.«

Gast: »Ja.«

Koch: »Hallo.«

Gast: »Hallo, einmal Penne mit Pesto, bitte.«

Koch: »Mit Chili oder Knoblauch?«

Gast: »Nein, danke.«

Koch: »Möchten Sie dazu einen Arizona Tea oder eine Orangenlimonade?«

Überlegen Sie sich in Ihrem individuellen Fall, welche Kombinationsmöglichkeiten es für den Speed-Dialog gibt.

Während der Oktoberfestzeit in München (großes Aufkommen an Gästen) testeten wir sehr erfolgreich folgende High-Speed-Technik:

Verkäufer: »Hallo.«

Gast: »Ich hätte gerne einen Big Mac.«

Verkäufer: (nickend) »Als McMenü mit Pommes und Cola.«
Gast: »Ja.«
Verkäufer: (nickend) »Zum Mitnehmen.«
Gast: »Zum Mitnehmen.«
Verkäufer: (nickend) »Noch eine Apfeltasche oder Kirschtasche dazu?«
Gast: »Eine Kirschtasche.«

Hier waren wir so frech und haben aus drei Fragen eine einzige gemacht (»Als McMenü mit Pommes und Cola.«). Das Zusatzangebot (Apfel- oder Kirschtasche) haben wir mit der Nick-Technik offeriert. Das Einzige, was passieren kann, ist ein »Nein« vom Gast.

Bleiben Sie dran

Verkäufer: »Hallo.«
Gast: »Ich hätte gerne einen Latte macchiato.«
Verkäufer: »Gerne, (nickend) als Duo mit Schokoladenkuchen.«
Gast: »Nein.«
Verkäufer: »Es gibt das Duo auch mit Chicken Bagel.«
Gast: »Okay, dann mit Chicken Bagel.«
Verkäufer: (nickend) »Zum Mitnehmen.«
Gast: »Zum Mitnehmen.«
Verkäufer: »Noch eine Bionade oder ein Mineralwasser dazu?«
Gast: »Ja, Mineralwasser.«

Mineralwasser sollte übrigens immer zum Kaffee angeboten werden. Schließlich sollen wir alle viel trinken. Im Café eines Kunden von mir wurde immer zum Kaffee ein kleines Glas Leitungswasser gratis serviert. Nach meiner Schulung boten sie den Gästen mit Erfolg ein zusätzliches Mineralwasser an. Wenn mal ein Gast sagte: »Das sind ja zwei Wasser«, dann antwortete der Service: »Ja, das eine Wasser ist für den Kaffee, das andere für den Durst.« Falls ein Gast dann das Wasser trotzdem nicht will, dann bleiben Sie höflich, nehmen das Wasser zurück und stornieren es.

WANN IST SCHLUSS?

Oft werde ich gefragt, wie lange der Verkauf mit Auswahltechnik und Nick-Technik weitergehen darf, ohne aufdringlich zu wirken. Eigentlich ist die Antwort darauf ganz einfach: Wir bieten dem Gast so lange etwas an, bis er Nein sagt. Dann hören wir mit dem Verkauf auf, und zwar sofort. Wenn wir dann nämlich weitermachen würden, hätte der Gast das Gefühl, wir hätten sein Nein nicht gehört. Und genau das empfindet er als schlechten Service.

Ein Beispiel

Verkäufer: »Hallo.«
Gast: »Ich hätte gerne einen Big Mac.«
Verkäufer: (nickend) »Als McMenü.«
Gast: »Ja.«
Verkäufer: »Mit Pommes und Cola.«
Gast: »Ja.«
Verkäufer: (nickend) »Zum Mitnehmen.«
Gast: »Ja.«
Verkäufer: »Noch eine Apfeltasche oder einen McSundae dazu?«
Gast: »Einen McSundae, bitte.«
Verkäufer: »Noch einen Cappuccino oder Latte macchiato dazu?«
Gast: »Nein, danke.«
Verkäufer: »Danke auch.«

Denken Sie daran: Die Frage »Zum Mitnehmen?« ist im Beratungsbaum wie ein Break, eine deutliche Unterbrechung zu sehen. Sie schließt für den Gast vorerst die Bestellung ab. Anschließend hat man einen tollen Ausgangspunkt, um erneut etwas anzubieten.

WANN SIE DIE AUSWAHLTECHNIK NICHT ANWENDEN DÜRFEN

Eigentlich gibt es nur einen Fall, in dem Sie die Auswahltechnik nicht anwenden dürfen, und zwar aus einem Grund: Sie sollten in diesem Fall überhaupt keine Zusatzprodukte anbieten. Wenn der Gast deutlich sagt: »Eine Schinkensemmel, das ist alles«, und schon das passende Geld bereithält, dann bedanken wir uns und sagen »Gerne.« Und wir bieten kein Zusatzprodukt an.

Wenn der Gast es aber nicht so deutlich sagt, dürfen Sie lieber zu frech als zu brav sein. Natürlich mag es doch einmal einen Gast geben, der sie patzig anspricht nach dem Motto: »Ich habe nur die Schinkensemmel bestellt, haben Sie das nicht gehört?« Georges Ploner sagt in diesem Fall: »Besser um Entschuldigung als um Erlaubnis bitten.« Auf unseren Fall übertragen, heißt das: Sagen Sie lieber einmal »Es tut mir leid«, als dass Sie nichts anzubieten.

»ES TUT MIR LEID.«

Wenn beim Anbieten von Zusatzprodukten oder überhaupt beim aktiven Verkauf mal etwas schiefgeht, denken Sie daran: Wo gehobelt wird, da fallen Späne. Nur wer gar nicht arbeitet, macht keine Fehler. Sagen Sie einfach »Sorry« oder »Es tut mir leid«. So nehmen Sie dem verstimmten Gast den Wind aus den Segeln. In diesem Zusammenhang sollte man erwähnen, dass man sich nie »entschuldigen« sollte. Mit dem Wort »Entschuldigung« bringen Sie Ihre Gäste erst richtig zum Kochen. Lassen Sie den Gast ausreden. Dann sagen Sie: »Es tut mir leid.« Und – ganz wichtig! – wiederholen Sie, was den Gast gestört hat. »Es tut mir leid, dass Ihr Brownie kalt war.« Anschließend müssen Sie aktiv werden. »Darf ich Ihnen einen Neuen bringen?« Oder wenn sich ein Gast beschwert, weil er schon länger wartet: »Es tut mir leid, dass Sie lange warten mussten, ich beeile mich schon…« Auf diese Weise fühlt sich der Gast wahrgenommen und respektiert. So funktioniert – grob gesagt – simples und erfolgreiches Reklamationsmanagement.

DU BEGEHRST, WAS DU SIEHST (DAS HANNIBAL-LECTER-PRINZIP)

» Wenn Sie etwas zu zeigen haben, wirkt das mehr als alle Worte.

Menschen achten zuerst auf das, was sie sehen, nicht auf das, was sie hören. Deshalb sind Handbewegungen so wichtig. Die Reiseverkaufsfachfrau nimmt ihre Prospekte, die Verkäuferin in der Bäckerei deutet auf ihre Backwaren, der Barkeeper auf seine Flaschen usw. Der Weinverkäufer zeigt die Flasche oder deutet mit der offenen Hand auf den empfohlenen Wein in der Weinkarte. Die Wellness-Beraterin zeigt ihre Cremes. Die Rezeptionistin nimmt ihre Prospekte als Hilfsmittel. Eine Verkäuferin in einer Boutique lässt den Kunden den Stoff spüren, eine Parfüm-Verkäuferin lässt ihre Kunden riechen.

Nutzen Sie Ihre Produkte, deuten Sie auf die Bilder. Sprechen Sie lebhaft und setzen Sie Ihre Körpersprache mit ein. Warum? Menschen lassen sich eher inspirieren als überreden. Bilder machen Appetit.

Aber achten Sie darauf, dass Sie niemals mit dem Zeigfinger auf ein Produkt deuten, sondern immer mit der flachen Hand. Zeigen Sie dem Kunden Ihre Hand-Innenfläche. Mit dem Zeigefinger bedeutet – ich muss. Mit der flachen Hand zeigen Sie dem Kunden Vertrauen, und er kann aus der Bestellung wieder heraus, wenn er will.

ALTERNATIVEN ANBIETEN

»Das ist aus.« Wie oft haben Sie das schon gehört? Und zwar vor allem hier bei uns in Deutschland und im deutschsprachigen Raum.

Man mag über die USA denken, was man will. Aber die Amerikaner haben das Nichts-ist-unmöglich-Gen. Selten habe ich in den USA erlebt, dass man mit »Das ist aus« abgespeist wird.

Es ist wohl doch kein Zufall, dass die USA das »Land der unbegrenzten Möglichkeiten« genannt werden. Diese Philosophie sollten auch Sie nutzen, und eine solche positive innere Haltung sollte sich auch im Service widerspiegeln.

Ein Beispiel: Der Gast bestellt das »Original Wiener Schnitzel mit Bratkartoffeln«. Und bekommt von der Bedienung zu hören: »Das ist leider aus.« Natürlich ist der jetzt enttäuscht; alles was er jetzt bestellt schmeckt ihm nicht ansatzweise so gut, wie ihm das Wiener Schnitzel geschmeckt hätte.

Okay wäre folgende Technik: Die Bedienung sagt: »Das ist leider aus, ich kann Ihnen aber ein Wiener Backhendl mit hausgemachtem Kartoffel-Rucola-Salat anbieten, das wäre auch paniert…« Zumindest erhält der Gast also eine Alternative.

Die beste Technik ist aber die Hamburger-Technik: Hamburger, weil Sie Ihre negative Meldung zwischen zwei positive Meldungen einpacken wie das Hacksteak zwischen die zwei Brötchenhälften.

positiv

negativ

positiv

Das sieht in unserem Fall dann so aus:

Gast: »Ich hätte gerne das Wiener Schnitzel mit Bratkartoffeln.«

Bedienung: »Ich kann Ihnen ein Wiener Backhendl anbieten, das Wiener Schnitzel ist ausverkauft. Das Wiener Backhendl wäre mit hausgemachtem Kartoffel-Rucola Salat und ist sehr zu empfehlen.«

Haben Sie bemerkt wie wir zuerst das Positive nennen? In diesem Fall ist es das Wiener Backhendl. Wir beginnen also nicht mit »Leider« oder »Das ist aus«, damit die Stimmung des Kunden nicht gleich in den Keller rutscht. In die Mitte geben wir das, was ausverkauft ist, dann wiederholen wir die Alternative und enden damit wieder

Beraten und Verkaufen im Future Service ist eigentlich ganz einfach.

- Sie begrüßen den Gast und warten vorerst ab, was er sagt (an den Countern im Self-Service-Bereich, an der Rezeption).
- Wenn er noch überlegt, dann berichten Sie ihm aktiv über die neuesten Produkte.
- Der Gast bestellt etwas: Jetzt beginnt der Tanz. Mit dem Nicken führen Sie ihn zum Menü, zu großen Portionen oder ans Ziel.
- Aperitifs, Wein, Beilagen und Zusatzangebote werden mit der Auswahltechnik angeboten.
- Sprechen Sie lebendig, setzen Sie Ihre Körpersprache ein und deuten Sie auf die Produkte, von denen Sie sprechen.

So einfach ist das.

positiv. Diese Technik klappt in der Regel prima. Gäste finden es okay, wenn mal ein Produkt aus ist oder es dieses im Sortiment nicht gibt. Sie sind aber verärgert, wenn sie im Regen stehen gelassen werden (kein Alternativangebot erhalten) oder wenn man ihnen den Eindruck vermittelt, dass man sie für dumm hält (»Davon habe ich ja noch nie gehört!«).

WEITERE BEISPIELE

Gast: »Kann ich den Restaurantleiter sprechen?«
Service: »Der Restaurantleiter ist am Montag ab acht Uhr wieder da, heute ist er nicht im Haus. Kann ich ihm etwas ausrichten oder möchten Sie ihn am Montag kontaktieren?«

Oder bei einer Mittagsbestellung zur Frühstückszeit:
Gast: »Ich hätte gerne das Wochenspezial-Sandwich.«
Verkäufer: »Ich kann ihnen einen Bacon Egg Muffin anbieten; momentan haben wir noch das Frühstücksangebot. Das Wochenspezial-Sandwich gibt es ab 10:30 Uhr wieder. Möchten Sie den Bacon Egg Muffin probieren?« Und dabei (natürlich!) nicken.

DIE KÜR

Es gibt noch viele weitere interessante Verkaufstechniken. Sie sind nicht so wichtig, aber Sie können damit Ihren Verkaufserfolg optimieren, und außerdem machen Sie Spaß.

Der zweite Move verrät es

Es ist schon erstaunlich, dass man unterbewusst beim Zurücklegen oder Abstellen eines Produktes preisgibt, ob man das Produkt will oder nicht.

Nehmen wir als Beispiel ein Handy. Wenn man ein Handy anschaut und wieder auf die Ablage zurücklegt, wird man immer noch eine zweite Bewegung machen, es also noch einmal verschieben.

- **Will man das Produkt nicht, so schiebt man es im zweiten Move von sich weg.**
- **Steht das Produkt eventuell in der engeren Wahl, so schiebt man es im zweiten Move entweder nach links oder nach rechts.**
- **Will man das Produkt, so zieht man es im zweiten Move zu sich hin: »Das ist meins.«**

Verblüffend, oder? Achten Sie auf Ihre Kunden und beobachten Sie, wie sie Ihre Produkte zurücklegen oder abstellen. Das kann ein Paar Schuhe sein, eine Flasche Wein, ein Handy, eine Menüauswahl, ein Prospekt oder ein Buch. Und ziehen Sie Ihre Schlüsse daraus, wenn Sie den Kunden ansprechen.

Der Columbo-Verkauf

Erinnern Sie sich an die TV-Serie Columbo? Der Ermittler im zerknautschten Trenchcoat, der immer einen fast schon trotteligen Eindruck machte und erst nach Ende des eigentlichen Gesprächs, wenn sich der Verdächtige schon in Sicherheit fühlte, zur entscheidenden Frage ausholte, mit der er den Fall löste? Genauso funktioniert der nachträgliche Verkauf.

Mein Vater unterschrieb einen Kaufvertrag für einen Mercedes E-Klasse. Als wir schon aus dem Gebäude waren, holte uns der Verkäufer wieder ein und sprach uns an. Er habe gerade nachgerechnet, und dabei sei ihm aufgefallen, dass die E-Klasse mit dem ganzen Zubehör fast so viel kosten würde wie eine S-Klasse. Das hörte sich plausibel an, wir gingen wieder zurück, und letztendlich entschieden wir uns für die S-Klasse. Als wir den Autohändler verließen, fühlten wir uns hervorragend beraten und waren happy.

Die gleiche Methode können Sie auch im Restaurant anwenden: Nachdem Sie die Bestellung aufgenommen haben oder während der Menüfolge können Sie ruhig den Columbo-Verkauf starten. Sprechen Sie Ihre Kunden an: »Ihr Hauptgang ist in zwanzig Minuten fertig, haben Sie noch Lust auf ein kleines hausgemachtes Mango-Sorbet in der Zwischenzeit?« Oder sagen Sie: »Ich habe ganz vergessen zu erwähnen, dass wir heute ein tolles Schwertfisch-Carpaccio haben. Möchten Sie vielleicht eines vorab haben?«

Ein Mitarbeiter im Bankett-Service setzte die Idee im Hotel Vier Jahreszeiten sehr erfolgreich um. Hier ein Beispiel von einer Geburtstagsfeier. Der Gastgeber erschien kurz vor dem Eintreffen der Gäste. Der Kellner startete den Columbo-Verkauf. »Sie haben einen Sekt Orange bestellt. Wir könnten jetzt noch aus dem Sekt Orange einen Champagner Orange machen, wenn Sie möchten.« Der Gast checkte kurz, wie hoch die Mehrkosten wären, und bejahte die Idee. Während der Menüfolge bot der Kellner einen außerplanmäßigen besonderen Rotwein an, nur ein 0,1 Liter-Glas zwischendurch zum Hauptgang. Später folgten noch Zigarren und ein besonderer Cognac. Die Mehr-Rechnung ergab 480 Euro. Der Gast gab ihm 1000 Euro und bedankte sich.

Das klappt bestimmt nicht immer. Aber haben Sie keine Angst. Der nachträgliche Verkauf hat es in sich. Er wirkt nicht aufdringlich, sondern signalisiert, Sie denken mit und möchten, dass es dem Kunden gut geht. Der Columbo-Verkauf kann Gäste noch glücklicher machen.

Schlagfertigkeit im Future Service

Manche Gäste wollen mit den Membern rumalbern.

Verkäufer: »Möchten Sie noch einen Donut oder Cappuccino dazu?«

Gast: »Ist der dann umsonst?«

Wenn jetzt der Verkäufer sagen würde: »Nein, der ist nicht umsonst«, dann wäre das peinlich – man fühlt sich irgendwie blamiert und als Verlierer. Ich habe auf diese Frage immer geantwortet: »Umsonst ist mein netter Service.« Dann ein Lächeln, und sofort wieder hinein in den Verkauf: »Darf es ein Donut sein?« Und nicken. So war jetzt der Gast wieder dran: Damit er sein Gesicht nicht verliert, muss er jetzt bestellen. So funktioniert das Spiel mit der Schlagfertigkeit.

Oder wenn ein Gast ihr Angebot mit folgenden Worten erwidert: »Muss der Erdbeerkuchen weg?« Dann sagen Sie einfach: »Ja, heute ist er noch frisch, morgen nicht mehr. Möchten Sie den Erdbeerkuchen?« Und dabei nicken Sie kräftig.

Denken Sie daran. Es gibt keine blöde Fragen, nur blöde Antworten. Und die Rache eines Dienstleisters ist immer seine Rechnung.

Vor Kurzem habe ich gelesen, dass sich Gäste manchmal nicht trauen ihr Lieblingsessen zu bestellen. Wieso? Wenn der erste Gast z. B. einen »Krustenbraten« bestellt, so wollen die anderen kein Trittbrettfahrer sein und bestellen etwas anderes, obwohl sie vielleicht auch gerne den Krustenbraten genommen hätten. Ich habe noch keine Lösung dafür gefunden, was man da machen kann. Unser Job ist es, dass der Gast happy ist. Vielleicht haben sie eine Lösung, wie man diese Hemmschwelle nehmen könnte.

Verändern Sie das Brainskript

Möchten Sie noch ein Dessert? Antwort: Nein. Wir (als Gast) haben diese Frage schon so oft mit einem Nein beantwortet, dass wir ein Brain Skript (unterbewusster Ablauf) mit den Wörtern Dessert + Nein angelegt haben. Unser Gehirn ist so programmiert, dass es sofort mit einem Nein reagiert, wenn es das Wort Dessert hört.

Genauso ist es mit:

- **Noch etwas dazu + nein**
- **Ist das alles + ja**
- **Hat es geschmeckt + ja**

Wir verbinden sozusagen bestimmte Wörter mit einem anderen, ohne zu überlegen. Der Autopilot in uns spricht die Antworten. Schuld daran haben die vielen Verkäufer, die ihre Kunden nur mit geschlossenen Fragen traktieren. Verwenden Sie andere Wörter, so kann der Gast nicht auf sein programmiertes Brainskript zugreifen. Statt Dessert könnten Sie sagen: »Haben Sie Lust auf einen Muffin oder einen Schokoladenkuchen?« So vermeiden Sie die bekannten Brandings wie »Dessert« oder »Noch etwas Süßes«.

Prüfen Sie alle Ihre Dialoge auf typische Floskeln und deren Möglichkeiten von versteckten Negativantworten:

- **Aperitif > besser: »Als Start empfehle ich ...«**
- **Dessert > besser: »Jetzt kommt das Beste« oder: »Haben Sie Lust auf ...«**
- **Digestif > besser: »Zur Verdauung einen kleinen ...«**
- **Vorspeise > besser: »Als Starter empfehlen wir unseren asiatische Fingerfoodplatte für zwei Personen« oder: »Sehr beliebt ist vorweg unser buntes Brot mit zwei verschiedenen Dips.«**

Vermeiden Sie fragende Einleitungen

Viele beginnen den Verkauf mit: »Welcher Kaffee darf es sein? Ein Cappuccino, Espresso oder Latte macchiato?«
Stellen Sie keine einleitenden Fragen wie: »Darf's zum Start ein Gläschen Prosecco oder ein Aperol Sprizz sein?« Gehen Sie immer davon aus, dass der Gast kaufen wird. Das ist angenehmer für den Gast, so muss er keine Frage beantworten, sondern braucht sich nur zu entscheiden. Das ist ein Unterschied.
Besser: »Zum Start ein Gläschen Prosecco oder ein Aperol Sprizz?«
Besser: »Noch einen Cappuccino, Espresso oder Latte macchiato?«

Bieten Sie keine Warengruppen an

»Noch etwas Süßes, Kaffee oder einen Digestif?«
Oder:
»Noch ein Sandwich, Kuchen oder ein Getränk dazu?«
Da kauft niemand etwas.
Besser: »Noch ein Tuna Sandwich oder einen Erdbeerkuchen dazu?«
Zählen Sie immer die Produkte statt Warengruppen auf.

Dessert anbieten

Wie oft hört man diese Frage: »Möchten Sie noch etwas Süßes oder einen Kaffee?« So verkauft man nie ein Dessert. Zuerst immer das Dessert getrennt vom Kaffee anbieten.

Ebenso falsch: »Möchten Sie noch einen Nachtisch?« oder »Möchten Sie noch ein Dessert?«

Mit dieser Frage habe ich kein Bild im Kopf, und vor allem bedeutet es Druck. Stellen Sie sich vor, ich würde Ja sagen und die Frage stellen: »Was haben Sie denn als Desserts?« Wenn jetzt der Kellner verschiedene Desserts aufzählt, die mich aber nicht inspirieren – was tue ich dann? Jetzt »Nein, ich will doch keines« zu sagen, das wäre peinlich.

Die Bestellung bei Gruppen

Setzen wir also auf den Emotionsnutzen und verzaubern die Gäste mit unseren tollen Angeboten. »Haben Sie Lust auf ein Tiramisu, Panna cotta oder auf ein Mango Lassi? Das Tiramisu ist hausgemacht und mit etwas Sambuca verfeinert.« Bleiben Sie standhaft: Sehen Sie jetzt die Gäste an. Wenn keine Reaktion von den Gästen kommt, dann sehen Sie einen Gast an und wiederholen eins der Desserts. »Für Sie (nickend) ein Tiramisu.« Dann zum nächsten Gast blicken und wieder ausdrucksvoll nicken, dabei eventuell ein anderes Dessert erwähnen: »Für Sie vielleicht ein Panna cotta.« Wenn jetzt ein Gast kein Dessert will und einen Espresso bestellt, dann sagen Sie: »Gerne, einen doppelten?« Sie lassen sich davon aber nicht ablenken und empfehlen den nächsten Gast wieder ein Dessert: »Und für Sie ein Mango Lassi oder Tiramisu?« Erst wenn Sie mit allen Gästen das Dessert (ja oder nein) geklärt haben, fragen Sie mit der Auswahltechnik die Kaffees ab: »Möchten Sie einen Espresso, Cappuccino oder Latte macchiato dazu?«

Wenn Sie einem Gast ein leckeres Dessert empfehlen, er aber einen Espresso bestellt, so hat Dieter Kroiß (Oberkellner im Buffet Kull) eine Idee dazu. Er sagt: »Haben Sie Lust auf eine Crème brulée oder auf ein Fondant au Chocolat?« Der Gast antwortet: »Einen Espresso bitte.« Dieter Kroiß: »Gerne, aber bestimmt nach der Crème brulée.« Mit seinem österreichischen Charme gewinnt er fast immer.

Wein anbieten

Wein kann ein Essen wunderbar begleiten und zum Erlebnis werden lassen. Außerdem kann eine Flasche Wein unter Umständen 50 Prozent des Umsatzes ausmachen. Und es ist leichter, eine Flasche Wein zu öffnen, als ein kompliziertes Menü zuzubereiten. Gerade im Weinverkauf habe ich aber schon die abenteuerlichsten Dinge erlebt.
Hier eine kleine Hitliste:

- **Letzter Platz: Der Kellner legt die Weinkarte auf den Tisch. Das war's.**
- **3. Platz: Der Kellner fragt: »Möchten Sie einen Wein?«**
- **2. Platz: Der Kellner fragt: »Möchten Sie eventuell ein Glas oder eine Flasche Wein?«**

Sobald Sie die Essensbestellung aufgenommen haben, bieten Sie aktiv Wein an, auch wenn der Gast noch vor einem vollen Aperitif-Glas sitzt. Das macht nichts.

Wir haben folgende Taktik erprobt: Gehen Sie stillschweigend und ganz selbstverständlich davon aus, dass Gäste einen Wein zum Essen trinken, und sprechen Sie die Gäste folgendermaßen an:

- Als Erstes klären Sie, ob er einen Weißwein oder einen Rotwein will: »Möchten Sie zum Essen einen Weißwein oder Rotwein?« So können Sie schon einen Wein verkaufen, obwohl der Gast noch den Aperitif vor sich hat. Wichtig ist dabei der Zusatz »zum Essen«. Damit nehmen Sie dem Gast den Stress.

Der Gast muss jetzt reagieren. Gast: »Einen Weißwein.«

Jetzt muss die Geschmacksrichtung geklärt werden. Es gibt verschiedene Kategorien. Zum Beispiel bei Weißwein.

Kategorie I: die leichten, frischen
Kategorie II: die aromatischen und eleganten
Kategorie III: die kräftigen, intensiven, geschmackvollen

Sie fragen also: »Gerne, einen aromatischen, frischen oder kräftig intensiven?«

Gast: »Einen aromatischen.«

Jetzt nennen Sie zuerst die Rebsorten zur Auswahl, dann wiederholen Sie den ersten Wein und nennen den Winzer und zum Schluss die Region: »Gerne, einen Weißen Burgunder, Riesling oder Sauvignon? Der weiße Burgunder wäre vom Winzer Schäfer Fröhlich von der Nahe.«

So geht einfaches, effektives Weinanbieten. Sommeliers gehen natürlich einen Level weiter und nennen Jahrgang und die Besonderheiten des Weines.

» Eberhard Spangenberg, eine der Koryphäen im Weinverkauf

» Future Service ist der Verkauf der Zukunft.

EFFEKTIVER VERKAUF IST EINE SACHE DES BEWUSSTSEINS

Effektiver und aktiver Verkauf scheitert oft an der Tatsache, dass die Mitarbeiter zu zögerlich und gar ängstlich agieren. Sie tun gerade so, als müssten sie Drogen, Gift oder etwas Schlechtes verkaufen.

Wenn ich beispielsweise mit meinen Kindern in einem Premium-Hotel einen Mystery Check absolvieren musste, fragte ich mich immer wieder, warum mir nicht automatisch eine Suite angeboten wurde. An der Rezeption hieß es dann: »Wir haben leider keine zwei Zimmer mehr mit einer Verbindungstür.« Ich war schon auf dem Weg, wieder das Hotel zu verlassen, drehte dann aber doch noch mal um: »Haben Sie denn vielleicht ein größeres Zimmer mit zwei Räumen?« Und dann kam die Antwort: »Ja, wir haben auch eine Suite ...«

Gehen Sie davon aus, dass der Gast die Suite, die Gesichtsbehandlung, das Menü nimmt und die wunderbaren Desserts und Kaffeespezialitäten probiert. Denken Sie daran, der Gast hat dann ein Erlebnis, wenn er Ihren USP in vollem Umfang erlebt:

- Bei KFC: Young & fun food und Getränke aussuchen – unter Gleichgesinnten sitzen – auspacken – ohne Regeln essen – Spaß haben
- Bei Vapiano: Inspirieren lassen – Italien genießen – beim Kochen zusehen – unterhalten – Lifestyle genießen – flirten
- Bei Starbucks: Kaffeeduft riechen – Atmosphäre einer Espressobar erfahren – shoppen – easy & Ethik-Service erleben – chillen
- Im Zwei-Sterne-Restaurant: Gehobenes Ambiente genießen – beste Qualität erfahren – absolutes Entgegenkommen und höchste Aufmerksamkeit – Kultur und Überraschungen
- Im Wellness Hotel Forsthofalm: Angekommen sein – Natur und Freiheit spüren – Cocooning – Outback-Stimmung – Almkräuter-Wellness und Bio-Food erfahren

Future Service
Entwicklung von der Dienstleistung
zum Future Service

FRÜHER	ZUKUNFT
Dienstleistung • Passiver Service. (Was darf es sein?) • Immer aus der Defensive heraus agierend. Service: Was darf es sein? Gast: Einen Aperitif. Service: Entweder sagt er jetzt »Welchen Aperitif?«, oder er zählt im günstigsten Fall verschiedene Aperitifs auf.	**Future Service** • Offensiver Service. • Mit Beispielen führen. Service: Als Start ein Weizenbier Hugo, frisch gepressten Cranberry Juice oder einen Lavendel Sprizz?

CHECKLISTE FITNESS IM VERKAUF

Kunden sind nicht verwöhnt	Kunden sind Kenner, meist sind die Kunden fitter als der Verkäufer
Fitness ist …	… ein Austauschen von Fähigkeiten.
Was hassen wir im Service am meisten?	Nicht die Unfreundlichkeit, sondern die Gleichgültigkeit
Der neue Verkauf	Sog statt Druck durch professionelles Beraten und Führen des Kunden
Angebotskenntnis	Kenne dein Angebot: Was ist das Besondere?
Die Einstellung	Service ist Verkaufen, und professionelles Verkaufen bedeutet Service.
Sales-Technik 1: die Auswahltechnik	Die wichtigste und Mutter aller Verkaufstechniken: Mit der Auswahltechnik kann man den Kunden führen, ist erfolgreicher im Verkauf, gewinnt erheblich Zeit, und der Verkauf wirkt obendrein sympathisch und nicht aufdringlich. Bieten Sie immer eine Auswahl von zwei bis drei Produkten an.
Sales-Technik 2: Das Gesetz von zuerst und zuletzt	Kunden und Gäste folgen zu 90 Prozent dieser Beratungstechnik. Mit »zuerst« und »zuletzt« meinen wir, dass sich Gäste bei einer Empfehlung meist das zuerst und das zuletzt Gesagte merken. Nennen Sie das, was Sie verkaufen möchten, am Anfang und noch mal am Ende.
Gerne	Erwidern Sie Bestellungen und vermitteln Sie mit einfachen Wörtern, dass es Ihnen Freude bereitet: gerne, danke, super …
Sales Technik 3: Nicken und Lächeln	Ein Nicken mit Augenkontakt und Lächeln ist vielleicht die beste Verkaufsstrategie, die Sie je gehört haben. Lächeln Sie, während Sie ein Angebot, Upgrade, große Portionen oder Zusatzprodukte empfehlen, und bewegen Sie dabei den Kopf mit einem kurzen Nicken auf und ab.

Deuten	Setzen Sie Ihre Requisiten ein: Prospekte, Karten, Translights. Deuten Sie darauf. Menschen reagieren schneller auf Bilder als auf Gehörtes oder Gelesenes.
Der zweite Move verrät es	Beim Zurücklegen eines Produktes verrät das Abstellen, ob Sie etwas kaufen wollen oder nicht. Will man etwas kaufen, so zieht man das Produkt kurz zu sich.
Der Columbo-Verkauf	Der nachträgliche Verkauf hat es in sich. Auch wenn die Bestellung bereits abgeschlossen ist, können Sie Ihre Gäste noch auf etwas hinweisen. Z.B. so: »Ich habe ganz vergessen, Sie nach einem Kaffee oder Donut zu fragen.« Das wirkt.
Verändern Sie das Brainskript	Achten Sie auf abgenutzte Brandings, die den Verkauf unterbewusst verhindern.
Effizient Dessert anbieten	Zuerst die Desserts abklären, dann den Kaffee anbieten.
Effizient Wein anbieten	Wein bringt richtig guten Umsatz. Setzen Sie hier die Sales-Techniken besonders ein.
Bewusstsein	Gehen Sie davon aus, dass Ihre Gäste Ihre tollen Produkte kaufen. Das wirkt.

Erfolg ist immer die Folge von etwas. Der Verkauf beginnt im Kopf – die Einstellung –, geht über die Präsenz, die Präsenz bestimmt das Stimm-Volumen, und unsere Sales-Techniken machen Sie zum Meister und Gewinner. Keine Sorge, Sie haben schon bisher viel richtig gemacht. Unsere Systeme werden Ihre Anwendungen reflektieren und gegebenenfalls perfektionieren.

DAS SERVICE-DREHBUCH©

ERFOLGREICHER VERKAUF BRAUCHT EINE STEUERUNG

SO SETZEN SIE FUTURE SERVICE EFFEKTIV UM

» Serviceabläufe sind wie Formel-1-Boxenstopps zu sehen. Jeder Einzelne weiß, was er zu tun hat. Die Zahnräder greifen ineinander.

Sie möchten Ihre Servicequalität und Verkaufsaktivität erheblich steigern und effizienter machen? Dann führt kein Weg am Service-Drehbuch vorbei.

Sie haben eine klare Vision und Vorstellung, wie Ihr Yes-Service aussieht? Ihre Mitarbeiter sind fit in Produktkenntnis, Verkaufs- und Beratungstechniken, sie sind selbstsicher und smart im Auftreten? Dann kommt als nächster Schritt das Service-Drehbuch. Es verschafft Ihnen den Durchbruch im Verkauf und die Eins-zu-eins-Umsetzung Ihrer Vision in die Praxis.

DAS PROBLEM WAR DIE LÖSUNG

» Im Restaurant Brenner

Das Restaurant Brenner in München forderte mich und brachte mich an den Rand der Verzweiflung. Wir hatten eine bestimme Servicerichtung, eine ganz klare Vision im Kopf: einen Service, wie er in einer typischen Mailänder Trattoria praktiziert wird und uns alle so fasziniert. Der Kellner kommt an den Tisch, begrüßt mit italienischem Charme die Gäste, offeriert eine Tagesempfehlung, die nicht in der Karte steht, und bietet als Start einen Sprizz Aperol, einen Campari Soda oder einen Hugo an.

Der Service war trainiert und wusste, welchen Ablauf wir wollten. Und in der Praxis passierte dann Folgendes: Der Service ging zum Gast und fragte ihn: »Hallo, guten Abend, was möchten Sie trinken ?« Der Gast: »Ein Bier, bitte.«

Der Chef stoppte den Kellner und fragte ihn: »Hast du wie besprochen einen Aperitif angeboten?« Antwort des Kellners: »Der Gast hat ein Bier bestellt.« Chef: »Hast du auf den Tagesspezial hingewiesen?« Kellner: »Das mache ich, wenn ich ihm das Bier bringe.«

Bei 180 Mitarbeitern haben wir uns den Mund fusselig geredet; es war frustrierend und demotivierend für beide Seiten. Wir konnten unsere Vision (unser Service-Gesicht)

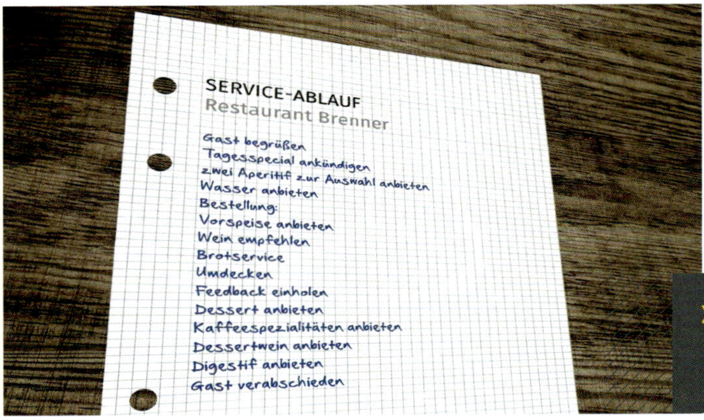

» Unser Service-Ablauf am Anfang bei der Eröffnung 2003

mit diesem System nicht umsetzen. Nur 17 Prozent der Gäste tranken einen Aperitif. Der Gast hatte kein Erlebnis, die Stimmung im Restaurant war nicht so, wie wir sie uns wünschten. Von Mailand und New York City waren wir Lichtjahre entfernt.

Oft wurde der Gast auch bis zu 5 Mal gefragt (Service, Schicht Leiter, Kollege, Chef ...), ob er denn schon bestellt hätte, oder er wurde in der Hektik komplett vergessen.

Eines Tages kam mir die Idee, den Service messbar zu machen. Jeder wichtige Service-Schritt zum Gast wurde mit einem Zeichen kombiniert. Ich wollte bestimmte Leistungen definierbar machen: was zu welchem Zeitpunkt wie geschieht. Damit keiner mehr ein Alibi hatte, es nicht zu tun. Also schrieb ich im Brenner mein erstes Service-Drehbuch. Der Aperitif-Umsatz beläuft sich heute auf über 80 Prozent.

VERKAUF BRAUCHT EINE STEUERUNG

Was ist der Unterschied zwischen einem herkömlichen Service-Ablauf (Manual) und einem Service-Drehbuch?

Der Fehler an herkömmlichen Service-Manuals ist: Man sagt dem Mitarbeiter nur, WAS er zu tun hat. Das reicht aber nicht für den Erfolg. Es fehlt, WIE, WARUM und vor allem WANN es getan werden muss.

WAS IST EIN SERVICE-DREHBUCH?

Ein Service-Drehbuch ist die Aufzeichnung eines exakten Service-Szenen-Ablaufs. Jeder einzelne Service-Schritt wird definiert, wie etwas getan werden muss, und er wird mit einem Zeichen versehen. Das Zeichen sagt, wann und was zu diesem Zeitpunkt geschehen soll und muss.

Wenn es dieses Drehbuch gibt, hat niemand mehr ein Alibi, Dinge nicht zu tun. Und das Service-Drehbuch muss so ausgearbeitet werden, dass Sie das Drehbuch einem x-beliebigen Menschen in die Hand geben könnten und er nach dem Durchlesen sofort beginnen könnte zu arbeiten. Auch wenn diese Person branchenfremd sein sollte.

Das Was, Wie und Wann wird in einem detaillierten Service-Drehbuch dokumentiert. Das WARUM können Sie auch dokumentieren oder besser in Trainings erläutern, damit es zu 100 Prozent verständlich wird.

SERVICE-DREHBUCH (AUSZUG: 3 VON 11 LEVELS)

Level 1: der Tisch

Der Tisch ist eingedeckt, ehe der Gast sich setzt: Salz, Öl, die Menagen werden nach der Größe ansteigend in der Mitte des Tisches ausgerichtet. An jedem Platz ist eine Stoffserviette mit Besteck (Messer und Gabel) eingedeckt. Das Wasserglas steht über der Serviette.

Level 2: Platzieren

Der Gast wird von der Hostess zum Platz geleitet. Speise und Weinkarte werden gereicht. Die Karten sind die Zeichen, dass der Gast von der Hostess platziert wurde. So schließen wir aus, das ein Gast sich selbst evtl. an einem bereits reservierten Platz gesetzt hat, was im Trubel schon mal vorkommen kann.

Level 3: Der erste Servicekontakt

1. Was: Begrüßen
Wie: Jeder Gast wird freundlich begrüßt.
Wichtig: Augenfarbe des Gastes erkennen
Wann: Spätestens 1 Minute, nachdem er Platz genommen hat.

2. Was: Brot einstellen
Wie: Hinweis auf hausgemachtes Brot
Wann: Sofort nach Begrüßung

3. Was: Hinweis auf Tagesspezial
Wie: »Heute haben wir als Tages-Spezial ...
Wann: Sofort nach dem Brot

4. Was: 2–3 Aperitifs anbieten
Wie: Immer eine Auswahl anbieten »Als Start ein Glas Champagner, Pfiff-Bier oder einen Sprizz Aperol? Als Champagner schenken wir einen Ruinart aus.«
Wann: Nach dem Spezial

5. Was: Mineralwasser anbieten
Wie: Darf es schon mal vorab ein Mineralwasser mit Gas sein?
Wann: Zum Schluss des Erstkontakts

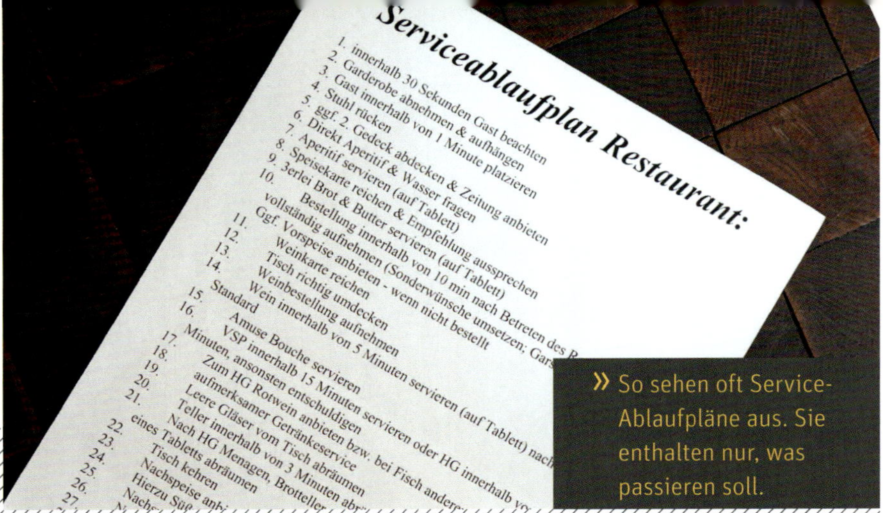

» So sehen oft Service-Ablaufpläne aus. Sie enthalten nur, was passieren soll.

Und so geht es weiter: Service der Getränke, Aufnahme der Speisen, Service zwischendurch, Dessert, Kaffee, Digestif-Phase, Verabschiedung. So haben wir den Service Ablauf von der Begrüßung bis zur Verabschiedung exakt dokumentiert.

Der Service deckt bei der Begrüßung das Brot (Zeichen) ein. Somit weiß jeder Mitarbeiter, dass der Gast schon bedient wird. So wird gewährleistet, dass der Gast nicht zweimal angesprochen wird, was unnötig Zeit kosten und unprofessionell wirken würde. Außerdem kann ein Kollege einspringen, falls der zuständige Stationskellner gerade im Stress oder nicht anwesend ist. Somit kann stationsübergreifend gearbeitet werden und jeder weiß, was das Einstellen des Brotes beinhaltet: Gast begrüßen – Hinweis auf Tages-Spezial – zwei bis drei Aperitifs – Wasser anbieten.

Wenn jetzt ein Kellner sagt: »Das Tages-Spezial kündige ich erst beim Service des Aperitifs an«, dann kann der Manager darauf reagieren: »Stopp, wir haben vereinbart, dass auf das Tages-Spezial mit Einsetzen des Brotes hingewiesen wird.« Er kann die gelbe Karte ziehen. Wenn jemand das System ignoriert, treten sofort Konsequenzen ein: Nachschulung, in Zukunft weniger Tische, Abmahnung, Entzug der Stationsverantwortung. Abweichungen dürfen nicht geduldet werden. Wenn der Mitarbeiter das System verletzt, riskiert er den Erfolg des Betriebes und somit Arbeitsplätze.

Als wir im Brenner das Service-Drehbuch einführten, meldete sich ein Kellner und sagte: »Herr Hartauer, Sie kennen doch unseren Betrieb, Sie wissen doch, wie viel los ist. Wenn ich einen neuen Tisch habe, dann laufe ich doch nicht zur Servicestation, die 20 Meter weg ist, und hole Brot! Das schaffen wir nicht, das kostet zu viel Zeit.«

Alle Kellner sahen mich an, dann sagte ich spontan drei Sätze und wir hatten die Umsetzung.

Satz 1: »Wir wollen, dass unsere Vision, die Mailänder und New Yorker Servicekultur umgesetzt wird. Punkt.«

Satz 2: »Du hast momentan 10 Tische. Wenn du die 10 Tische nicht schaffst, macht nichts, dann bekommst du ab heute 8 Tische.«

Satz 3: »Wenn du die 8 Tische auch nicht schaffst, dann bekommst du 6 Tische. Unter 5 Tischen kannst du wieder gehen.«

Keiner wollte weniger Tische, denn das bedeutete auch weniger Trinkgeld. Und schon war die Umsetzung gewährleistet.

Der Verkauf braucht ein klares System: eine Steuerung, die keine Alibis zulässt. Mit dem System werden Sie zum Hammer, ohne System werden Sie zum Nagel. Sie haben die Wahl: Nagel oder Hammer.

MEHR EFFIZIENZ

Ab diesem Zeitpunkt konnte effizient gearbeitet werden. Lästige Kontrollfragen der Manager im Stil von: »Wird dieser Gast schon bedient?« entfielen. Wenn der Mitarbeiter etwas nicht umsetzte, wurde nicht seine Leistung (die oft emotional gesehen wird) in Frage gestellt, sondern seine Abweichung vom System wurde gerügt. Das ist ein entscheidender Unterschied. Ein konsequent umgesetztes Service-Drehbuch erlaubt keine Privilegien, die sich altgediente Mitarbeiter manchmal genehmigen.

Zeichen dienen als Messinstrumente

Sie haben kein Brot als Zeichen? Macht nichts, vielleicht ist dann das Überreichen der Speisenkarte, das Tablett auf dem Tresen, das Anzünden der Kerze, Entfernen eines Reserviert-Schildes usw. ihr Zeichen. Lassen Sie sich messbare Zeichen in Ihrem System einfallen.

Was hat der Manager davon?

Ein Service-Drehbuch definiert exakt einen Service-Ablauf und macht durch die Zeichen eine Service-Leistung messbar. Der Member hat kein Alibi mehr, etwas nicht umzusetzen. Der Manager ist zu jedem Zeitpunkt in der Lage, zu sehen, inwieweit der Gast sich im Service-Ablauf befindet. Lästige und demotivierende Kontrollfragen entfallen.

Das gilt zu jedem Zeitpunkt, egal, ob der Kunde sich gerade in einem Beratungsgespräch befindet, ihm irgendwann Zusatzangebote unterbreitet werden oder ob er sich schon im Zahlungsprozess befindet. Und es gilt überall, auch in Bezug auf Verhaltensweisen am Drive-in-Telefon.

Spezielle Service-Leistungen können gesondert definiert werden: Kindergeburtstag, Bankettveranstaltung, Wellnessbehandlung oder Check-in. Jeder Betrieb, jede Abteilung, jeder Prozess kann in einem messbaren Service-Drehbuch definiert werden. Denken Sie daran: Legen Sie fest, was, wann, wie und warum etwas geschehen sollte. So hat niemand mehr die Ausrede, das wusste ich nicht.

Was hat der Mitarbeiter davon?

Wenn alle Mitarbeiter das System umsetzen, spürt das Team, dass alle den gleichen Job machen müssen und sich niemand Privilegien herausnehmen kann. Hierarchien lösen sich dadurch auf, es entstehen Vertrauen und gutes Miteinander. Denn alle müssen das Gleiche tun, egal ob Azubi oder Chef de Rang. Es geht nicht um persönliche Belange, sondern um den betrieblichen Erfolg.

EINIGE BEISPIELE

Überlegen Sie sich die wichtigsten Elemente Ihres Service' und versuchen Sie, diese messbar zu machen.

Einem Oberkellner war das Entkrümeln des Tisches wichtig, das aber von seinen Mitarbeitern nur selten durchgeführt wurde. Während wir das Drebuch entwickelten, kamen wir auf eine Idee: Nach dem Hauptgang werden alle Teller, Bestecke und die Menagen (außer dem Salzstreuer) abgeräumt. Der Salzstreuer ist unser messbares Zeichen: Der den Tisch entkrümelt, nimmt den Salzstreuer mit. So hatten wir ein klares System, um das Entkrümeln des Tisches sicherzustellen. Ich musste lachen, als mir der F+B-Manager von folgendem Ereignis berichtete. Ein neuer Azubi studierte das Service-Drehbuch. Als er danach eine Weile beim Service zusah, wies er (ausgerechnet!) den Oberkellner darauf hin, dass dieser beim Abräumen des Tisches schon den Salzstreuer mitnahm: »Sie nehmen jetzt schon den Salzstreuer mit, im Drehbuch steht aber, dass erst nach dem Entkrümeln des Tisches der Salzstreuer abgeräumt wird. Was ist richtig? Ihre Version oder die des Drehbuchs?« Spüren Sie die Kraft des Drehbuchs?

In einem Seminarhotel störte dem Inhaber, dass der Seminarraum, die Pausenzeiten und das Equipment (Stifte, Flip-Chart-Papier etc.) oft nicht gecheckt wurden. Wir stellten ein System mit Zeichen auf. So musste der Bankettverantwortliche auf die erste Seite des Flipcharts folgende Punkte zum Abhaken notieren:

Begrüßung
Firmenname
Pausenzeiten
Equipment
Kontaktperson
Kontakt während des Meetings

» Der Bankettservice des Hotels Lindner in Antwerpen nützt diese Checkliste.

Um die Dessertempfehlung messbar zu machen, haben wir in vielen Restaurants eigene kleine Dessertkarten angefertigt, die nach dem Hauptgang mit zwei bis drei Dessertempfehlungen überreicht wurden. Der Oberkellner kann somit sehen, ob die Kellner nach dem Hauptgang mit der Dessertkarte an den Tisch gehen und Desserts empfehlen. Teilweise drücken die Oberkellner den Servicemitarbeitern die Dessertkarten in die Hand und fragen Sie kurz: »Welche Desserts wirst du an Tisch 8 anbieten?«

In gehobenen Restaurants wird der Kaffee immer beim Ausheben der Dessertteller angeboten. Der Digestif wird beim Einsetzen des Kaffees angeboten.

Der Frühstückservice ist oft der unorganisierteste von allen Services. Teilweise wird man drei Mal gefragt, ob man einen Kaffee will oder ob eine Eierspeise gewünscht wird. Um in dieser Hinsicht Abhilfe zu schaffen, haben wir in Wellnesshotels die Morgenpost oder die Menüauswahl für den Abend als Zeichen überreicht. Auch eine Tee- oder Eierspeisenkarte kann als Zeichen dienen.

EIN WIRKLICH ANSPRUCHSVOLLES DREHBUCH

Das anspruchsvollste Service-Drehbuch war sicherlich das eines Zwei-Sterne-Restaurants. Gerne schildere ich den ersten Service-Kontakt, so wie er vor der Entwicklung des Service-Drehbuchs ablief.

Eine Hostess platzierte uns am Tisch. Kurz darauf erschien die Oberkellnerin und begrüßte uns sehr herzlich. Sie überreichte uns eine Aperitifkarte: »Darf ich Ihnen unsere Aperitifkarte überreichen ...« und verschwand wieder. Ich fragte mich, warum empfiehlt sie nicht direkt einen Aperitif? Ich will verwöhnt werden und nicht in Karten rumstöbern. Dieses kurze Überreichen der Aperitifkarte und das sofortige Verschwinden empfand ich fast als eine Unhöflichkeit. Aber sie hatte einen Grund dafür, den Sie gleich erfahren werden.

Nach einer kurzen Weile kam sie wieder und fragte uns, ob wir uns schon für einen Aperitif entschieden hätten. Wir bestellten ein Glas normalen Champagner. Der Champagner war noch nicht serviert, da kam ein Chef de commis mit dem Kaviarwagen und einem Dom Perignon im Weinkühler angefahren. Der Commis fragte uns, ob wir ein Glas Dom Perignon und einen Löffel Kaviar dazu möchten. Das war verwirrend: Der bestellte normale Champagner war noch nicht serviert, und jetzt sollte ich ein Glas Dom Perignon bestellen?

Wo war der Haken? Da das Glas Dom Perignon Vintage 2002 und ein Löffel Kaviar jeweils 39 Euro kostete, wollte man uns dies zu Beginn nicht empfehlen. Wir sollten zuerst einen Blick in die Aperitifkarte werfen und die Preise sehen, damit wir uns nicht über den Tisch gezogen fühlten. Was verständlich war.

Am nächsten Tag waren wir gefordert, ein System zu entwickeln, das den Gast nicht über den Tisch zieht, ihn begeistert und die interne Organisation regelt.

Und Folgendes kam dabei heraus:

Der Chef de Rang begrüßt den Gast. Er hält die Aperitifkarte in der Hand, damit die Gäste den Chef de Rang ansehen. Jetzt sprechen wir die Empfehlung Dom Perignon und Kaviar aus. Zügig, fast im gleichen Atemzug überreichen wir die Aperitifkarte und lenken den Gast ab, damit er nicht jetzt schon bestellt und später über den Preis schockiert ist. Als zusätzliche Ablenkung bieten wir vorab ein Mineralwasser an. Nach der Wasserbestellung verlassen wir sofort den Tisch.

Was haben wir bis jetzt erreicht? Der Gast wurde mit dem Angebot »Dom Perignon & Kaviar« inspiriert, die Karte wurde überreicht, damit er die Preise einsehen kann, der Gast hat Mineralwasser bestellt. Somit hatten wir einen angemessenen Start, wir haben mit dem Gast kommuniziert und den Samen für den Kaviar und Dom Perignon gesetzt, der beim nächsten Kontakt (mit dem Wagen) aufgehen kann.

Zügig fährt jetzt der Chef de Rang (oder Commis) den Kaviarwagen vor. Jetzt soll den Gästen das Wasser im Mund zusammenlaufen. Wir deuten auf den Kaviar, beschreiben ihn und empfehlen dazu ein Glas Dom Perignon. Jetzt hat der Gast die Wahl, einen Aperitif aus der Karte zu nehmen oder auf unsere Empfehlung einzugehen.

Und damit hatten wir ein intelligentes Aperitif-System entwickelt. Der Erfolg war gigantisch und die Gäste happy.

Hier die beiden Level, wie wir sie im Service-Drehbuch beschrieben haben. Wichtig dabei ist, die Kernpunkte (Zeichen) herauszuheben.

Level: Aperitifkarte, Aperitif-Empfehlung, Wasser anbieten

1. Der Chef de rang heißt den Gast willkommen

2. Aperitifkarte in der Hand halten [die Gäste sehen mich an]

3. Aperitif & Kaviarempfehlung

[»Als Start empfehlen wir einen Dom Perignon oder Rosé-Champagner – der Dom Perignon ist ein Vintage 2002, und wir servieren ihn gerne mit einem Löffelchen Kaviar.«]

4. Die Aperitifkarte überreichen [Zeichen]

5. Wasser anbieten

[»Dürfen wir Ihnen zunächst ein Wasser anbieten? Möchten Sie gerne ein Wasser mit Kohlensäure, Medium oder ohne?«]

‹ Wasser sofort servieren [Commis]

Level: Kaviarwagen, Kaviar + Dom Perignon anbieten, Aperitif Bestellung + servieren

1. Der Chef de Rang* bringt den Kaviarwagen

2. Kaviar + Dom Perignon anbieten

[»Unser Kaviar ist aus dem Hause Prunier, der Stör wird in der Gironde gezüchtet und hat eine milde Note. Dazu empfehle ich ihnen unseren offenen Jahrgangschampagner Dom Perignon.«]

3. Aperitif-Bestellung aufnehmen

4. Aperitif-Karte mitnehmen [Zeichen]

- Sofort Kaviar einsetzen
- Wagen vom Tisch entfernen
- Aperitifs gleichzeitig servieren [Produkte immer aussprechen und mit Augenkontakt servieren]

* Wenn der Chef de Rang keine Zeit hat, dann springt der Commis ein

EIN PAAR AUSSCHNITTE AUS VERSCHIEDENEN SERVICE-DREHBÜCHERN

Im Hotel Louis am Viktualienmarkt in München unternahmen wir den ersten Versuch, einen energetischen Service an der Rezeption zu leben. Wir wollten die alten Dienstleistungsfloskeln wie »Herzlich willkommen, hatten Sie eine gute Anfahrt ...« verlassen und neue Wege gehen.

Level: Begrüßung: Erster Kontakt mit dem Gast
DER GAST BETRITT DAS LOUIS HOTEL

Begrüßungsregel 10-5-3 N LOVE YOU
› 10 Schritte: (die Tür geht auf) den Gast wahrnehmen
› 5 Schritte: Kopf hoch und Richtung Gast richten
› 3 Schritte: Bevor der Gast vor einem steht, begrüßen
› Augenkontakt bis zum Erkennen der Augenfarbe
› Power-House-Haltung einnehmen
› Smile: Prinzip »Eye love you«

Energetische Sprache: Vom betreutem Wohnen zum energetischen Austausch.
Energetische Sprache: z. B. »Schön, dass Sie da sind ...«, »Schön, Sie zu sehen ...«

Level: Begrüßung eines bekannten Gastes

1. BEGRÜSSUNG
Gastname während C/I mindestens zwei Mal nennen – idealerweise am Anfang und am Ende!
Rezeptionist: »Guten Abend, schön, Sie zu sehen!«
oder: »Schön, dass Sie wieder da sind! Herr Hartauer, willkommen im Louis !«

2. RESERVIERUNGSDATEN PRÜFEN
Personenanzahl, Kategorie, Abreisedatum, Frühstück, eingekreiste Rate noch einmal bestätigen (nur auf Rate deuten, nicht laut vorlesen). »Sie haben für zwei (eine) Personen ein Market Deluxe für zwei Nächte inklusive Frühstück gebucht« (jetzt dem Gast zeigen und auf die eingekreiste Rate deuten, ggf. Rate ändern und Housekeeping informieren).

3. NACH FEHLENDEN DATEN FRAGEN, DATEN ABGLEICHEN
»Ihre Daten stimmen noch? Würden Sie bitte hier unterschreiben?« (Mit einem Kreis kennzeichnen und darauf deuten + 360°)

4. VISITENKARTE
Bei Vorlage einer bestimmten Rechnungsadresse immer Visitenkarte geben lassen! »Dürfte ich Ihre Visitenkarte bekommen, um die Rechnungsadresse anlegen zu können?«

Außerdem gibt es weitere Levels:

- **Wie verhalte ich mich bei einem Gast, den ich nicht kenne?**
- **Verhalten bei einem First Booker, bei einem Walk-in-Gast oder ausländischen Gästen etc.**

Casual Food am Flughafen

Ein Beispiel an einem mobilen Wagen der Firma casual food am Frankfurter Flughafen. Als Zeichen hielten wir fest: Sobald ein Mitarbeiter das bestellte Produkt berührt (touch), offerieren (offer) wir ein passendes Zusatzangebot. So hat der Verkäufer einen Anhaltspunkt (Eselsbrücke) im Zusatzverkauf. Und der Manager hat ein wunderbares Kontrollinstrument.

Gast: »Ich hätte gerne eine Wurst.«
Service: »Eine Rindswurst, Bockwurst oder Frankfurter?«
Gast: »Frankfurter«
Service: **touch & offer** (Zeichen)
»Möchten sie eine Brezel oder ein Brötchen?«
Gast: »Eine Brezel.«
Service: **touch & offer** (Zeichen)
Greift die Brezel und empfiehlt gleichzeitig: »Möchten Sie dazu ein Bier oder eine Cola?«

Quicker's (Quick Service Konzept)

Ein ähnliches touch & offer-System entwickelten wir auch für Quicker's.
Gast: »Ich hätte gerne dieses Sandwich.«
touch & offer (Zeichen)
Service: Greift das Sandwich und empfiehlt gleichzeitig: »Möchten Sie einen Milchkaffee oder einen Cappuccino dazu? Ist zur Zeit im Angebot ...«

SERVICE-DREHBUCH UND SERVICE-TAKTIK

In einem Service-Drehbuch ist auch die Service-Taktik enthalten, die zum einen den maximalen Erfolg garantiert und dem Gast zum anderen ein Gefühl von Top-Service gibt.

So hatten wir z. B. festgestellt, dass folgende Reihenfolge nicht besonders erfolgreich war:

1. Gast begrüßen
2. Brot einstellen
3. Zwei Aperitifs zur Auswahl anbieten
4. Tages-Spezial empfehlen

Warum war diese Reihenfolge nicht erfolgreich? Gast begrüßen und Brot einstellen war okay, jetzt schon den Aperitif anzubieten, war aber zu schnell: Die Gäste fühlten sich bedrängt. Und die größte Falle war, das Tagesgericht als Letztes zu empfehlen, denn es gab immer wieder einen Gast, der sofort auf das Tagesgericht einging, während die anderen Gäste noch wählten. Der Kellner wusste dann nicht so recht, was er tun sollte: Warten, bis die anderen Gäste auch bestellen, oder wiederkommen?

Als beste Taktik stellte sich Folgendes heraus:

1. Begrüßen
2. Brot einstellen
3. Tages-Spezial empfehlen (jetzt hören die Gäste Ihre Stimme, bekommen Appetit)
4. 2 bis 3 Aperitifs anbieten (jetzt ist ein guter Zeitpunkt, den Aperitif anzubieten)
5. Bevor wir den Tisch verlassen, bieten wir Mineralwasser an (falls ein Gast keinen Aperitif wünscht, dann wenigstens ein Wasser).

Das war im Brenner die beste Taktik den Mailänder Service am Tisch zu praktizieren. Wie erwähnt, liegt die Aperitif-Verkaufsrate mittlerweile bei über 80 Prozent, und das bei einer Bewirtschaftung von mehr als 1000 Gästen pro Tag. Aber vor allem war uns wichtig, dass die Gäste den Service erlebten, den wir uns wünschten und der zum Konzept passte.

DER BESTE ZEITPUNKT FÜR ZUSATZANGEBOTE IM QUICK SERVICE

Am Flughafen in einer Café/Bar hatten wir Folgendes festgestellt: Wenn der Kunde einen Kaffee bestellte und der Verkäufer ihm sofort ein Zusatzprodukt wie etwa ein Croissant empfahl, waren wir wenig erfolgreich. Außerdem wurde der Wunsch, dass Zusatzangebote von den Verkäufern offeriert werden, kaum umgesetzt. Und wenn es doch geschah, fühlten sich die Gäste oft bedrängt und sagten Nein.

Altes System

Gast bestellt einen Cappuccino.
Verkäufer: »Noch ein Croissant oder einen Muffin dazu?«
Gast: »Nein.«
Verkäufer: »Zum Mitnehmen oder Hiertrinken?«
Gast: »Zum Mitnehmen.«

Dann haben wir das System umgestellt, sodass der Gast etwas Luft zum Atmen bekommt und wir den Zusatzverkauf besser steuern können.

Neues System

Gast bestellt einen Cappuccino.
Verkäufer: »Zum Mitnehmen oder Hiertrinken?«
Gast: »Zum Mitnehmen.«
Service: »Noch ein Croissant oder einen Muffin dazu?«
Gast: »Ein Croissant.«

Haben Sie es bemerkt? Wir haben direkt nach der Bestellung die Frage »Zum Mitnehmen oder Hiertrinken« gestellt – das ist unser Zeichen für den Zusatzverkauf. Erst dann haben wir das Zusatzangebot gemacht. Mit dieser Technik wurde der Gast nicht überrumpelt, der Erfolg war sofort da.

Definieren und beschreiben Sie exakt Ihre individuellen Verkaufs- und Kommunikationstechniken!

Außerdem hat der Manager mit dieser Technik ein wunderbares Kontrollsystem. Er hört einfach den Gast-Service-Dialog mit, und wenn der Service sagt »Zum Mitnehmen oder Hiertrinken«, wissen Mitarbeiter und Manager, was jetzt kommen muss. Mit diesem einfachen Tool haben wir den Zusatzverkauf messbar gemacht. Keiner hatte mehr eine Ausrede, etwas nicht zu tun. Und vor allem haben wir eins erreicht: dass jedem Gast ein Zusatzangebot offeriert wurde. Das wirkte sich auf die Service-Qualität und auf das Ergebnis aus.

MIT DEM SERVICE-DREHBUCH **DAS FLAIR** VERBESSERN

Im Café eines der berühmtesten Feinkostläden Münchens lag auf jedem Tisch eine Getränkekarte. Sobald ein Gast Platz nahm, studierte er die Karte. Erst wenn der Gast die Karte wieder auf dem Tisch ablegte, kam der Kellner an den Tisch mit den Worten: »Guten Tag, haben Sie schon gewählt?« Hier war ein Ordertaker-Service vorprogrammiert. Wir entwickelten ein Service-Gesicht und nahmen die Karten von den Tischen. Zum einen sieht eine Karte auf dem Tisch billig aus, zum zweiten wollen wir keinen Ordertaker-Service, und zum dritten brauchten wir ein Zeichen, dass der Gast schon bedient wird. Das Geschrei der Kellner war groß: Wie sollen wir das schaffen usw. Das Gegenteil traf ein: Ordertaker-Service kostet mehr Zeit als Drehbuch-Service.

Warum dauert dieser Service länger? Der Kellner geht erst zum Tisch, wenn der Gast die Karte studiert und wieder auf den Tisch zurückgelegt hat. Das kann dauern, und eventuell hat der Kellner just zu diesem Zeitpunkt etwas anderes zu tun, wenn der Gast die Karte ablegt.

Der erste Kontakt am Tisch (ein Auszug aus 7 Levels)

1. **Begrüßen**
2. **Karte in der Hand halten** (die Gäste sehen dich an)
3. **Getränkeauswahl anbieten**, z. B.: »Möchten Sie einen Cappuccino, Latte macchiato oder Kaffee?«
4. **Karte überreichen** (Zeichen, das der Gast bedient wird)
5. **Wünsche der Tageszeit abfragen:**
   Morgens: »Möchten Sie noch ein Croissant oder etwas frühstücken?« Immer eine Auswahl anbieten.
   Mittags (11:30 bis 14:30 Uhr): Hinweis auf die Saisonkarte und zwei Aperitifs anbieten.
   Nachmittags (ab 14:30 Uhr): Speisenkarte mit Kaffeekarte reichen, zwei saisonale Kuchen zur Wahl anbieten

Der Flair des Cafés sowie der Umsatz und die Motivation der Service-Mitarbeiter hat sich mit diesem System dramatisch verbessert.

AKTIVER VERKAUF MIT DEM SERVICE-DREHBUCH

In einer der besten Bars in Deutschland führten wir folgende Taktik ein:

1. **Gast begrüßen**
2. **Die Cocktailkarte in der Hand halten und mit einer Hand die Karte auf das Herz legen** (jetzt sehen dich die Gäste an)
3. **Den Gast aktiv ansprechen** (Haben Sie ein schon ein Drink-Konzept oder wünschen Sie eine Empfehlung?)
4. **Als Zeichen, dass der Gast schon bedient wurde, die Karte auf den Tisch legen**
5. **Mineralwasser anbieten**

Hier noch ein Beispiel eines Self-Service-Restaurants (ähnliches Konzept wie Vapiano, Gast oder Ocui). Das Restaurant befindet sich in einem großen Bürogebäude. Die Gäste sehen das Restaurant als ihre Kantine an; es gibt sehr viele Stammgäste.

Der aktive Verkauf braucht eine systematische Steuerung. Das Service-Drehbuch definiert die genaue Taktik und ist somit vielleicht die größte Erfindung im aktiven Verkauf.

Level 1

1. **Persönliches, freundliches Begrüßen**
   Ich kenne den Gast: »Hallo, schön, Sie zu sehen«, oder: »Schön, dass Sie wieder da sind.«
   Ich bin mir sicher, ich kenne den Gast nicht: »Hallo, schön, Sie kennenzulernen.«
   Gast bestellt
2. **Für die Bestellung bedanken**
   »Gerne« oder »Danke«
3. **Zum Mittags-Highlight** immer den kleinen Salat oder die Menüsuppe anbieten
   »Dazu noch einen kleinen Salat oder eine Karottensuppe?«
4. **Passendes Getränk** anbieten. Wichtig: immer eine Auswahl anbieten
   Zum Wok › »Zitrusingwertee oder ein Mineralwasser dazu?«
   Zum Burger › »Eine Cola oder Bionade dazu?«
5. **Die Zahlkarte** nehmen und gleichzeitig die Bestellung an die Köche annoncieren
6. **Die Zahlkarte** dem Gast überreichen + Hinweis auf die Kochstation
7. **Verabschieden je nach Situation:** »Guten Appetit«, »Schönes Wochenende« …

» Auch so kann ein Service-Drehbuch aussehen.

In einem Schnellimbiss haben wir exakt die passenden Beilagen definiert, die wir anbieten wollen.

Gast: **»Einen Leberkäse (fein, grob, chili, pizza) bitte.«**
Service: (langsam nickend+Augenkontakt) »Gerne, 2 Scheiben mit Kartoffelsalat und Breze.«
Gast: **»Currywurst.«**
Service: (langsam nickend+Augenkontakt) »Gerne, mit Pommes und Krautsalat.«
Gast: **»Bratwurst.«**
Service: (langsam nickend+Augenkontakt) »Gerne, 1 Paar mit Sauerkraut und Semmel.«
Gast: **»Schweinebraten.«**
Service: (langsam nickend+Augenkontakt) »Gerne, 2 Scheiben mit Kartoffelknödel und Krautsalat.«
Gast: **»Knusperbauchbraten.«**
Service: (langsam nickend+Augenkontakt) »Gerne, 2 Scheiben mit Kartoffelsalat und Semmel.«
Gast: **»Einen Bavaristo Schinkenbraten.«**
Service: (langsam nickend+Augenkontakt) »Gerne, 2 Scheiben mit Kartoffelknödel und Beilagensalat.«
Gast: **»Rinderbraten.«**
Service: (langsam nickend+Augenkontakt) »Gerne, 2 Scheiben mit Spätzle und Beilagensalat.«
Gast: **»Käsespätzle«**
Service: (langsam nickend+Augenkontakt) »Gerne, mit Beilagensalat.«

Das Service Drehbuch als Unterlage

Viele Chefs sehen das Service-Drehbuch wie als eine Art Bibel und lassen es in einer Druckerei schön binden. Jeder Mitarbeiter erhält im Vostellungsgespräch schon das Service-Drehbuch zum Durchlesen und Einstudieren. Die Mitarbeiter fühlen sich dadurch geschützt, weil sie sofort wissen, was sie zu tun haben. Ein Exemplar wird meist im Office repräsentativ aufgehängt. Die Firma Terbuyken hat das Drehbuch sogar auf einer Lastwagenplane drucken lassen.

DAS SERVICE-DREHBUCH BEI DER EINARBEITUNG

Für neue Mitarbeiter ist das Service-Drehbuch ein Geschenk des Himmels. Endlich ein Betrieb, in dem exakte Abläufe festgelegt werden, die auch noch schnell erlernbar sind! So geht die Einarbeitung rasch, und es ist sichergestellt, dass jeder neue Mitarbeiter auf den gleichen Wissensstand gebracht wird.

Aber der Mensch ist ein Herdentier und schaut sich die positive wie auch die negative Seite seiner Mitmenschen ab. Achten Sie deshalb darauf, dass neue Mitarbeiter nur von den besten Mitgliedern Ihrer Mannschaft eingearbeitet werden.

Mit dem Service-Drehbuch können Sie die Einarbeitung delegieren. (Sie wissen ja: Am Betrieb arbeiten!) Der beste Mitarbeiter, der das Service-Drehbuch umsetzt, schult die neuen Mitarbeiter anhand des Service-Drehbuchs ein. Z. B. haben in vielen Betrieben die Azubis die neuen Mitarbeiter trainiert. Das war eine klasse Herausforderung und löst auch die Hierarchien auf. Sie signalisieren damit: Mir ist nicht wichtig, wer du bist (Azubi oder erfahrener Mitarbeiter); wichtig ist mir die Umsetzung unseres Service-Gesichts.

Neue Mitarbeiter und der Service-Führerschein

Neue Mitarbeiter können systematisch eingearbeitet werden. Das Service-Drehbuch dient sozusagen als Service-Führerschein. Erst wenn der neue Mitarbeiter das Service-Drehbuch perfekt beherrscht, darf er Verantwortung am Gast übernehmen. Wichtig ist auch im Anschluss, dass die Umsetzung kontrolliert wird. Das ist wie mit dem Autoführerschein: Wenn anschließend niemand die Einhaltung der Regeln prüfen würde, wäre es sinnlos, den Führerschein zu machen.

In den ersten 20 Minuten entscheidet der neue Mitarbeiter, wie lange er bleiben wird. Nur in den ersten Tagen ist er formbar und nimmt unseren Weg an.

Manche neuen Mitarbeiter sind anfangs überrascht, denn sie sind es gewohnt, schon am ersten Tag am Gast/Kunden zu arbeiten. Lassen Sie das auf keinen Fall zu. Erst wenn der Mitarbeiter das Service-Drehbuch beherrscht und den Service-Führerschein absolviert hat, darf er eine eigene Station übernehmen. So fordern Sie ihn auf, Ihr System anzunehmen und umzusetzen.

Überlassen Sie Ihren Service nicht dem Zufall, das ist viel zu gefährlich. Denken Sie daran: Wenn ein Mitarbeiter einmal sein eigenes System implementiert hat, ist es schwierig, ihm dies wieder abzugewöhnen. Zeigen Sie unmissverständlich, dass Sie voll hinter der Umsetzung des Service-Drehbuches stehen.

Hilf mir es selbst zu tun, diesen Leitsatz von Maria Montessori nahmen wir uns zu Hilfe und entwickelten einen Einarbeitungsplan. Neue Mitarbeiter erhalten bei der Einstellung drei Manuals:

Manual 1: Das Unternehmen (in diesem Manual sind alle relevanten Infos über das Unternehmen enthalten)

Manual 2: Das Service-Drehbuch

Manual 3: Die Service-Lizenz

Die Service-Lizenz fordert den Mitarbeiter heraus, sich selbst auszubilden. Die wichtigsten Basics wie das Service-Gesicht, Verkaufstechniken, Angebotskenntnis, Merkmale von Produkten sind darin nachzulesen und teilweise selbst auszufüllen. Auf der Rückseite befindet sich der Pass des Service-Führerscheines. Der Mitarbeiter erhält zu jedem Punkt eine Abnahme. Wenn alle Punkte erfüllt sind, darf er eine verantwortliche Position (z. B. Station) übernehmen. Manche Mitarbeiter kommen schon am ersten Tag mit dem ausgefüllten Heft an und können sofort die Prüfung absolvieren. Manche brauchen etwas Zeit. Sehr selten lehnen erfahrene Mitarbeiter es ab, diesen Prozess mitzumachen. So sieht man sofort, wer Lust hat und mitziehen will. Das ausgefüllte Trainingsheft geht dann ins Lohnbüro und wird in den persönlichen Unterlagen abgeheftet. Das Lohnbüro ist die letzte Kontrollinstanz; es checkt bei der ersten Überweisung, ob das Heft in den Unterlagen ist, und gibt dementsprechend Feedback. Dieses Instrument hilft uns, das System auf Dauer zu halten.

MEIN SERVICE-DREHBUCH FÜR MCDONALD'S

Erfolg ist planbar.

Ich habe für den branchengrößten Gastronomiebetrieb McDonald's das »mcyes® Service-Drehbuch« entwickelt. Es definiert den optimalen Beratungsbaum und die jeweilige passende Sales-Technik. Die Drehbücher sollten mit allen Kassenmitarbeitern einstudiert werden, bis sie es verinnerlicht hatten. Hier ein Auszug aus den verschiedenen Levels.

Level 1: Begrüßung (welcome friends)

GAST	VERKÄUFER /MCYES®-SYSTEM
Gast steht an der Theke	Persönliche freundliche Begrüßung innerhalb 3 Sekunden 1. Smile (wir signalisieren happy life) 2. Augenkontakt, bis man die Augenfarbe erkennt 3. Kurz auf den Gast zugehen (1 cm) 4. Kraftvolle natürliche Begrüßung (Hallo, Hi, Schön, Sie zu sehen) 5. Jetzt abwarten, auf keinen Fall den Gast mit »der Nächste bitte« oder »Was darf's sein« ansprechen. Wenn Sie ihn ansprechen, dann höchstens mit: »Auf was haben Sie Lust?« Oder Sie unterbreiten dem Gast sofort ein Angebot unterbreiten. Z. B. im mccafe: »Einen Cappuccino oder Kaffee?« 6. * Das Tablett auf den Tresen stellen (als Zeichen, der Gast wird gerade bedient)

Die Zeit tickt: Beratungszeit 90 Sekunden, Total experience time 210 Sekunden
Döner-Blick: Versuchen Sie, Blickkontakt mit Gästen in der Warteschlange aufzunehmen: Ich habe sie gesehen, hallo.

* Der Service stellt bei der Begrüßung das Tablett (Zeichen) auf den Tresen, somit weiß jeder Mitarbeiter des Restaurants, dass der Gast schon bedient wird. So wird gewährleistet, dass der Gast nicht zwei Mal angesprochen wird (z. B. während der Kassenmitarbeiter die Produkte zusammenstellt), was unnötig Zeit kosten und unprofessionell wirken würde).

Level 2: Sandwich-Bestellung aufnehmen im mcyes®-System

GAST	TECHNIK	VERKÄUFER /MCYES®-SYSTEM
Hallo, einen Big* Mac	Nicken	Gerne* | Als mcmenü
Ja	Nicken	Mit Pommes und Cola
Ja	Nicken	2 Ketchup
Ja		Zum Mitnehmen
Ja	Nicken + Auswahl	mcSundae oder Cappuccino
mc sundae		

Analog die anderen Menü-Sandwiches

* Variieren Sie Ihren Wortschatz, hier ein paar Beispiele: gerne, ja, danke, super

Der Beratungsbaum dient als reine Navigation, schmücken Sie die Vorschläge mit Ihren Worten aus.

Level 2: Bestellung aufnehmen: Frühstück Muffin + Kaffee im mcyes®-System

GAST	TECHNIK	VERKÄUFER /MCYES®-SYSTEM
Hallo, einen mcMuffin Bacon Egg, bitte.	Nicken	Gerne, als mcMenü mit Kaffee
Ja	Auswahl	Cappuccino, Kaffee, Latte Macchiato
Cappuccino	Nicken	Zum Mitnehmen
Ja	Nicken	Einen Orangensaft dazu? (alternativ eine Auswahl: Orangensaft oder Bio-Milch)
Orangensaft		

Level 2: Bestellung aufnehmen mcCafe / grande im mcyes®-System

GAST	TECHNIK	VERKÄUFER /MCYES®-SYSTEM
Hallo, einen Cappuccino, bitte	Nicken	Gerne, einen Grande
Ja	Nicken	Zum Mitnehmen
Ja	Auswahl	Mit Karamell oder Schoko flavour shot
Karamell		

Bei Kaffee bieten wir immer den Grande und die Flavour shots an. Wenn der Gast ausdrücklich nur den Kaffee will, bieten wir ihm keine Zusatzangebote wie Kuchen etc. an.

Im mcyes®-Service-Drehbuch werden alle relevanten Aktivitäten exakt definiert, von der Begrüßung über die Bestellungsannahme und das Führen durch die Beratungsbäume, Zusammenstellen der Produkte, Bezahlvorgang bis zum Überreichen der Produkte und zur Verabschiedung.

» Das Frühstücksteam im Hotel Louis in München

» Elias Nogard mit seinem Team im Café Ella in München

AUF DIE DAUER HILFT NUR DAS SERVICE-DREHBUCH

»Wir sind doch keine Roboter und sprechen die Sätze auswendig herunter!« Das war die Aussage des Restaurantleiters eines Sterne-Restaurants. Nein, das ist nicht der Sinn und Zweck eines Service-Drehbuchs. Es gibt eine Richtung an, ein System, eine Taktik, die jeder in seiner persönlichen Art ausleben kann und auch soll.

Der Starkoch Tim Mälzer sagte in einem Interview, das Servicepersonal solle zu 80 Prozent die eigene Persönlichkeit einbringen. 20 Prozent Richtlinien kämen vom Betrieb. Das ist vom Ansatz her richtig. Ich habe aber auch schon Design-Hotels gecoacht, die sprachen von 100 Prozent Persönlichkeit. Nur: Was habe ich von 100 Prozent Persönlichkeit, wenn ich nichts davon spüre oder nur das mitbekomme, worauf ich auch gut verzichten kann? Wenn die Rezeptionistin sagt: »Guten Abend, bitte?«, oder die Servicekraft beim Frühstück: »Guten Morgen, Kaffee?« Was nützt die Einstellung, wenn man nichts von der Individualität spürt? Deshalb mein Rat: Arbeiten Sie am Verhalten und nicht an der Einstellung.

Betrachten Sie das System als Leitfaden, das einen Ablauf zu 100 Prozent sicherstellt, in dem jede und jeder seine individuelle persönliche Art einbringen kann und darf. Service-Drehbücher, die anfangs vom Regisseur streng durchgesetzt werden, führen meist schnell zum routinierten Einhalten von Abläufen und werden von Ihren Mitarbeitern gern angenommen, da sie den Kopf für das wirklich Wichtige frei machen: für die Improvisation im Kontakt mit den Gästen. Nur so kann ein Leader seine Organisation kontrollieren und gegebenenfalls eingreifen. Und vor allem kann man einen definierten Service immer wieder trainieren und sich permanent darauf beziehen. Auf die Dauer wird Ihnen das Service-Drehbuch zum Freund werden.

Im ersten Teil dieses Buches haben wir uns damit befasst, warum und wie guter Service geht. Das Service-Drehbuch befasst sich mit den entscheidenden Momenten am Kunden: wann was wie gemacht wird. Das ist eines der wichtigsten Bausteine des Erfolgs. Die Vision und das Service-Gesicht (Yes-Prinzip) und Programm (Service-Drehbuch) steht. Jetzt ist es Ihnen möglich, die Vorgaben effizient zu trainieren und in die Realität umzusetzen.

MOTIVATION & POWER BRIEFING

TÄGLICH 3 MINUTEN

WIE MOTIVIERE ICH MEIN TEAM?

Wir haben uns oft die Frage gestellt: Wie motiviert man sein Team und sich selbst? Durch Erfahrung und Beobachtung haben wir festgestellt, dass Mitarbeiter dann am motiviertesten sind, wenn sie ihren Job beherrschen und in der Lage sind, eine hohe Emphatie und hohe fachliche Kompetenz aufzuweisen.

Nichts scheint mehr zu motivieren als der Erfolg an sich. Glückshormone werden ausgeschüttet, wenn die Beratungsdialoge in erfolgreichen Verkaufsabschlüssen enden. Wenn man sein Angebot kennt und sich damit nicht blamiert, wenn ein positives Miteinander im Team herrscht. Oder wenn es einem Manager gelingt, sein Team erfolgreich zu führen. Wenn man vom Gast und von den Kollegen respektiert wird.

Das alles kommt nicht von alleine. Schon gar nicht durch ein einmaliges Teambuilding-Seminar oder zwei bis drei Schulungen pro Jahr. Mitarbeitern fehlt manchmal der absolute Leistungswille, denn sie wissen nicht, warum und für wen es sich lohnt, Effizienz zu zeigen. Mobbing und erfolgloses Agieren (zum Beispiel der »No-Verkauf«) binden unnötig Kraft und Energie.

Nur der informierte Mitarbeiter ist ein motivierter Mitarbeiter. Einfach gesagt, selten getan. Höchstleistung erzielt man durch jahrelanges Trimmen auf Höchstleistung, das kommt nicht von einem Tag zum anderen. Audi hat rund 30 Jahre gebraucht, um zur Nr. 2 in der Premiumklasse zu werden – noch vor Mercedes. Höchstleistung ist eine Bewusstseinsfrage, die ein Bündel von Aktionen in Gang setzt. Dazu gehört vor allem ständiges Training, wie bei einer Top-Mannschaft, die jeden Tag trainiert. In der Champions-League wird trainiert, was das Zeug hält!

WIE BRINGE ICH DIE ANTRIEBSSYSTEME DER MOTIVATION IN SCHWUNG?

Warum entfalten sich Menschen bei den üblichen Talentshows und sind top motiviert? Und wieso tun sich schulische Einrichtungen und Ausbildungsbetriebe so schwer mit der Motivation ihrer Schüler? Über die Wirkungen von Antriebssystemen ist im Management wenig bekannt, entsprechend disharmonisch wird in diesem Bereich – mangels Wissen – agiert.

Hier nur zwei kurze Hinweise: Demotivation führt zum Verlust jeden Antriebs, der Mitarbeiter verfällt in einen Zustand gut kaschierter Apathie. Auslöser für Demotivation können gute » Bekannte« sein, z. B. Stress, Überforderung, Belastung, Hierarchien, Vorwürfe, Schuldzuweisungen etc. Ganz anders sieht es aus, wenn genug Dopamin ausgeschüttet wird: Der betreffende Mitarbeiter strebt tatkräftig auf ein Ziel zu, er ist konzentriert bei der Sache, und seine Handlungsbereitschaft ist hoch. Etwas vereinfacht gesagt, entsteht Demotivation durch die ständige Forderung: »Ich muss dies oder jenes tun«, während Dopamin durch den Wunsch produziert wird: »Ich will dies und jenes tun.«

Die Motivation für die heutige Mitarbeiter-Generation ist einfach zu verstehen: Sie wollen nicht Druck – z. B. durch den Chef – verspüren, sondern Sog, in dem vor allem ihre Potenziale geweckt und ihnen attraktive Aufgaben übertragen werden. Eine weitere Motivation ist die Bedeutung der Firma. So wollen z. B. die meisten Deutschen am liebsten bei BMW arbeiten, gefolgt von Audi und Google. Das emotionale Klima, die Zukunftssicherheit, attraktive Produkte und nicht zuletzt die sozialen Leistungen spielen eine wichtige Rolle bei der Motivation.

Die Management-Rezeptur der Vergangenheit war »anweisen«. Mit diesem Ansatz wird es in Zukunft immer schwerer, Menschen zu motivieren. Management wird aber leichter, wenn man es zeitgemäß versteht, positive Energien und die freiwillige Leistungsbereitschaft in Menschen zutage zu fördern.

Wie das geht? Durch power briefing. Es löst innerbetriebliche Hierarchien auf, alle werden gleich behandelt, Teamgeist entwickelt sich, Know-how wird trainiert, man lernt voneinander und unterstützt die allgemeine Entwicklung.

» Mit dem Ball wird das Briefing zum power briefing.

» Das power briefing ist ein kommunikatives Fest.

WAS IST EIN QUICK POWER BRIEFING?

Das power briefing ist ein System und eine interaktive Plattform, auf der Sie in kürzester Zeit Ihr Team zu Champions im Future Service und Verkauf ausbilden, Potenziale wecken und nebenbei Teamkultur und ein top Betriebsklima aufbauen.

WAS BRINGT MIR POWER BRIEFING?

Im power briefing kann man wunderbar die Idee des sinngebenden Leaders ausleben, indem man am Betrieb arbeitet, die Teamkultur aufbaut, Potenziale fördert, Hierarchien auflöst, Menschen wertschätzt und Spaß vermittelt.

Innerhalb kürzester Zeit bringen Sie Ihr Team auf Champions-League-Niveau. Gäste werden Sie ansprechen, was mit Ihrem Team passiert ist. Der Verkauf oder die Service-Qualität wird sich dramatisch verändern. Das Team wird durch das tägliche Zusammenkommen in dieser energetischen und disziplinierten Form zusammenwachsen und sich schätzen und respektieren lernen. Im Laufe der Briefings werden die Mitarbeiter immer schneller. Beratungstechniken und die Beratungsbäume laufen wie geschmiert. Mit der Zeit können die Teilnehmer immer mehr die eigenen Potenziale erkennen und zeigen. Das Ziel: Jeder Mitarbeiter beherscht seinen Job aus dem Effeff. Das Resultat: Erfolg ohne Ende und top Motivation in einem gesunden Team.

WOHER KOMMT POWER BRIEFING?

Power briefing wurde von mir erfunden und im Laufe der Zeit in den unterschiedlichsten Betrieben immer wieder weiterentwickelt: im Fine-Dining-Restaurant (mit gelernten Fachkräften, die manchmal glauben, schon alles zu wissen), in Quick-Service-Betrieben (meist ungelernte Fachkräfte unterschiedlichster Nationalitäten), bei den bekannten Fastfood-Restaurants (Zeitmangel), Bäckereien (kleine Filialen mit nur zwei Mitarbeitern), Szene-Betrieben (Künstler an der Arbeit), Traditionsbetrieben (ältere und erfahrene Mitarbeiterstruktur), System-Entertainment-Gastronomie (Studenten, Aushilfen und oft gepaart mit Quereinsteigern als Leader) usw. Die unterschiedlichsten Briefing-Probleme und Erfahrungen der Umsetzung halfen uns, das power briefing zu einem einmaligen Führungsinstrument zu entwickeln. Wir (Andrea Grudda und ich) haben dem Tool power briefing ein eigenes Buch gewidmet (siehe Hinweise im Anhang).

WAS KOSTET EIN **POWER BRIEFING**?

Eigentlich nur Disziplin. Disziplin, um es täglich ohne Ausrede durchzuführen. Denn drei Minuten ein Team zusammenzuholen und ein power briefing durchzuführen ist leicht und kostet nichts. Es wird Ihnen den Erfolg bringen, den Sie sich immer gewünscht haben.

WIE IST DAS POWER BRIEFING **AUFGEBAUT**?

Sehen wir uns nun den Aufbau eines power briefings genauer an.

Ausgangsbasis und das Equipment sind: Sie brauchen einen kleinen Ball (Koosh Ball), ein Sales-Thema, 2 bis 3 Minuten Zeit, die power-briefing-Taktik und Lust, es zu tun. Mehr nicht.

» Positiver Start und Informationen geben

» Die Informationen mit dem Ball abfragen

Alle Mitarbeiter, die sie briefen möchten, kommen zu einem geschlossenen Kreis zusammen. Das power briefing sollte immer zur gleichen Zeit stattfinden. In der Regel finden die Briefings kurz vor den Hauptgeschäftszeiten und zum Schichtbeginn oder Schichtwechsel statt. In den ersten vier Wochen werden Sie Ihr Team zusammentrommeln müssen, da die Leute das Briefing noch nicht als Element ihres Jobs verinnerlicht haben. Nach vier Wochen sollte sich das Briefing zu einem festen Bestandteil der innerbetrieblichen Abläufe entwickelt haben. Die wichtigste Person sind Sie: Sie entscheiden, ob das Briefing wieder verschwindet oder zum Ritual wird.

Die Mitarbeiter sollen stehend einen Kreis bilden und nichts dabei konsumieren (also nicht rauchen, essen, Kaffee trinken ...). Achten Sie auf einen runden Kreis, denn nur so fließt die Energie. Das wussten schon die alten Stämme in Afrika zu nutzen: Im Kreis liegt die Kraft. Der Kreis und die Abfragetechniken symbolisieren auch Integration und Gleichbehandlung aller Mitglieder. Junge und neue Mitarbeiter fühlen sich schnell integriert, die erfahrenen Mitarbeiter erfahren Wertschätzung von den jüngeren.

Der Start

Begrüßen Sie immer zuerst Ihr Team, auch wenn Sie alle Mitarbeiter schon vor dem Briefing gegrüßt haben. Die Begrüßung zählt als Eröffnung des power briefings und signalisiert »Business Time«. Ab jetzt konzentrieren wir uns auf Kunden, Verkauf, Freude, Service. Mit dem täglichen Zusammentreffen demonstrieren und wecken Sie Ihre Service- und Teamkultur.

Fordern Sie sofort die Power-House-Haltung ein (auf beiden Füßen stehen, Arme im 90-Grad-Winkel, mit den Augen lächeln). Sehen Sie kurz allen in die Augen, bis sie deren Augenfarbe erkennen, das wirkt. Briefing ist Business Time, kein Treffen von anonymen und gelangweilten Mitarbeitern.

Denken Sie daran: Mit jeder Aktion im Briefing senden Sie eine Botschaft, und Sie wirken als Spiegelbild für Ihre Mitarbeiter. Sie brauchen niemanden zu erziehen, die Mitarbeiter schauen sich doch alles von Ihnen ab. Begrüßen Sie Ihr Team. Immer positiv sein, auch wenn Ihnen vielleicht gerade nicht danach zu Mute ist. Schließlich sollen Ihre Mitarbeiter ja auch den dreihundertsten Gast positiv begrüßen, auch wenn Ihnen nicht danach ist. Mitarbeiter wünschen sich zudem einen positiven Kapitän, der schwierige Situationen souverän und mit einer gewissen Eleganz löst. Im Briefing können Sie alles, was Sie sich von Ihrem Team wünschen, in indirekten Botschaften signalisieren und vorleben.

Den Beginn eines Quick power briefings finde ich persönlich am schönsten. Alle kommen zusammen, alles ist still, alles ist frisch, man spürt das Team und die Kraft, zusammenzugehören. Man hat Zeit für sich, anschließend geht es wieder nur um den Gast. Man kommuniziert und schätzt sich. Wenn Sie vielleicht sagen, das tun wir eh schon, wenn wir zusammensitzen, plaudern und einen Kaffee vor dem Geschäft trinken: Ja, das ist auch wichtig, wird aber eher als privater Plausch gesehen. Unterschätzen Sie nicht das Zusammenkommen im Ritual des Kreises. Hier kommunizieren Sie auf einer anderen Ebene und in einer anderen Frequenz.

Organisation des power briefings

Nach der Begrüßung sollten Sie Ihr Team kurz über den Tagesablauf informieren. Das kann die Stationseinteilung sein, Gerichte, die ausverkauft sind, neue Aktionen, erwarteter Geschäftsgang usw.

Bis hierher gehen die meisten Briefings. Oftmals werden jetzt noch negative Mitteilungen an das Team weitergegeben. Das Team geht dann berieselt und mit negativer Energie an die Arbeit. Aber genau hier setzt das power briefing ein. Sie wissen, man sollte am Betrieb arbeiten. Suchen Sie sich zu jedem Briefing ein zusätzliches Thema aus und bilden Sie täglich Ihr Team aus. Jeden Tag ein Thema, das summiert sich, das sind schon 30 in einem Monat. Sie werden bald sehen, wie sich Ihr Team weiterentwickelt.

Informationen im power briefing

Vielleicht möchten Sie den Upgrade-Verkauf steigern. Dann könnte Ihre Information an Ihr Team etwa so aussehen:

»Heute möchte ich mit euch den Upgrade-Verkauf von Espresso, Mineralwasser und Orangensaft trainieren: Aus einem Mineralwasser können wir ein großes Mineralwasser machen, aus einem Espresso einen doppelten und aus dem normalen Orangensaft können wir einen frisch gepressten machen. Wenn ein Gast eines von diesen Produkten bestellt, dann bieten wir auf keinen Fall ein kleines oder großes Mineralwasser, kleinen oder doppelten Espresso oder einfachen oder frisch gepressten Saft an. Das kostet Zeit und ist wenig erfolgreich. Den kleinen Espresso hat der Gast ohnehin schon gekauft. Biete jetzt mit der Nicktechnik nur den ›doppelten‹ an. Wichtig dabei: Zuerst ›gerne‹ sagen, dann Augenkontakt halten und mit der positiven Nicktechnik den Upgrade anbieten. Im Beispiel: Der Gast bestellt einen Espresso. Du sagst: ›Gerne, einen doppelten Espresso‹ und nickst dabei. Das Schlimmste, was ein Gast jetzt antworten kann, ist ›Nein‹.«

Versuchen Sie, Ihr Thema kurz und prägnant zu erklären. Und danach kommt das Wichtigste: die Abfrage mit dem Ball.
Fragen Sie jetzt nach dem Muster »Ich sage« (Manager), »du sagst« (Mitarbeiter) Ihre Mitarbeiter ab. Werfen Sie der Person, die Sie fragen möchten, den Ball zu und spielen Sie den Gast: »Ich sage: Ich hätte gerne einen Espresso.« Warten Sie jetzt ab, was der Mitarbeiter tut. Im besten Falle sagt er: »Gerne, einen doppelten« (mit Augenkontakt und Nicken). Wichtig: Jetzt lassen Sie sich den Ball zurückwerfen und geben dem Mitarbeiter ein kurzes Feedback: »Klasse gemacht.« Und dann werfen Sie der nächsten Person den Ball zu und sagen: »Ich sage: Ich hätte gerne ein Mineralwasser, was sagst du?« Mit etwas Glück sagt der Mitarbeiter: »Gerne, ein großes« (mit Augenkontakt und Nicken). Feedback: »Sehr gut.« Jetzt dem nächsten Mitarbeiter den Ball zuwerfen: »Ich hätte gerne den Orangensaft, was sagst du?« – »Gerne, den frisch gepressten«. Feedback: »Super.« Wenn mehr Mitarbeiter im Kreis stehen, können Sie ruhig die gleichen Fragen noch mal stellen. Jeder soll drankommen, niemand wird ausgegrenzt.

Warum der Ball?

Mit dem Ball werden Sie schneller im Fragenstellen, es wirkt dynamischer, Sie geben klare Signale – du bist dran –, es wirkt spielerischer. Vor allem bringt es aber Spaß ins Briefing. Spaß haben und das Lachen sind die Luft und der Sauerstoff eines Briefings. Vor allem lernt man am besten, wenn das Lernen mit Spaß vermittelt und interaktiv gestaltet wird.

Warum das Feedback?

Belohnen Sie die Antworten mit Worten wie »optimal, sehr gut, klasse, wow …« Das motiviert. Mitarbeiter beschweren sich oft, dass sie nie gelobt werden. Im Briefing haben Sie die einmalige Gelegenheit dazu und spornen noch dazu Mitarbeiter an, sich bei den Antworten anzustrengen. Ihr Lob wird auch als höflicher Umgang mit Ihren Mitarbeitern anerkannt.

Und wenn ein Mitarbeiter etwas nicht weiß oder falsch antwortet? Als Erstes sollten Sie ein paar Briefing-Regeln einführen: Einer spricht, alle hören zu und keiner hilft den anderen. Nur so haben Sie das Briefing im Griff und sorgen dafür, dass alle aufpassen. Sie wissen ja: Schuld hat immer der Chef. Das gilt auch, wenn die Teilnehmer nichts aus Ihrem Briefing mitnehmen.

Schauen wir uns so eine falsche Antwort an. Manager: »Ich sage: Ich hätte gerne einen Orangensaft, was sagst du?« Mitarbeiter 1: »Den normalen oder frisch gepressten?« Fragen Sie ihn zuerst: »Stimmt das?« Mitarbeiter 1: »Ich glaube schon.« Der Mitarbeiter scheint noch nicht zu begreifen, auf was Sie hinauswollen. Lassen Sie sich den Ball zurückwerfen, werfen Sie ihn zum nächsten Mitarbeiter und wiederholen Sie die Frage: »Ich hätte gerne einen Orangensaft.« Mitarbeiter 2: »Gerne, den frisch gepressten?« (mit Nicken und Augenkontakt) Manager: »Ja, danke, klasse gemacht, so ist es richtig.« Jetzt werfen Sie den Ball wieder zu Mitarbeiter 1, der gerade falsch geantwortet hat. Wenn er zugehört hat, müsste er es jetzt besser machen. So geben Sie ihm eine erneute Chance. Das ist motivierendes Ausbilden. Die Mitarbeiter sind somit aufgefordert, mitzudenken, richtig zu antworten, die Verkaufstechniken umzusetzen, schnell zu sein. Und indirekt signalisieren Sie konsequente Umsetzung.

Wichtig ist dabei: Die Mitarbeiter sollen voneinander lernen, Sportsgeist soll entstehen. Wenn jemand etwas nicht weiß, dann ist das nicht schlimm. Dann fragen Sie einfach den nächsten. Erst wenn niemand die richtige Antwort parat hat, müssen Sie es noch mal erklären und dann wieder abfragen.

So funktioniert ein Quick power briefing. Anfangs werden Sie länger brauchen, da auch die Antworten noch nicht so schnell kommen. Mit der Zeit wird das Briefing immer schneller werden. Viele Betriebe führen zwei Briefings durch, eins am Mittag und eins am Abend. In der Regel hat man mittags mehr Zeit und ist aufnahmefähiger. Trainieren Sie hier im obengenannten System. Gerne auch länger und intensiver. Abends finden die Briefings in der Regel kürzer statt. Kurz zusammenkommen, informieren, positive Signale geben und an die Arbeit.

Das Ende des power briefings

Jetzt leiten Sie das Ende des Briefings ein, indem Sie eine kurze Zusammenfassung geben.

»Ich wiederhole, mir ist wichtig, dass Ihr alle den Upgrade durchführt: Orangensaft frisch gepresst, Espresso doppelt, Mineralwasser groß.« Der Fokus kanalisiert kurz die Informationen des Briefings und ist wie ein Appell zu sehen.

Jetzt wünschen Sie Ihrem Team etwas. Das Ende sollte immer positiv sein. Manche verabschieden ihr Team mit: »Ich wünsche euch eine schöne Schicht, viel Spaß, viel Erfolg.« Eine Briefing Coachin verabschiedet ihr Team immer mit »Alles wird gut«. Die Profis rufen mit ihrem Team Schlachtrufe aus. Klatschen sich ab. Umarmen sich. Finden Sie Ihren persönlichen Stil.

KRITIK ÄUSSERN IM POWER BRIEFING

Immer wieder fragen Teilnehmer in meinen Seminaren, wann und wie sie negative Anmerkungen einbauen können. Und diese Liste ist vor den ersten Briefings meistens sehr lang. Es hat sich anscheinend mit der Zeit sehr viel Negatives aufgestaut. Ich empfehle

Ihnen, im Briefing nie Vorwürfe zu machen. »Warum habt ihr gestern die Kerzen nicht sauber gemacht?« Die negativen Anmerkungen richten sich meistens in die Vergangenheit. Aber wenn etwas schiefgegangen ist, können Sie es nicht mehr rückgängig machen. Außerdem erziehen Sie Ihre Mitarbeiter mit den demotivierenden Dialogen zu Verlierern. Sie werden ertappt, fühlen sich schlecht oder blamiert. Wandeln Sie im power briefing die negativen Anmerkungen in zukünftige Ziele um und bringen Sie Ihre Mitarbeiter zum Denken: »Wann werdet ihr heute die Kerzen sauber machen?« So muss der Mitarbeiter nachdenken, und Sie geben ein gemeinsames Ziel aus. Das wirkt für den Mitarbeiter motivierender.

Läuft es anschließend immer noch nicht so, wie Sie wollen, dann sind Ihre Leute entweder zu faul, oder Sie haben nicht genau definiert, durch wen, wie und wann die Kerzen geputzt werden. Überprüfen Sie, ob das Kerzenmanagement allen klar ist.

Im Wiederholungsfall sollten Sie das als Signal wahrnehmen: Sie werden nicht respektiert. Dann müsste ein Vieraugengespräch geführt werden. Oder wenn es das gesamte Team betrifft und nicht anders geht, müssen Sie in einem Briefing mal Tacheles reden. Richten sie aber die Botschaft immer an alle: »Das ist passiert, nicht noch einmal, Ihr könnt es besser.« Z.B.: »Ich bitte die Raucher, dass immer nur eine Person rauchen geht und nicht zwei Personen auf einmal.« Die Botschaft an alle ist wichtig, besonders für diejenigen, die es nicht betrifft. Sie sehen nämlich, dass der Leader Fehlverhalten anderer nicht duldet. Wann ist der richtige Zeitpunkt für konstruktive Kritik? Am besten die Kritik direkt nach der Organisation ansprechen. Anschließend lenken Sie vom negativen Thema ab, indem Sie sich Ihrem Sales- oder Tagesthema des power briefings widmen.

Mein Tipp: Halten Sie aus den power briefings der ersten vier Wochen alles Negative, alle Vorwürfe heraus. Arbeiten Sie an den Zielen und am gemeinsamen Erfolg. Innerhalb dieser vier Wochen werden sich viele Probleme von selbst gelöst haben.

WARUM IST ES SO WICHTIG, DASS AUS DEM POWER BRIEFING EIN RITUAL WIRD?

Der Motivations-Killer Nr. 1 ist Nichtbeachtung. Man kann sehen, dass Menschen, denen man Aufmerksamkeit schenkt, richtiggehend aufblühen, während andere förmlich verkümmern, wenn ihnen keine Zuwendung zuteil wird. Demotivationen gibt es so viele, dass wir sie aufgrund ihrer Häufigkeit für Normalität halten. Das reicht von gönnerhaften Sprüchen bis zu lehrerhaften Zurechtweisungen, von plumper Anmache bis zu fehlender Eleganz der Persönlichkeit an sich. Im power briefing kommunizieren Sie und schützen die motivierten Mitarbeiter von den Mitarbeitern, die permanent alle runterziehen: »Ich habe heute keinen Bock zu arbeiten, ich bin müde …«

Im Briefing stehen immer Power, Lust, Spaß und Know-how im Vordergrund. Eine Online-Marketing-Firma berichtete, dass ohne power briefing immer über die Kunden gesprochen wurde. Und meist nichts Positives. »Heute kommt die Tussi von der Firma …, sie wird sich bestimmt wieder beschweren über …, das wird ihr nicht gefallen, hier wird sie etwas auszusetzen haben.« Im Briefing haben sie dann besprochen, wer kommt heute, von welcher Firma ist sie, wie werden wir sie begrüßen, was wird sie fragen, wie werden wir antworten, was antworten wir, wenn ihr die vorgeschlagene Werbeidee nicht gefällt. Die Inhaberin war überrascht von den Erfolgen des power briefings. Zum ersten Mal wird nicht nur über den Kunden gesprochen, sondern sich mit dem Kunden befasst.

EIN BEWUSSTSEIN FÜR TRAINING

Der Service ist neben dem Ambiente und der Produktqualität der entscheidende Faktor für Umsatz und Ertrag. Mitarbeiter müssen in Sekundenbruchteilen auf Bestellungen der Gäste richtig reagieren und agieren, indem sie z.B. aktiv Zusatzangebote unterbreiten. Das setzt voraus, dass der Mitarbeiter sein Angebot kennt, die optimale Präsenz einnimmt und die Verkaufstechniken und -taktiken (sprich Beratungsbäume) aus dem Effeff beherrscht. Diese Beratungsprozesse müssen so trainiert werden, dass sie in Fleisch und Blut übergehen. Ein solcher Automatismus hat aber nichts mit einem monotonen Herunterspulen zu tun. Im Gegenteil: Perfekte Beratungsmethoden geben erst den Freiraum für persönliche Kontakte mit dem Gast.

Ihre Mitarbeiter sind Ihr wichtigstes Kapital. Schlechter Service entsteht von alleine – Umsatz und Service muss man lernen und trainieren. Nur ein informiertes Team ist ein motiviertes Team. Ein Team muss ständig – wie eine Fußballmannschaft – trainiert werden. Jede Investition in diesem Bereich zahlt sich dreifach aus. Durch perfekte power briefings steigern Sie Ihren Umsatz dramatisch. Das heißt auch: mehr Gewinn, weniger Kosten.

Oft sehe ich brillante Leader. Es gilt aber nicht nur, der Beste und Schnellste im Team zu sein, sondern das Team auszubilden, zu stärken und für die Miteinanderkultur zu sorgen. In der Champions League wird trainiert. Wenn es Ihnen gelingt, die Sales und Beratungstechniken im Team weiterzuvermitteln und zu trainieren, dann werden Sie den maximalen Erfolg ausschöpfen und einen Benefit für alle generieren.

Das stärkste Tool im Management, um ein Team zu Höchstleistungen zu führen, sind die power briefings. Sie kosten nichts und bringen am meisten. Wir haben diesem Tool das Buch »Power briefing: Teams - fit & sexy in 3 Minuten« gewidmet. Es ist genau wie dieses Buch im Matthaes Verlag erschienen.

PRAXISBEISPIELE POWER BRIEFING

Stellen Sie Ihre Fragen immer in einem »Ich sage, du sagst«-Muster.
Briefing Coach: «Ich bin Gast und sage: Ich möchte einen Kaffee. Was sagst du?«
Verkäufer: »Möchten Sie einen Espresso, Cappuccino oder einen Caffé latte?«
Coach: »Super!«

Trainieren Sie die richtigen Antworten!
Coach: »Ich bin Gast und sage: Ich weiß nicht, was ich essen soll.«
Coach: »Ich bin Gast und frage: Welches ist das günstigste Menü?«
Coach: »Ich bin Gast und frage: Haben sie auch Tagesangebote ?«

Achten Sie darauf, dass immer eine Auswahl genannt wird.
Trainieren Sie Ihren Service, damit immer eine Auswahl von mindestens zwei und maximal drei Produkten angeboten wird. Im power briefing sieht das dann so aus:

Coach:»Ich bin Gast und sage: Ich möchte eine Saftschorle trinken.«
Service: »Gerne, eine Cranberry-, Rhabarber- oder eine Schwarze-Johannisbeer-Schorle?«

Coach: »Ich möchte einen Wrap?«
Verkäufer: »Den Western Beef?«
Coach: »Nein, nenn mir immer mindestens zwei Wraps, noch mal bitte.«
Verkäufer: »Den Western Beef oder Crispy Chicken?«
Coach: »Danke – genau so. Noch mal – und jetzt ein anderer Mitarbeiter.«

Coach: »Ich bin Gast und sage: Ich möchte einen Bagel. Was sagst du?«
Verkäufer: »Gerne, möchten Sie den Italian oder Chicken Bagel?«

Coach: »Ich bin Gast und sage: Ich hätte gerne einen Kuchen. Was sagst du?«
Verkäufer: »Wir haben einen leckeren NY Cheese Cake, einen Macademia-Nut-Karotten-Kuchen oder einen veganen Schokoladenkuchen.«
Coach: »Wunderbar.«

Coach: »Ich hätte gerne einen Tee.«
Verkäufer: »Gerne, einen schwarzen, grünen oder Waldbeerentee?«
Coach: »Klasse, richtig gemacht, du hast mir drei verschiedene Tees genannt. Schwarzen, grünen und einen Früchtetee. Super. So will ich es.«

Wiederholen Sie manchmal, was sie als sehr gut empfinden. Das schärft das Bewusstsein der Mitarbeiter. Verbannen Sie alle Rückfragen wie: »Welchen Kuchen«, »Welches Brot«... Und achten Sie darauf, dass immer mindestens zwei und maximal drei Produkte angeboten werden.

Mit der »Ich sage, du sagst«-Technik, trainieren Sie spielerisch die richtigen Antworten. Nebenbei sehen Sie, auf welchem Level (Qualifikationsstand) sich Ihre einzelnen Mitarbeiter befinden.

Trainieren Sie Ihren Umsatz: das Nicken mit Augenkontakt. Achten Sie darauf, dass hier keine Auswahl genannt oder das No-System angewandt wird, sondern nur das Produkt genannt wird, das Sie verkaufen wollen. Sie wollen ein Yes!
Coach: »Ich möchte einen Whopper.«
Verkäufer: »Einzeln?«
Coach: »Nein, falsch! Überleg noch mal, wie geht Yes? Noch mal.
Ich möchte einen Whopper.«
Verkäufer: »Gerne, als King Menü oder einzeln?«
Coach: »Immer noch falsch! Wer weiß es besser?«
(Coach fragt anderen Verkäufer.)
Coach: »Ich möchte einen Whopper.«
Verkäufer: «Gerne, (nickend und mit Augenkontakt) als King Menü.«
Coach: »Super!«

Coach: »Ich bin Gast und sage: Ein Cola, bitte. Was sagst du?«
Verkäufer: «Gerne, (nickend und mit Augenkontakt) ein Großes.«
Coach: »Sehr gut!«

Coach: »Ich bin Gast und sage: Einen Caffé Americano. Was sagst du?«
Coach: »Ich bin Gast und sage: Einen Erdbeerkuchen. Was sagst du?«
Coach: »Ich bin Gast und Frage: Gibt es das große Croissant auch im Menü?«

Stellen Sie ruhig die gleiche Frage zwei oder drei Mal; das regt die Kreativität an.
Vor allem trainieren Sie im »Ich sage, du sagst«-Muster die Schnelligkeit. Wir sprechen vom Arbeitsspeicher. Mitarbeiter müssen wie aus der Pistole geschossen die richtigen Fragen und Antworten parat haben.
Gast: »Wie schmeckt den der Alaska-Seelachs gebacken?«
Service: »Unser Alaska-Seelachs ist ganz besonders frisch und knusprig. Ich empfehle Ihnen einen grünen Salat dazu.«
Gast: »Und der Backfisch?«
Service: »Der Backfisch ist schön saftig, er zergeht förmlich auf der Zunge. Eine Portion Bratkartoffeln dazu – ein echtes Lieblingsessen.«

Denken Sie daran, Ihre Mitarbeiter haben viele Informationen sozusagen auf der Festplatte gespeichert. Das power briefing schult den Arbeitsspeicher, aus dem die Informationen sofort abrufbar sind.

POWER BRIEFING – EINIGE PRAXISBEISPIELE

Bei den Themen für das power briefing gilt: Überschaubares Moderieren bringt mehr. So ist es einfacher für die Mitarbeiter, ein Thema komplett zu erfassen. Also suchen Sie sich immer nur ein spezielles Fachgebiet aus nach dem Motto: Weniger ist mehr. Nehmen Sie sich täglich ein neues Thema vor.

Anfangs sollten Sie vor allem die wichtigsten Verkaufstechniken trainieren. Führungskräfte rutschen oft schnell die Karriereleiter hoch. Jetzt gilt es nicht, der beste und schnellste zu sein, sondern das Team auf ein höheres Level zu bringen. Wie gelingt das? Indem Sie Ihrem Team die wichtigsten Verkaufstechniken vermitteln und begreifbar machen. Vermitteln und trainieren Sie die Sales- und Beratungs-Techniken, und schon wird sich der gewünschte Erfolg in kürzester Zeit einstellen.

BRIEFING COACH:	ANWESENDE:	DATUM:
☐ KREIS BILDEN	☐ POWER HOUSE EINFORDERN	☐ ERSCHEINUNGSBILD PRÜFEN

START POSITIV:

ORGANISATION: z. B. wer, wo, was / Reservierungen, Veranstaltungen, Gäste, VIP

EVENTUELL KONSTRUKTIVE KRITIK

THEMA heute ist Verkaufstechnik: Biete immer eine Auswahl an.

1. INFORMATIONEN GEBEN:

Service: »Möchten Sie noch einen Cappuccino?« Gast: »Nein.«
Service: »Möchten Sie noch ein Dessert?« Gast: »Nein.«
Menschen gehen immer zuerst auf Nummer sicher, und das bedeutet, Nein zu sagen.

ERFOLGREICHER IM VERKAUF SIND WIR SO:

Service: »Als Abschluss noch einen Nougatino, Panna Cotta oder einen Valrhona Schokoladenkuchen?«
Also immer mindestens zwei, maximal drei Produkte zur Auswahl nennen. So überlegt der Gast, was mag ich lieber: einen Nougatino oder Valrhona Schokokuchen? Und du bekommst nicht gleich ein Nein. Daher: Nenne mindestens zwei, maximal drei Produkte zur Auswahl.

- Cappuccino, Kaffee oder Espresso
- Champagner, Pfiff Bier oder einen Veneto Spritz

2. INFORMATIONEN ABFRAGEN/ROLLENSPIEL (ICH SAGE, DU SAGST):

Ich bin Gast und hätte gerne ... was antwortest du als Kellner?

- einen Aperitif
- einen Digestif
- eine Pasta
- einen Fisch
- eine Vorspeise
- ein Dessert
- einen leichten Weißwein
- ein Grillgericht mit Fleisch
- etwas Vegetarisches
- einen Tee
- einen Kuchen

KURZE ZUSAMMENFASSUNG, FOKUS:

Mir ist wichtig, dass ihr in Zukunft immer eine Auswahl nennt. Morgen trainieren wir das Gesetz von Zuerst und Zuletzt.

ENDE POSITIV:

Frage an einen Mitarbeiter stellen: »Willst du heute die Service-Station oder das Gläserregal putzen?« Der Mitarbeiter steht verdutzt da. In die Runde: »Er hat nicht Nein gesagt ... so funktioniert es.« Und Sie schicken die Leute mit einem Lachen in ihre Schicht.

» Vielen Dank an das Brenner-Team für die Unterstützung

BRIEFING COACH:	**ANWESENDE:**	**DATUM:**
☐ **KREIS BILDEN**	☐ **POWER HOUSE EINFORDERN**	☐ **ERSCHEINUNGSBILD PRÜFEN**

START POSITIV:

ORGANISATION: z. B. wer, wo, was / Reservierungen, Veranstaltungen, Gäste, VIP

EVENTUELL KONSTRUKTIVE KRITIK

THEMA Heute besprechen wir die Verkaufstechnik »Erst- und Letztgenanntes«

1. INFORMATIONEN GEBEN:

Du hast zwei Produkte zur Auswahl genannt. Der Gast überlegt. Jetzt kannst du das Geschäft aber wieder verlieren. Mit der Verkaufstechnik »Zuerst und Zuletzt« kannst du den Gast genial führen. Beispielsweise so: »Haben Sie Lust auf ein Tiramisu oder ein Key lime pie? Unser Tiramisu ist hausgemacht und schmeckt hervorragend.«

Merkt euch diese Zahlen:
10 – 5 – 6 – 7 – 4 – 9 – 8 – 13 – 2 – 11 – 0

Welche Zahlen habt ihr euch gemerkt?
Die erste Zahl kann man sich am besten merken, die letzte Zahl am zweitbesten. Nütze also diesen Vorteil, indem du zuerst eine Auswahl nennst und zum Schluss das Erstgenannte wiederholst. So einfach ist das.

- **Haben Sie Lust auf ein Glas Champagner, Pfiff Bier oder einen Veneto Spritz? Als Champagner schenken wir einen Ruinart aus.«**

2. INFORMATIONEN ABFRAGEN/ROLLENSPIEL (ICH SAGE, DU SAGST)
Ich bin Gast und hätte gerne ... was antwortest du als Kellner?
- Dessert
- Aperitif
- Tages-Special
- Kuchen
- Eierspeisen

Up-Selling trainieren
Ich bin Gast und hätte gerne ... was antwortest du als Kellner?
- eine Dorade (Vorspeise anbieten)
- das Zweierlei vom Lamm (Wein anbieten)
- Rinderfilet (Vorspeise anbieten)
- ...

KURZE ZUSAMMENFASSUNG, FOKUS

ENDE POSITIV:

BRIEFING COACH:	ANWESENDE:	DATUM:
☐ KREIS BILDEN	☐ POWER HOUSE EINFORDERN	☐ ERSCHEINUNGSBILD PRÜFEN

START POSITIV:

ORGANISATION: z. B. wer, wo, was / Reservierungen, Veranstaltungen, Gäste, VIP

EVENTUELL KONSTRUKTIVE KRITIK

THEMA Thema: Heute besprechen wir die Verkaufstechnik »Nicken«

1. INFORMATIONEN GEBEN:

Unsere Körpersprache ist Ausdruck der inneren Einstellung ... hier ein Beispiel:
Ein Gast sitzt vor einem leeren Glas; er überlegt, ob er noch ein Glas trinken möchte. Der Kellner geht mit der Einstellung zum Gast, der wird wahrscheinlich kein Glas mehr trinken, und fragt mit einer verneinender Mimik, ob der Gast noch etwas will ... und weg ist das Geschäft.
Das Nicken ist vielleicht die beste Verkaufstechnik, die je erfunden wurde. Lächle, während du große Portionen oder ein Produkt empfiehlst, und bewege dabei den Kopf mit einem Nicken auf und ab. Gäste folgen diesem positiven Signal nur zu bereitwillig.
Gast: »Einen Weißwein.« | Du (langsam nickend): »Möchten Sie ein Mineralwasser dazu?«
Oder beim Thema »große Getränke«:
Gast: »Einen Espresso.« | Du (mit Nicken & Blickkontakt): »Einen doppelten.« Frage nie: Einen einfachen oder doppelten – den einfachen hast du schon verkauft.
Oder beim Thema weitere Getränke bei leeren Gläsern:
Kellner (mit Nicken & Blickkontakt): »Noch ein Bier für Sie?« | Mit dem Nicken gibst du dem Gast die Antwort vor: »Ja.«

2. INFORMATIONEN ABFRAGEN/ROLLENSPIEL (ICH SAGE, DU SAGST)

Ich bin Gast und hätte gerne ... was antwortest du als Kellner?
• einen Espresso | • ein Mineralwasser | • einen Erdbeerkuchen | • ein Nougatino | • ein Entrecote | • eine Dorade | • wir sind zu zweit und wollen einen Weißwein trinken
Ich sitze vor einem leeren Bierglas, Weinglas ...

KURZE ZUSAMMENFASSUNG, FOKUS:

Achtet darauf, dass ihr nie die verneinende Kopfbewegung einsetzt, besonders bei der zweiten Flasche Wein. Ich will positives Anbieten sehen. Kombiniert die Auswahltechnik mit der Nicktechnik.

ENDE POSITIV:

Als Abschluss fragen Sie jemanden: »Wenn wir heute Abend weggehen, dann zahlst du, okay (und kräftig nicken)?« Vielleicht haben Sie Glück und die Lacher wieder auf ihrer Seite.

BRIEFING COACH:	ANWESENDE:	DATUM:
☐ KREIS BILDEN	☐ POWER HOUSE EINFORDERN	☐ ERSCHEINUNGSBILD PRÜFEN

START POSITIV:

ORGANISATION: z. B. wer, wo, was / Reservierungen, Veranstaltungen, Gäste, VIP

EVENTUELL KONSTRUKTIVE KRITIK

THEMA Heute besprechen wir das Thema Up-Selling.

1. INFORMATIONEN GEBEN:

Die Servicequalität wird in Zukunft nicht über den Produktnutzen, sondern über den Emotionsnutzen entschieden. Die neuen Kunden wollen überrascht, verführt, und verzaubert werden, ihr Herz soll hüpfen. Wir nennen das »die Endorphine stimulieren«. Das bedeutet aktiv sein und nicht passiv abwarten.
Gäste sollen ein Erlebnis haben, und das gelingt am besten, wenn sie einen Aperitif getrunken haben, eine Vorspeise, ein interessantes Hauptgericht, Wein zum Essen, ein Dessert, Kaffee und einen Digestif genossen haben.

1. Der Gast bestellt ein Produkt, und du empfiehlst ihm ein höherwertiges Produkt.
Gast: »Ich hätte gerne ein Glas Champagner.« Du: »Gerne, wir haben auch einen Rosé-Champagner, möchten Sie ihn mal probieren?« (mit Blickkontakt und Nicken)

2. Von zwei Gästen bestellt nur einer eine Vorspeise/Salat/Wein/Dessert, du bietest dem anderen Gast auch eine (Vorspeise …) an.

2. INFORMATIONEN ABFRAGEN/ROLLENSPIEL (ICH SAGE, DU SAGST)

- Ein Tisch mit 3 Personen bestellt 2 Vorspeisen, was machst du?
- Eine Person bestellt Wein, die andere sagt nichts.
- Ein Gast bestellt ein Dessert, seine Begleitung nicht.

Tisch 328, zwei Personen: Gast 1: »Ich hätte gerne Minestrone und eine Seezunge.«
Gast 2: »Ich hätte gerne eine Dorade mit Spinat.« Was sagst du?
Antwort: Gast 1: Beilage anbieten. Gast 2: Vorspeise anbieten

KURZE ZUSAMMENFASSUNG, FOKUS

Der schlimmste Fehler für den Golfer auf dem Putting Green ist, wenn der Ball vor dem Loch stehen bleibt (also zu kurz ist). Dieser Ball hatte nie eine Chance. Deswegen ist mir wichtig, dass ihr immer ohne Druck anbietet (smartes Verkaufen › Auswahl nennen, Erst- und Letztgenanntes, nicken). Das Schlimmste, euch passieren kann, ist, dass der Gast Nein sagt. Also versucht euch am Up-Selling.

ENDE POSITIV:

Ich will heute Abend Fußball im Fernsehen sehen – was würdet ihr mir anbieten (Up-selling)?

TIPPS UND TRICKS ZUM POWER BRIEFING

- Überlegen Sie sich reale Fragen zu Situationen, wie sie in der Praxis ebenfalls vorkommen könnten.
- Geben Sie im Briefing klare Anweisungen. »Heute haben wir das Thema Reklamation. Ich bin Gast und sage: Die Spaghetti sind zu al dente. Was sagst du?«
- Sprechen Sie anschaulich. Nehmen Sie Produkte mit in das Briefing. Eventuell probieren Sie es, riechen Sie es …
- Denken Sie daran. Wer kein power briefing durchführt, wird in der Regel sein Team mehr tadeln als loben müssen. Denn man erwischt immer wieder das Team, wenn es etwas nicht so macht, wie man es will. Und das demotiviert auf die Dauer. Power briefings sind Vorbeugemaßnahmen und permanentes Training.
- Eventuell können Sie Verkaufsziele ausgeben: »Wie viele Rosé Champagner verkaufst du heute? Und du (Mitarbeiter 2)?«
- Mit dem power briefing kann man jedes Team, ob Küche, Drive in, Café-Member, Rezeption, Servicemitarbeiter, Wellness, Barkeeper, Abräumer oder Kassen-Member – welche Dienstleistung auch immer – motivieren, trainieren, informieren und zu Höchstleistungen anspornen. Das Team kann sich stützen, voneinander lernen und hat viel Spaß zusammen.
- Denken Sie bei den Themen fürs power briefing immer strategisch. Sie als Manager müssen immer mit Weitsicht Ihre Briefing-Themen ausrichten. Sie müssen wissen, was Ihre Mitarbeiter brauchen, bevor sie es brauchen.
- Eins ist klar. Wer als Manager den Mund nicht aufmacht, hat einen schlechten Durchschnittsbon, dadurch weniger Ertrag und somit erhöhte Personalkosten. Das wiederum führt zu vielen Diskussionen und zu unzufriedenen Mitarbeitern, schlussendlich einer hohen Mitarbeiterfluktuation. Unmotivierte Mitarbeiter machen Gäste nicht glücklich, und dann bleiben die Gäste zunehmend aus. Jim Sullivan sagt: »Das Teuerste im Restaurant, ist der leere Stuhl.« Wenn die Zahlen nicht stimmen, bekommt der Restaurantleiter Druck von oben. Das muss nicht sein. Machen Sie Ihren Mund auf, indem Sie tägliche power briefings durchführen. So schöpfen Sie den maximalen Umsatz aus und erhalten dadurch einen top Ertrag.

» One-on-One power briefing

IMPLEMENTIERUNG EINES POWER BRIEFINGS

Wer führt das power briefing durch?
Das power briefing sollte immer der jeweilige Manager on Duty durchführen. Zumindest sollte er die Verantwortung für die Durchführung haben.

Wann wird es durchgeführt?
Legen Sie klare Briefing-Zeiten fest. Das genaue Timing ist sehr wichtig, damit es zum Ritual wird und nicht vergessen werden kann. Schlecht ist es, wenn die Briefings zu unterschiedlichen Zeiten (einmal um 11 Uhr, dann um 11:10 Uhr, 11:20 Uhr und manchmal gar nicht) abgehalten werden. Denn der Mitarbeiter hat eine innere Uhr, er will arbeiten und fühlt sich bei unterschiedlichen Briefing-Zeiten in seinem Arbeitsrhytmus gestört.

Das Briefing muss in den alltäglichen Ablauf integriert werden. Deswegen sind die Schnittpunkte wichtig: kurz vor Schichtbeginn, bei Schichtwechsel, kurz bevor man öffnet, nach der Pause ... ideal. Der Mitarbeiter sollte auf die Minute genau wissen, wann das Briefing stattfindet. So sieht er es als Bestandteil des ganz normalen Arbeitsablaufs.

Der ideale Zeitpunkt für ein Quick power briefing ist kurz vor der Öffnungszeit eines Betriebes. Man hat Zeit und wird nicht gestört. Alle gehen von der ersten Sekunde an motiviert und informiert zum Gast.

Falls Sie während des Geschäftsganges ein Quick power briefing durchführen, dann zu dem Zeitpunkt, wenn die meisten Mitarbeiter im Dienst sind, vielleicht kurz vor dem Mittagsgeschäft: Zwei Mitarbeiter vom Frühdienst sind schon seit 9 Uhr da, zwei weitere Mitarbeiter fangen um 11:30 Uhr an, ein Mitarbeiter kommt um 12 Uhr. Also setzen Sie das Quick power briefing für 11:30 Uhr an. Die Frühdienst-Mitarbeiter dürfen weiterarbeiten, sofern es das Geschäftsaufkommen erfordert und Gäste im Raum sind, die bedient werden müssen. Falls Sie mit allen vieren das Briefing durchführen können, so bestimmen Sie die zwei vom Frühdienst als Wache. Sie dürfen aus dem Briefing gehen, sobald ein Gast den Betrieb betritt. Sie und der 12-Uhr-Mitarbeiter werden dann nachgebrieft.

One on one briefings

Wenn (wie in Quick-Service-Betrieben) häufig Mitarbeiter zu unterschiedlichen Zeiten anfangen: Macht nichts. Führen Sie mit dem Hauptteam Ihr Briefing durch und briefen dann die Nachkömmlinge kurz in einem 1:1 Briefing.

Eine Bäckerei mit vielen Filialen hatte das Problem, dass teilweise nur eine Person in einer Filiale arbeitete. Wie soll man in dieser Situation ein power briefing durchführen? Per Video-Konferenz wäre super, war aber nicht möglich. So suchten wir also eine individuelle Lösung. Als Erstes muss der Kapitän (Inhaber) ein Bewusstsein dafür entwickeln. Nur er entscheidet, ob power briefings umgesetzt werden oder nicht. Denn Menschen wollen von Natur aus Kräfte sparen und führen bei Alibis keine Briefings durch. Der Kapitän muss also dahinterstehen und es täglich fordern.

Wir beschlossen also, dass täglich zu 100 Prozent gebrieft wird, auch wenn nur eine Person in der Filiale arbeitet. Wir hatten zwei Möglichkeiten, ein Briefing durchzuführen. Erste Möglichkeit: Mit einem schriftlichen power briefing. Mit der Brötchen-Belieferung der Filiale könnte ein power-briefing-Sheet zum Ausfüllen mitgegeben werden, das bei der Kassenrückgabe wieder abgegeben wird. Was das bringt? Viel! Denn der Mitarbeiter bekommt jeden Tag eine Botschaft, sich mit dem Thema Yes-Service zu befassen. Zweite Möglichkeit: Manche Filialmitarbeiter werden einmal pro Tag von einem Verkaufsleiter besucht. Dieser kann dann ein 1:1-Briefing durchführen. Wir haben uns für eine Kombination beider Möglichkeiten entschieden und folgendes System aufgestellt:

1. Die Zentrale bereitet schriftliche power briefings vor, die dann mit der Belieferung der Ware mit in die Shops gelangen.
2. Der Mitarbeiter brieft sich selbst, indem er das Sheet ausfüllt und bestimmte Fragen beantworten muss, z. B.:

Ein Kunde bestellt ein Feuerlandbrot. Was sagst du?
3 Antwortmöglichkeiten:
a) Ich sage: Möchten Sie ein halbes oder ein ganzes Brot?
b) Ich sage: Wie viel davon?
c) Ich sage: Ein ganzes (mit Nicken).
Oder der Verkaufsleiter brieft den Mitarbeiter anhand des Sheets.

3. Das Sheet wird unterschrieben und am Ende der Schicht mit der Kasse in die Zentrale zurückgegeben.
4. Kontrolle durch das Büro.

Dieses System funktionierte auf Anhieb. Wichtig: Informieren Sie Ihr Team, bevor es losgeht. Vor allem das Warum ist anfangs wichtig. Ihre Mitarbeiter müssen verstehen, warum Sie ab jetzt die power briefings einführen wollen. Denken Sie jetzt nicht nur an Ihre Vorteile, sondern an die Vorteile des Teams. Alle werden informiert, jeder soll wissen, was wir verkaufen und wie wir es verkaufen, dadurch kann sich niemand vor dem Gast/Kunden blamieren usw. Geben Sie eine klare Botschaft an das Team, was Sie wollen. Wir nennen das »Kick off«.

- **Jeden Tag wird gebrieft**
- **Mit der Morgenlieferung erhaltet ihr das Briefing-Sheet zum Selbstausfüllen.**
- **Der Verkaufsleiter wird euch zusätzlich bei jedem Besuch briefen. Ich will, dass alle mit Lust und Freude daran mitmachen und dieses Qualifizierungs-Tool unterstützen. Das gilt für alle, für die Erfahrenen ebenso wie für die Azubis.**
- **Das ausgefüllte und unterschriebene Sheet wird mit der Kasse ins Büro zurückgegeben (zwecks Kontrolle).**
- **Ich wünsche euch viel Spaß bei der Durchführung.**
- **Für die Erweiterung des Briefing-Fragenkatalogs bin ich dankbar.**

Aber denken Sie daran: ein Briefing-Sheet zum Selbstausfüllen dient nur als Notlösung. Nichts ist wertvoller und macht mehr Spaß als ein Briefing in einem Team.

Haben Sie zwei Personen in einer Abteilung oder Filiale, so geben Sie diesen ein power-briefing-Sheet mit einem Themenvorschlag. Diese beiden Mitarbeiter sollen sich dann gegenseitig briefen, das Dokument unterschreiben, abheften oder ins Büro faxen. Seien Sie kreativ und überlegen Sie sich Ihr eigenes System.

Briefing 2.0

Sie können parallel zu den power briefings über die neuen Medien briefen. Besonders bei Abteilungen/Filialen, in denen nur eine oder zwei Personen arbeiten, bietet es sich an, über eine geschlossene Facebook-Seite zu briefen.

INTERVIEW MIT BEN MÖDL (BETRIEBSLEITER HANS IM GLÜCK/MÜNCHEN)

Was war der Grund, eine interne Facebookseite zu führen?
Die Intention der geschlossenen Facebookseite ist die Förderung des Miteinanders, die Identifikation mit dem Unternehmen sowie die zeitnahe Kommunikation in alle Richtungen.

Was postet ihr?
Es werden alle betrieblichen Infos wie Dienstpläne, Veränderungen, Neuigkeiten gepostet. Das kann zum Beispiel eine Aktion sein wie der Wagyu Burger mit Beschreibung und Foto als Anhang, aber auch Kleinigkeiten wie: »Achtet darauf, dass immer alle Soßen mit dem Etikett nach vorne ausgerichtet sind.« Oder: »Wir gehen morgen Abend bowlen.« Ich poste auch gelegentlich Fotos, wie ich es anders haben will.

Was bringt diese Art der Kommunikation?
Diese Plattform der Kommunikation ist eine enorme Arbeitserleichterung. Man erreicht einfach jeden. Da alle die Vorgabe haben, die Infos zu lesen, muss ich nicht mehr nachfragen: »Habe ich dir das schon gesagt«. Auch das Controlling der Informationen ist super. Wenn ich poste, dann sehe ich immer, wer was gelesen hat. Vor allem in der Gestaltung und im Management des Dienstplans profitieren wir sehr davon. Wir arbeiten zu 80 Prozent und mit ca. 32 Aushilfen. Da ist schnelle und zielorientierte

Kommunikation sehr wichtig. Eine Woche vor Herausgabe des Dienstplans kann der Mitarbeiter bei dem Online-Terminplaner www.doodle.de seine Wünsche zur Arbeitszeit eintragen (ich kann, ich kann nicht, ich kann eventuell). So sehe ich, wer, wann und evtl. Zeit hat. Früher musste ich mich über eine Flut an Zetteln, Post its, SMS, Whats-App- oder Facebook-Nachrichten zurechtfinden. Heute erhalte ich die Infos konzentriert mit einem Klick. Ist der Dienstplan geschrieben, können anschließend die Dienste untereinander getauscht werden. Z. B. schreiben die Mitarbeiter Kommentare wie: »Wer kann meine Schicht am Samstag um 18:30 Uhr übernehmen?« Oder wir posten kurzfristig: »Bitte um Freiwilligen am Sonntag 12:00 Uhr.«
Mit diesem Medium fördern wir den Gemeinschaftsgedanken. Fast alle Mitarbeiter vernetzen sich dadurch auch privat. Das sorgt für ein starkes kollegiales Verhältnis untereinander. Die Identifikation mit Betrieb, Produkt und den anderen Mitarbeitern wächst stetig.

Was ist, wenn jemand nicht bei Facebook ist?
Dass jemand nicht bei Facebook ist, gibt es auch. Die Person bekommt aber keine Sonderbehandlung und muss sich die Infos selbst besorgen.
Zusammengefasst ergeben sich folgende Benefits:
Jeder ist erreichbar, schneller Informations-Transfer, Zeitersparnis, Einfachheit der Kommunikation, die Kommunikation untereinander, Identifikation.

Was bringt das power briefing ganz konkret?
Sobald Sie ein kontinuierliches power briefing installieren und gezielt den Verkauf trainieren, werden sie zwischen 8 und 14 Prozent Umsatzplus erwirtschaften.

Wo halte ich das power briefing ab?
Viele halten es im Back Office ab, manche direkt im Raum. Ich finde, es macht nichts, wenn die Gäste ein Briefing sehen: Es signalisiert Stärke, Organisation und Teamgeist.

Power briefing Sheet
Legen Sie einen Ordner an und heften Sie die power briefings dort ab, zur Kontrolle und als Nachschlagewerk.

Power briefing Sheet zum Selbstausfüllen
Die Mitarbeiter erhalten ein vorab ausgefülltes schriftliches power briefing.

Zur Kontrolle legen Sie in der Filiale einen Ordner an und heften die power briefings dort ab oder geben sie ins Büro zurück (faxen, Lieferanten mitgeben …)

ANWESENDE: **DATUM:**

START POSITIV:

Wir wünschen dir einen guten Morgen. Schön, dass du da bist.
Vielen Dank für den tollen Umsatz vom ...

ORGANISATION: Heute Nachmittag kommt ein Handwerker, der die Vitrine checkt.

THEMA heute ist: Eiweiß-Brot

1. INFORMATIONEN GEBEN:

Ab heute haben wir wieder unser Eiweiß-Brot im Angebot. Das Eiweiß-Brot ist für die Kunden, die kohlenhydratarmes Brot lieben. Es ist reich an Eiweiß, reich an Ballaststoffen, reich an Geschmack und besteht aus 100 Prozent Vollkorn. Das Besondere am Eiweiß-Brot ist: Es unterstützt die Fettverbrennung, da es mehr als doppelt so viel Eiweiß hat wie unsere anderen Brote. Das Eiweiß-Brot eignet sich hervorragend für die Personen, die abends weniger Kohlenhydrate zu sich nehmen möchten.

FRAGE-ANTWORT-SPIEL:

Woraus besteht das Eiweißbrot?

Was ist das Besondere am Eiweißbrot?

Welche Eigenschaften hat das Eiweißbrot: kohlenhydratreich oder kohlenhydratarm?
(bitte unterstreichen)

ENDE POSITIV:
Wir wünschen dir viel Spaß und einen tollen Tag!

BRIEFING COACH:	ANWESENDE:	DATUM:
☐ KREIS BILDEN	☐ POWER HOUSE EINFORDERN	☐ ERSCHEINUNGSBILD PRÜFEN

START POSITIV:

ORGANISATION: z. B. wer, wo, was / Aktionen

EVENTUELL KONSTRUKTIVE KRITIK

THEMA Thema:

1. INFORMATIONEN GEBEN:

2. INFORMATIONEN ABFRAGEN/ROLLENSPIEL (ICH SAGE, DU SAGST)

KURZE ZUSAMMENFASSUNG, FOKUS:

ENDE POSITIV:

CHECKLISTE QUICK POWER BRIEFING

POWER BRIEFING AUFBAU	WAS BEDEUTET DAS
1. Der Leader ist top vorbereitet	Notieren Sie sich die Briefing-Fragen und -Themen auf einem Notizblatt.
2. Kreis bilden	Achten Sie auf einen geschlossenen Kreis. Er ist wichtig für den Energiefluss. Achten Sie auf Disziplin: Alle stehen, keiner lehnt sich an, Körperhaltung.
3. Der Start	Mit Power starten. Die Begrüßung eröffnet das Business und die Konzentration.
4. Rules	Achten Sie auf Disziplin im Briefing. Einer spricht, alle hören zu, keiner greift den anderen ins Steuer.
5. Informationen	Tages- Informationen weitergeben
6. Negatives in der Mitte	Was läuft momentan nicht gut?
7. Am Betrieb arbeiten	Das heutige Sales + Lifestyle-Thema ansprechen: Informieren + die Member im »Ich sage, du sagst«-Muster abfragen
8. Loben	Jede Antwort kurz kommentieren: klasse, top, super, na ja
9. Wiederholungen einbauen	Stellen Sie ruhig die gleiche Frage zwei oder dreimal. Das regt die Kreativität an.
10. Zusammenfassung & Ziele	Fassen Sie Ihr Briefing-Thema noch mal zusammen und sprechen Sie den heutigen Fokus bzw. Ziele an.
11. Ende	Positiv verabschieden

» Achten Sie auf ein positives Klima! Die Mitarbeiter werden dadurch leicht, charmant, witzig und obendrein fit & sexy.

DREI HAUPTGRÜNDE, WARUM EIN POWER BRIEFING SCHEITERN KANN

Grund 1: Es steht anfangs nicht auf der Tagesordnung. Es muss ein Bewusstsein für die tägliche Durchführung der power briefings entwickelt werden, und dazu braucht es Konsequenz und ein gewisses Durchhaltevermögen.

Grund 2: Keine Zeit. Ich sage immer: Die Zeit ist da, wo die Liebe ist. Liebst du das Briefing, dann findest du auch die Zeit dafür.

Grund 3: Das Briefing-System war nicht klar definiert. Vor allem: Wer macht das Briefing zu welcher Zeit? Das muss genau geregelt werden. Ein Restaurantleiter geht in Urlaub, ein Schichtleiter wird krank. Es ist gerade viel Betrieb. Ein, zwei Briefings werden nicht durchgeführt, und schon ist das Briefing in Gefahr, wieder von der Bildfläche zu verschwinden.

Grund 4: Manche Mitarbeiter machen miese Stimmung. 10 Prozent wollen anfangs gar nicht, und 15 Prozent sind skeptisch. Warum? Weil sie den leichteren Weg gehen wollen und Angst haben, sie könnten sich blamieren. Ignorieren Sie einfach diese Bedenken und bestehen Sie auf Information und Training. Schon nach kürzester Zeit wird sich das Blatt wenden. Spaß, Gemeinsamkeit, Kommunikation, Fitness werden das Team beflügeln. Die Quertreiber werden verstummen. Bis jetzt konnten wir damit auch die härtesten innerbetrieblichen Strukturen positiv lösen. Das Weiche ist immer das Stärkste. Steter Tropfen höhlt den Stein.

Grund 5: Es gibt keine Themen mehr. Wer das sagt, hat das Briefing nicht verstanden. Teambildung und Qualifikation, darum geht es im power briefing. Schlechter Service entsteht von alleine, guter Service muss trainiert werden.

Mit den power briefings können sie so ziemlich alles trainieren, was es zu wissen gibt. Wenn Sie jeden Tag Ihrem Team nur 10 Fragen stellen, dann kommen Sie innerhalb eines Monats auf ca. 300 Fragen. Sie werden sehen, innerhalb kürzester Zeit wird sich Ihr Team positiv verändern. Ihre Leute werden wach, charmant, fit, sexy: lauter Verkaufsasse.

BRIEFING-FRAGEN ZUR ALLGEMEINEN ANGEBOTSKENNTNIS – BEISPIEL MCDONALD'S

- Welche Burger haben wir?
- Welche Salate haben wir?
- Welche Dressings gibt es dazu?
- Was bedeutet das TS beim Hamburger Royal TS?
- Was ist im Balsamico/Cesar/Hausdressing?
- Wie viel Stück Chicken mcNuggets gibt es?
- Welche Desserts bieten wir an?
- Welche Beilagen gibt es?
- Welche Getränke bieten wir an?
- Welche Eissorten gibt es?
- Was sind kalorienarme/gesunde Getränke?
- Welche Saucen gibt es? Was ist drin?
- Welche Milchshakes bieten wir an?
- Was gibt es zum Frühstück?
- Welche Brotaufstriche gibt es?
- Welche Heißgetränke bieten wir an?
- Was essen Kinder/junge Frauen/ältere Gäste usw. gerne?
- Wie heißt unsere aktuelle Aktion? Nenne die Produkte!
- Woraus besteht ein ...
  (Hamburger, Cheeseburger, Big Mac, Fishmac, etc.)?
- Welche Produkte bieten wir bei Salads Plus an?
- Was ist ein mcMenü?

- Was ist das mcMenü small?
- Welche Produkte bieten wir für nur einen Euro an?
- Was sind SMS-Produkte?
- Was bedeutet die Abkürzung SMS?
- Wie setzt sich das Happy Meal zusammen?
- Welche Hauptspeisen gibt es beim Happy Meal?
- Welche Komponenten empfehlen wir beim Happy Meal? (Biomilch, Fruchttüte)
- Was empfehle ich einem kalorienbewussten Gast?
- Welche Burger kann man als mcMenü kombinieren?
- Was bedeutet GDA?
  (guideline daily amount – ø Tagesbedarf Nährwerte)
- Welche Angaben stehen auf jeder Packung?
  (Kilokalorien, Eiweiß, Fett, Kohlenhydrate, Salz)
- Nenne mir alle Burger ohne Schweinefleisch!
- Wie oft sollen wir uns täglich die Hände waschen?
- Was bedeutet das neue Design »Spirit of Family«?

BRIEFINGFRAGEN ZUR ALLGEMEINEN ANGEBOTSKENNTNIS – BEISPIEL MCCAFÉ

- Welche Kaffeespezialitäten haben wir? (Cappuccino, Espresso, Espresso macchiato, Caffé Latte, Milchkaffee, etc.)
- Was ist ein ... (Flat White, Mocca, Vienna, Caffé latte, Espresso macchiato)?
- Welche Flavour Shots gibt es? (Vanille, Caramel, Mandel, Haselnuss)
- Welche Kuchensorten haben wir?
- Wie lassen sich unsere Kaffee-Spezialitäten verfeinern? (Flavour shot, extra Espresso shot, fettarme Milch, entkoffeinierter Kaffee)
- Welche Getränke kann man im Sommer/Winter besonders empfehlen?
- Welche Frappés haben wir?
- Welche Teesorten bieten wir an?
- Welche Snacks kannst du mir empfehlen?
- Was ist ein Babycino?
- Was ist unser Winter-/Sommerspecial?
- Welche Kaffeesorte haben wir?
- Welche heißen Schokoladen haben wir?
- Was ist ein Yogo Mix?
- Was bedeutet »Rainforest alliance«?
- Was würdest du vormittags/mittags/nachmittags zum Kaffee empfehlen?

BRIEFINGS ZUR TIEFEREN **ANGEBOTSKENNTNIS**

Im nächsten Schritt kann man Produkt-Information (Was ist es?) und Produkt-Vorteil (Was ist das Besondere daran?) trainieren und abfragen.

Produktinformation

- Aus was besteht der Wochenburger N. Y. Cheesebeef?
- Wie teuer ist er?
- Kann man den Burger als Menü haben?
- Wie lange gibt es ihn noch?

Produktvorteil

- Was ist das Besondere an dem Burger?
- Wer hat ihn erfunden?
- Wie schmeckt er?
- Was passt gut dazu?

So trainiert man die Produkte. Das hört sich im ersten Moment viel an. Aber denken Sie daran, am Tag schaffen Sie im Durchschnitt 10 Fragen, das sind im Monat 300 Fragen und Antworten. Innerhalb weniger Wochen beherrschen Ihre Mitarbeiter das Angebot spielend. Das Restaurant Monkey West in Düsseldorf hatte 400 offene Weine im Angebot. Durch die power briefings ist es ihnen gelungen, die Weine locker einzustudieren. Bei der Firma Nordsee waren die Manager von der Produktkenntnis der Mitarbeiter überrascht. Erfahrene Mitarbeiter hatten teilweise starke Wissenslücken, dagegen hatten die jungen Mitarbeiter eine verblüffend gute Fachkenntnis. Mit dem Abfragen decken Sie sofort die Schwachpunkte in Ihrem Unternehmen auf und können entsprechend reagieren.

BRIEFINGTHEMA **BERATUNGSBAUM**

Trainieren Sie permanent die verschiedenen Beratungsbäume. Das muss in Fleisch und Blut übergehen. Ihre Member müssen die Beratungsbäume im Schlaf kennen, und wenn die Aussage von einem Verkäufer kommt: »Schon wieder die Menü-Abfrage«, dann sagen Sie ihm: »Du kannst ja auch nicht zum zweihundertsten Gast sagen: Schon wieder ein Gast. Also, los geht's: Ich bin Gast und hätte gerne den Wagyu Burger. Was sagst du?«

BRIEFINGTHEMA **SALESTECHNIK** AUSWAHL – IM »ICH SAGE, DU SAGST«-MUSTER

Manager: »Ich bin Gast und sage: Ich möchte einen Kaffee. Was sagst du?«
Verkäufer (Auswahl): »Gerne, einen Cappuccino oder Café latte?«

Analog:
Gast (Manager): Ich möchte einen Frappé.
Verkäufer (Auswahl): Gerne, einen Mocha- oder Caramel-Frappé?
Gast (Manager): Ich möchte meinen Cappuccino mit Flavour shot.
Verkäufer (Auswahl): Gerne, Vanille, Caramel oder Haselnuss?
Gast (Manager): Ich trinke keinen Kaffee, gibt es auch was anderes?
Verkäufer (Auswahl): Wie wäre es mit einer heißen Schokolade oder einem Tee?
Gast (Manager): Ich möchte einen Snack.
Verkäufer (Auswahl): Gerne, möchten Sie ein Italian oder Chicken Bagel?
Gast (Manager): Ich möchte ein Kaltgetränk.
Verkäufer (Auswahl): Gerne, Orangensaft oder Wasser?
Gast (Manager): Ich möchte einen Kuchen.
Verkäufer (Auswahl): Gerne, einen Schokoladenkuchen oder Himbeertorte?

BRIEFINGTHEMA ZUSATZVERKAUF – IM »ICH SAGE, DU SAGST«-MUSTER

Gast (Manager): »Ich bin Gast und sage: Einen Espresso, bitte. Was sagst du?«
Verkäufer (nickend): »Gerne, einen Grande.«
Gast (Manager): »Ja.«
Verkäufer: »Zum Mitnehmen.«
Gast: »Ja.«
Du (Auswahl, Zusatzverkauf): »Noch ein Stück Schokladenkuchen oder ein Muffin dazu?«

Jeden Mitarbeiter mehrmals fragen, Variationen einbauen wie z. B.
Gast: Einen Cappuccino, bitte.
Gast: Einen Orangensaft.
Gast: Zwei Brownies.
Gast: Ein Croissant, bitte.
Gast: Zweimal Espresso.
Gast: Ein Frappé.
Gast: Ich hätte gerne was Kaltes zu trinken.
Gast: Ein Muffin und ein Brownie.
Gast: Einen Café latte Grande bitte.
usw.

FAZIT QUICK POWER BRIEFING

- Vereinzelte Fort- und Weiterbildungen werden häufig als »Muss« gesehen und nicht als persönliche Bereicherung. Die täglichen Treffen im power briefing werden nicht als Weiterbildungsmaßnahme empfunden, sondern als kommunikative Plattform und damit als Bereicherung.

- Wer seinen Mund nicht aufmacht, macht seine Geldbörse auf. Mit dem power briefing – 1. informieren und dann 2. easy abfragen – schmieden Sie Ihre Mitarbeiter zu Verkaufsassen. Trainieren Sie täglich ein anderes Thema, hören Sie nie auf, am Betrieb zu arbeiten. Tägliches Training fordert den Arbeitsspeicher und führt zu besserem Service und vor allem zu mehr Umsatz. Wer nicht trainiert, macht seinen Geldbeutel auf, indem er höhere Personalkosten hat. Machen Sie Ihren Mund auf und trainieren Sie alle Tools im power briefing, die für ihren Betrieb wichtig sind.
- Schlechter Umsatz entsteht von alleine – Top-Umsatz muss trainiert werden.

- Training macht dann Spaß, wenn es interaktiv ist. Wenn der »Trainierte« selbst Erfolgserlebnisse produziert, wenn er zum Star in einem Hochleistungsteam wird. Genau das ist der Unterschied von herkömmlichen Briefings zum neuen power briefing. Denken Sie an Sendungen wie Germany's Voice oder Deutschland sucht den Superstar: Hier werden aus »Nobodys« selbstbewusste junge Menschen, die sich nicht scheuen, vor einem Millionenpublikum ihr Können zu zeigen. So werden auch Mitarbeiter durch das interaktive Gruppenerlebnis zu Stars im Team: ein völlig neuer Aspekt im Leistungsspektrum eines Unternehmens.

- Das tägliche power briefing im Team schöpft alle Umsatzquellen konsequent aus. Es führt zu hoher Kundenbindung und zu einer abgestimmten inneren Motivationsharmonie im Team.

- In Unternehmen werden zum Teil sehr kostenintensive Weiterbildungen angeboten, die aber rasch wieder »vergessen« werden, weil sie nicht täglich geübt und trainiert werden. Führen Sie deshalb in Ihrem Betrieb das tägliche, nur dreiminütige interaktive power briefing durch, und Sie werden überrascht sein, wie schnell und konsequent sich Motivation, Freude und Leistung im Team einstellen.

STIMMEN ZUM POWER BRIEFING

KATJA MANKEL, DIRECTOR OPERATIONS

Betrieb: Kull & Weinzierl KG München (Hotel Cortiina, Cortiina Bar, Hotel Louis, Buffet Kull, Brenner, Bar Centrale, Bar Giornale, Riva Tal, Riva Schwabing, Restaurant Emiko)

Es ist 8 Uhr morgens und die Service-Mitarbeiter erscheinen langsam, noch sichtlich müde vom Vorabend, zum Dienst. Die Gäste kommen in einer Stunde, und bis dahin soll ihre Motivation zum perfekten Service hergestellt werden.

Wir bilden einen Kreis und beginnen mit einer kraftvollen, ausdrucksstarken Körperhaltung. Blitzschnell wird ein power briefing eingeläutet: Auf kurze Servicefragen vom Leader folgen knackige Antworten vom Team, Spannung wird aufgebaut und die köstlichsten Produkte werden raffiniert und mit Taktik angeboten. Ein Verkaufsanreiz wird gesetzt, und das Team geht nach nur 8 Minuten in den Raum und ist bereit für den ersten Gast.

Der Tag war schon lang, angereichert mit vielen Gästen, Fragen und Bitten. Nach ein paar Stunden Pause erscheint wieder das Serviceteam, um die nächsten 440 Gäste zu empfangen. Die Spannung muss wieder aufgebaut werden und der Service zum gezielten und niveauvollem Verkauf fokussiert werden: power briefing!

Wenn wir das power briefing in seiner Systematik nicht hätten, wäre der Einfluss auf unseren Serviceablauf, die Motivation, die Freude am Verkaufen belanglos. Der Gast bekommt durch diese Service-Fokussierung einen ganz anderen Abend geboten, die Produkte werden schon beim Verkaufen attraktiv. Die Verkaufstechniken haben uns wesentlich mehr Umsatz machen lassen, die einheitliche Linie lässt uns sichergehen, dass die Mitarbeiter nicht zu lässig an den Gast herantreten, betriebsblind oder betriebsmüde werden, und der Gast bekommt auch von angelerntem Personal einen perfekten Service. Ohne das power briefing hätten unsere Serviceleiter keinen direkten Einfluss auf das Serviceerlebnis und die Verführung des Gastes durch Up-Selling oder neue Produkte.

Um eine Servicequalität gerade über mehrere Betriebe hin steuern zu können, benötigen wir als Basis Service-Drehbücher, Trainingsbücher, Schulungen und für den täglichen Serviceablauf das power briefing. Diese Systematik halten wir jeden Tag zwei Mal ein und freuen uns über unseren Erfolg!

HANS-JÜRGEN FUX, GESCHÄFTSFÜHRER 2006–2009 LSG AIRPORT GASTRONOMIE (SEIT 2010 SUBWAY AREA DEVELOPMENT MANAGER)

Betrieb: LSG Airport Gastronomie GmbH, Neu-Isenburg

Ich möchte Hans-Jürgen Hartauer mit diesen Zeilen danken. Er hat mit seinen powerbriefing-Trainings einen maßgeblichen Beitrag zur operativen Verbesserung in unseren gastronomischen Betrieben an deutschen Flughäfen geleistet. Durch die permanente Umsetzung der power briefings konnte ich relativ schnell feststellen, dass sich zwischen den Vorgesetzten und den Mitarbeitern eine sehr positiv ausgerichtete Kommunikation entwickelte, die sich auf das Geschäft auswirkte und das Wissen der Mitarbeiter verbesserte. Die Mitarbeiter wurden dadurch selbstbewusster und motivierter. Dies förderte ganz klar den Team Spirit. Diese positive Energie übertrug sich auf die Gäste. Dies spiegelte sich in der steigenden Gästezufriedenheit und vor allem in der positiven Umsatzentwicklung wider. Power briefings haben meiner Meinung nach die richtige Dosierung zwischen proaktiver Kommunikation, Spaß und Wissenstransfer, um die Mitarbeiter powervoll auszurichten.

YES-TRAINING UND YES-MANAGEMENT

YES TRAINING – DIE WEISHEIT AM POINT OF SALE

ROLLENSPIELE

Sind anfangs unbeliebt, aber höchst effizient. Die ersten Male kommt man sich »komisch« vor, wenn Situationen nachgestellt werden. Mit der Zeit wird das Rollenspiel zur Routine und willkommenen Hilfe. Situationen, die man bereits »erlebt« hat, werden einfach souveräner gehandhabt als komplettes Neuland.

Nutzen Sie die Zeiten, in denen weniger Betrieb ist, gehen Sie an einen Counter und spielen Sie Gast. Sie werden überrascht sein, wie Ihre Mitarbeiter in der Realität reagieren und wirken.

Warum sind diese Rollenspiele so wichtig? Eine Szene in einer Pizzeria, die sehr extravagante Pizzen wie Chicken Curry Pizza oder Sushi Pizza (Mit Wasabi-Crème fraîche, mariniertem rohem Thunfisch, frischem Ingwer und frischem Koriander) im Angebot hat. Die Pizzeria bildete durch regelmäßige power briefings kontinuierlich ihre Member aus. Alle waren informiert und hatten ein hohes spezifisches Wissen. Eines Tages saß ich als Gast an einem Tisch und bekam folgenden Dialog am Nachbartisch mit:

Gast: »Wie schmeckt denn diese Sushi Pizza?«
Service: »Das ist Geschmacksache.«

O là là, diese Pizzeria ist berühmt für ihre Sushi Pizza, manche Gäste fahren 30 Kilometer für diese Pizza! Und die Mitarbeiterin sagt: »Das ist Geschmacksache.« Der Gast bestellte auf diese Antwort hin eine klassische Salamipizza. Die bieten alle Pizzerien an.

Oder in einem gehobenen Restaurant:
Manager (als Gast): »Ist das Backhähnchen paniert?«
Service: »Ja, sonst würde es Brathähnchen heißen.«

Das wirkt ironisch. Vielleicht hat die Service-Mitarbeiterin die Antwort schon 200 Mal gegeben. Der Gast/Kunde weiß das aber nicht.

»Ich bin Vegetarier« oder »Der Chef lässt uns so etwas nicht probieren« habe ich schon von Mitarbeitern als Antwort auf die Frage »Wie schmeckt die Ente« gehört. Sie wissen, die Schuld liegt immer beim Manager. Power briefings dienen als Training. »Die Weisheit«, also das Ergebnis, das sich wirklich im Umgang mit dem Gast einstellt, können Sie nur in Rollenspielen testen, trainieren und einstudieren.

Führen Sie im Restaurant immer wieder Rollenspiele durch bzw. gehen Sie an den Counter und spielen Sie den Gast.

MANAGER

Gast (Manager): Hallo
Gast (Manager): Oriental Salad
Gast Manager): Ja
Gast (Manager): Orangensaft
Gast (Manager): Ja
Gast (Manager): Muffin

SERVICE

Service: Hallo
Service: (nickend): Gerne, als Menü
Service: (nickend): Mit O-Saft oder Smoothie
Service: (nickend): Zum Mitnehmen
Service: (nickend): Noch einen Blaubeer-Muffin oder Cappuccino dazu
Service: Danke

Geben Sie jetzt Ihrem Member ein positives Feedback: »Klasse gemacht. Power house, Augenkontakt, Yes-Beratungsbaum zu 100 Prozent erfüllt.«
Wichtig: Kritisieren Sie nicht. Stellen Sie nur Fragen, wenn etwas nicht so durchgeführt worden ist, wie Sie es gerne gehabt hätten. »Hast du etwas vergessen?« Service: »Ja, das Nicken ...«

Wenn vom Service keine Antwort kommt, dann positiv darauf hinweisen: »Alles war top, und wenn du jetzt noch das Nicken mit einbaust ...« Anfangs sind die Mitarbeiter etwas gehemmt. Respektieren Sie das, loben Sie nur. Nur so macht es dem Service Spaß, beim nächsten Mal wieder mitzuspielen. Und mit jedem Rollenspiel wird der Service souveräner.

Führen Sie die Rollenspiele durch, wenn gerade weniger los ist. Nützen Sie diese Zeiten am Vormittag, Nachmittag ... Aussagen wie: »Ich hatte keine Zeit, das Briefing oder die Rollenspiele durchzuführen« zählen nicht. Sie wissen ja, die Zeit ist immer da, wo die Liebe ist.

Spielen Sie reale Gast-Service-Situationen durch. Stoppen Sie mit einer Uhr die Beratungszeit. Führen Sie jeden Tag 3 bis 4 kurze Gast-Service-Games durch. So kommen Sie auf etwa hundert Rollenspiele pro Monat. Mit diesem Rollenspiel signalisieren Sie Ihrem Team: Euer Wissen reicht mir nicht, mich interessiert der Ablauf am Point of sale.

Erwarten Sie anfangs keine Liebe von Ihren Mitarbeitern, wenn Sie sie zum Briefing bitten oder ein Rollenspiel an der Kasse durchführen. Das ist für die meisten Neuland, und sie haben Angst, sich zu blamieren. Mit der Zeit wird es aber ein sehr wichtiges Modul werden, um selbstsicher agieren können. Die Mitarbeiter werden es Ihnen danken, auch wenn sie es Ihnen nicht direkt sagen. Aber am Abend zu Hause oder im Freundeskreis sieht dann die Sache ganz anders aus: »Weißt du, was wir machen in unserem Betrieb ...« Im Freundeskreis sind die Mitarbeiter stolz, da werden Sie als Manager gelobt.

Denken Sie daran: Mit der Zeit werden die Member routinierter und nehmen die Rollenspiele als Unterhaltung und Spaß auf. Bei Nordsee in Frankfurt wirft der Manager immer wieder einen Ball zu den Mitarbeitern und stellt die Weisheitsfragen.

Wir haben schon Mitarbeiter erlebt, die den Betrieb nach einer gewissen Zeit wechselten und nach ein paar Wochen wieder kamen mit den Worten: »In dem neuen Betrieb

» On-the-Job-Training beim Wiener Feinbäcker Heberer

haben sie Chaos, ein schlechtes Betriebsklima, die bilden nicht aus, die machen kein Briefing ...« Da spürt ein Mitarbeiter erst, was das aktive Management wirklich bringt.

Mitarbeiter, die sich blamieren, sehen die Kunden zunehmend als Störfaktoren: »Gäste sind dazu da, um blöde Fragen zu stellen.« Power briefings und Gast-Service-Games sind auch als Anti-Blamage-Programm zu sehen. Es gibt nichts Schlimmeres, als sich im Service zu blamieren. Und wie oft gibt es solche Situationen (bei einer Reklamation oder einer Frage des Gastes, die man nicht beantworten kann, wenn was passiert)? Machen Sie Ihre Member fit + sexy.

SERVICE-DREHBUCH-SCHULUNG

Interne Trainings außerhalb der Geschäftszeiten sind als Zusatztrainings essenziell wichtig, hier kann konzentriert trainiert werden. Halten Sie Trainings interaktiv ab, am besten im Vier-Stufen-Modell.

Schritt 1: Erklären
Erklären Sie im ersten Schritt, um was es geht. Erzählen Sie nicht nur, was wann gemacht werden muss, sondern auch, warum und wie es geht.

Schritt 2: Vormachen
Erzählen Sie nicht nur, sondern machen Sie es vor. Spielen Sie z. B. den Verkäufer.

Schritt 3: Nachmachen
Jetzt lassen Sie die Member die Situation nachspielen.

Schritt 4: Feedback
Geben Sie jetzt ein klares Feedback, und heben Sie vor allem alle positiven Punkte heraus: »Dein Lächeln war klasse, du hast eine schöne Sprache, sehr angenehm ...« Das motiviert und spornt an. Vermeiden Sie wenn möglich Negatives. Negatives Feedback ist nur erlaubt bei Systemabweichungen. Denken Sie daran: Mitarbeiter fühlen sich in Rollenspielen anfangs gehemmt und unnatürlich. Das ist normal und auch nicht so wichtig, denn die von den Rollenspielen am meisten profitieren, sind die Zuschauer. Sie sehen genau, was der Mitarbeiter sehr positiv gemacht hat und wo seine Stärken liegen. Man lernt voneinander. Deswegen sollte man keine Kritik üben (außer bei Systemabweichungen vom Service-Drehbuch). So behalten alle die Lust auf das Rollenspiel.

DER SERVICE EXCELLENCE DIRECTOR

In den Betrieben, die mit meinem System, mit dem Service-Drehbuch & power briefing arbeiten, haben wir am meisten Erfolg, wenn wir einen internen Service-Drehbuch-Trainer und power-briefing-Beauftragten (Service Quality Coach) bestimmt haben. Das kann ein Azubi sein, ein Schichtleiter oder jemand, der einfach Spaß hat, Leute auszubilden. Die Grundvoraussetzung ist natürlich, dass derjenige beide Tools perfekt beherrscht. Diese Person hat oft die nötigen Ressourcen, um die Tools zu pflegen und zu leben.

Außerdem können Sie die Umsetzung besser kontrollieren. Setzt der Mitarbeiter das Drehbuch nicht um, so können Sie ihn fragen, woran es liegt. An ihm (evtl. Bequemlichkeit) oder am Trainer (schlechte Ausbildungsqualität)? Auf alle Fälle können Sie so besser den Fehlerteufel finden, als wenn Sie selbst die Trainings durchführen würden. Und obendrein stärken Sie die innerbetriebliche Struktur und bauen mit dem Service Quality Coach eine Persönlichkeit auf.

PRAXISBERICHT BRENNER, MÜNCHEN. INTERVIEW MIT IVA WINDERL, DAY MANAGERIN DES RESTAURANTS

Iva Winderl, geboren und aufgewachsen in Tschechien, kam nach ihrem Abitur nach München, um die Ausbildung zur Hotelfachfrau zu beginnen. Nach Abschluss war sie in diversen Restaurants als Chef de Rang tätig. Seit 2006 arbeitet sie für das Brenner in München. Eingestiegen ist sie dort ebenfalls als Chef de Rang, wurde dann in die Betriebsleitung berufen und ist nun nach ihrer Elternzeit als Day Managerin tätig.

Was sind Ihre Aufgaben im Restaurant Brenner in München?

Im Restaurant bin ich unter anderem für die Personalabläufe zuständig. Ich erstelle die Dienstpläne, gestalte die Urlaubsverwaltung und kontrolliere die Zeiterfassung für die Lohnabrechnung. Des Weiteren betreue ich als interner Coach das Personal und führe Einstellungsgespräche durch und leite es in der Einarbeitung an. Außerdem verwalte und bearbeite ich die Testando Bögen aller Kull & Weinzierl Betriebe. Zudem bin ich für die Stationseinteilung sowie Einhaltung und Kontrolle aller Checklisten verantwortlich und kontrolliere die Ordnung und Sauberkeit im Raum.

Seit wann beschäftigen Sie sich mit der Aufgabe des Quality Coaches?

Nachdem ich aus der Elternzeit zurück ins Brenner gekommen bin, freute ich mich sehr darüber, das Thema Schulung auszuarbeiten, und setze mich mittlerweile seit 3 Jahren intensiv damit auseinander.

Was ist das Erfolgsgeheimnis im Brenner?

Wir suchen Menschen, die Persönlichkeit und Ausstrahlung haben und die Herzblut in die Dinge legen, die sie tun. Diese Mitarbeiter werden systematisch zu professionellen Servicekräften ausgebildet. Hier wird im Besonderen »Future Service« praktiziert. Mit dem Ausbildungssystem und dem power briefing haben wir die Mittel, das Team effektiv zu coachen und entsprechende Nachhaltigkeit zu erzielen. Die Service Drehbücher waren der Schlüssel, um einen verkaufsorientierten Service zu zelebrieren, und zu dem gigantischen Umsatz und Erfolg.

Sie legen viel Wert auf Ausbildung, power briefing und Service Drehbuch, das ist doch ziemlich zeitaufwendig, oder? Warum machen Sie das?

In erster Linie ist es meine Passion, mit Menschen und für Menschen zu arbeiten. Natürlich muss man in einem so großen Betrieb die gleiche Sprache sprechen. Die Schulungen bieten die Möglichkeit, Vorgaben direkt zu vermitteln. Nur so kann das in einer Größenordnung wie der des Brenner funktionieren.

Wie häufig führen Sie solche Schulungen durch?

Sobald neue Mitarbeiter eingestellt wurden, beginnen die Schulungen in ihrer Reigenfolge von Neuem. Im Allgemein sind das 4–6 Schulungen monatlich.

Wie lange dauert eine Schulung durchschnittlich?

Je nach thematischem Umfang und Anzahl der neuen Mitarbeiter um die 1,5–2 Stunden.

Wie schaffen Sie es, dass Ihre Mitarbeiter daran teilnehmen?

Jeder Mitarbeiter hat das Ziel vor Augen, einen eigenen Servicebereich zu leiten. Dies ist nur möglich, wenn sie das Service Drehbuch verinnerlicht haben. Es wird eine Abnahmeprüfung mit dem Betriebsleiter durchgeführt, und mit Bestehen dieser Prüfung darf der Mitarbeiter seine eigene Station führen. Da sie schnell eine Station führen wollen, nehmen die Mitarbeiter bereitwillig an den Trainings teil und sind hoch motiviert und konzentriert dabei. Natürlich machen alle unsere Trainings Spaß, wir lachen viel miteinander und die Mitarbeiter fühlen sich dadurch gestärkt, sicher und unterstützt. Zusätzlich ist es für eine leidenschaftliche Servicekraft eine aufregende Reise, im Brenner zu arbeiten und ausgebildet zu werden.

Wie überprüfen Sie den Schulungserfolg?

Wir führen gemeinsam tägliche Briefings durch und üben spontane Rollenspiele. Durch unabhängige Tests (Testando) wird das Wissen nochmals erprobt.

Wie bilden Sie neue Mitarbeiter aus?

Jeder Mitarbeiter erhält eine Willkommensmappe. Diese beinhaltet unseren Leitfaden, unsere Philosophie, Rules, eine Übersicht über das gesamte Team, alle Betriebe der Kull & Weinzierl, aktuelle Speise-, Getränke- und Weinkarten, Tischpläne, ein Interview mit Rudi Kull und die Drehbuchmappe. Es wird eine Produktschulung durchgeführt, die die wesentlichen Betriebsabläufe behandelt wie beispielsweise die Rezepturen, unsere Zubereitungs- und Abrufzeiten, Änderungsmöglichkeiten, Kommunikation mit der Küche oder wie mit Reklamationen umgegangen wird. Erweiternd bekommen sie eine Drehbuchschulung, diese klärt darüber auf, was ein Drehbuch ist und welche Vorteile es für den Gast sowie für den Service mit sich bringt. Verkaufstechniken werden anhand aktiver Rollenspiele erlernt und verinnerlicht. Der allgemeine Umgang mit der Kasse, Buchen von Artikeln, Transfer und das Zusammenlegen, Addieren und Abschließen von Rechnungen sowie die Verwendung von Kreditkarten werden in einer Kassenschulung erläutert. Zudem machen wir häufig Trainings z. B. zur Abfrage der Produktkenntnisse, aktive Rollenspiele oder um uns Feedback einzuholen.

Durch die Quality Coach Checkliste wird dokumentiert, wann was erledigt wurde, z. B. ob die Briefings in entsprechender Qualität abgehalten und neue Mitarbeiter grundlegend eingelernt wurden.

Wie ist das Feedback Ihrer Mitarbeiter?

Unsere jungen Mitarbeiter fühlen sich sehr aufgehoben und umsorgt. Es gibt kaum eine Gastronomie, die mit derartiger Stringenz Mitarbeiter ausbildet, wie wir. Servicemitarbeiter die aus anderen Betrieben kommen, schätzen das sehr.

SYSTEM MANAGEMENT – DAS GANZE ORGANISIERT DIE DETAILS

Die zentrale Frage bei allen Coachings lautet: »Wie kann man die Nachhaltigkeit gewährleisten?«

Aus diesem Ansatz heraus habe ich im Laufe der Zeit ein System und Konzept entwickelt. Es ist wie die Navigation in einem Flugzeug zu betrachten. Es beschreibt die Firma und zeigt die Richtung eines Services an, aber auch die Instrumente, also in welcher Art und Weise es umgesetzt wird. Zusammengefasst beschreibt es die Strategie und das Konzept der Umsetzung. Alle Instrumente sind wie Zahnräder zu verstehen. Eins greift in das andere. Kommt nur ein Zahnrad nicht zur Geltung, so läuft das System nicht richtig und die Nachhaltigkeit ist gefährdet. So ist es wichtig, nicht nur ein Tool besonders gut zu machen, sondern alle Elemente aufeinander abzustimmen.

ERFOLG IST IMMER EINE FOLGE VON ETWAS

Ich habe viele Firmen gecoacht, und wir haben alles Erdenkliche versucht, eine Nachhaltigkeit zu erreichen. Und es fehlte anfangs immer irgendetwas. Die Mitarbeiter waren trainiert, sie kannten unsere Vision – das »Service-Gesicht« –, aber sie hatten immer wieder Alibis, etwas nicht zu tun. Das brachte mich auf die Idee, den Service messbar zu machen und ein Service-Drehbuch zu schreiben.

Dann hatten wir das Problem, das aufgestellte System dauerhaft zu halten. Daraufhin ist das power briefing entstanden. Und dann brauchten wir messbare Ergebnisse, die immer wieder die momentane Leistung reflektieren ließen: Controlling durch Mystery Shopping.

Das richtige Controlling ist enorm wichtig. Warum? Obwohl Mario Gomez bei der EM 2012 das 1:0 schoss, wurde er stark wegen seiner schwachen Laufleistung kritisiert. Mittels Computerauswertung werden die Daten wie z. B. Zweikampfquote, Laufleistung, Ballbesitz etc. erfasst. Das spornte ihn so an, dass er im nächsten Spiel 20 Prozent mehr lief und gegen die Niederlande gleich zwei Tore schoss.

UM EINE SERVICEKULTUR ZU **IMPLEMENTIEREN**, BEDARF ES EINES SYSTEMS

Mitarbeiter wünschen sich Chefs, die eine klare Aussage treffen und Ziele und Visionen haben, an denen sie sich ausrichten können. Deshalb sollte ein Leader eine persönliche Strategie haben. Das ganze managt die Details und nicht umgekehrt.

Stellen Sie sich vor, Ihre Service-Organisation wäre ein Auto. Nehmen wir einen Audi A6 quattro: Er ist vollgetankt, feinste Lackierung, 350 PS, feinstes Motoröl – und in einem Reifen ist keine Luft. Schon läuft er nicht richtig.

Es gibt bestimmt mehrere Systeme, um erfolgreich zu sein. Ich habe viel in der Nachhaltigkeit geforscht und ausprobiert. Anbei erhalten Sie einen Einblick in mein System und Konzept, unverwechselbare Service-USP's aufzubauen und zu implementieren. Unser Autoreifen und unsere Elemente sind:

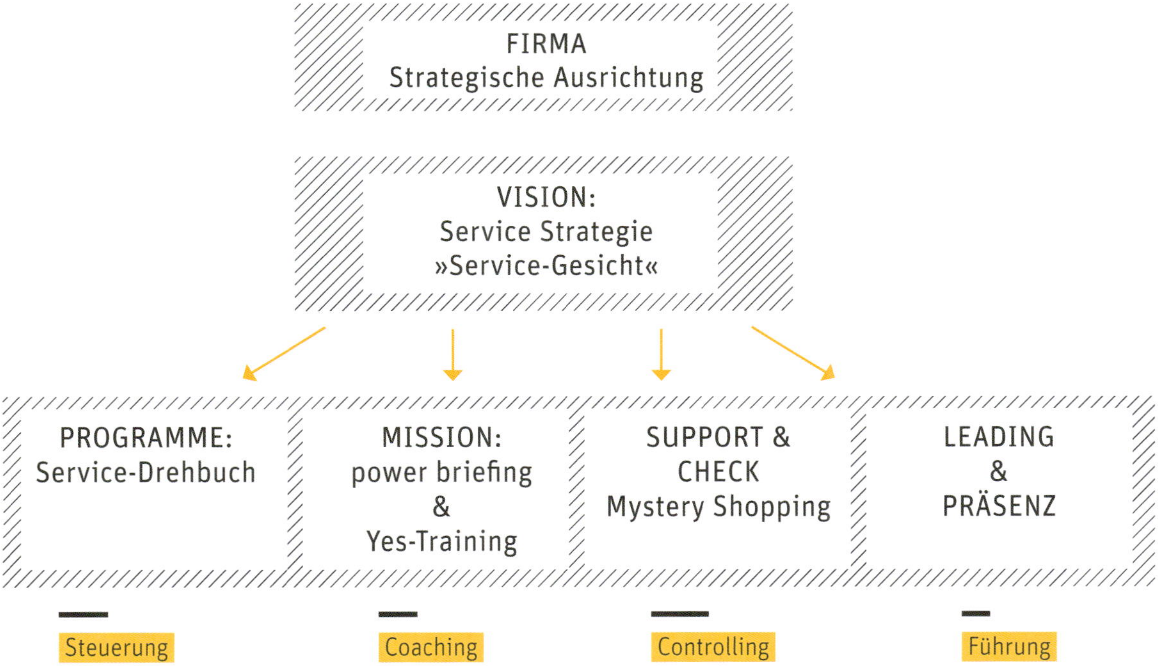

Alle Faktoren sind gleichwertig. Alle Reifen, sprich Elemente müssen aufgepumpt sein. Hat nur ein Reifen einen Platten, fährt das ganze Auto nicht. Es ist also unsinnig, 80 Prozent richtig zu machen und 20 Prozent falsch. Viel erfolgreicher ist es, alle Faktoren als gleichwertig zu behandeln.

Die Vision, das Service-Gesicht, die Programme wie Service-Drehbuch, die Mission power briefing & Yes-Training und die Leader Präsenz haben wir besprochen. Nun es ist an der Zeit, die Leading-Grundsätze und das Support/Check (Controlling) zu beleuchten.

LEADING-GRUNDSÄTZE: AM BETRIEB – NICHT IM BETRIEB ARBEITEN

Viele meiner Kunden wünschen sich in den Vorgesprächen eines Personal Coachings z. B. »freundliche Mitarbeiter« »mehr verkaufen«, »mehr Motivation« oder »ein besseres Leading«. Am Anfang meiner Trainerkarriere bin ich sofort auf die Wünsche meiner Kunden eingegangen. Wir haben uns z. B. zum Motivationsthema den Film »Fish« oder für Szene-Betriebe »Coyote Ugly« angesehen und die Essentials trainiert, bis wir wirklich top Entertainer hatten. Oder wir haben bis zum Abwinken den Verkauf trainiert. Die Mitarbeiter waren top motiviert und kannten die erfolgreichsten Verkaufstechniken. Aber haben wir das wirkliche Ziel des Auftraggebers erreicht? In Wirklichkeit wollte der Kunde etwas anderes.

UNSER ZIEL IST DER ERFOLG

Um was geht es? Freundliche Mitarbeiter, den Kunden zufriedenstellen, verkaufen... alles richtig. Dies sind aber nur Details der Route, die wir gehen.

Umsatz, Ertrag und Erfolg zu erwirtschaften, das ist unser Job. Nichts anderes. Gut aufgelegte Mitarbeiter sind kein automatischer Garant für mehr Umsatz und Ertrag. Zahlen sind ein Messinstrument von Top-Leistung aller relevanten Faktoren. Sind die Zuschauerränge der Allianz Arena gefüllt, spielt der FC Bayern attraktiv und erfolgreich? Nein, es gilt nicht, das Stadion voll zu kriegen, sondern die Spiele zu gewinnen.

Die gleichen Rules zählen auch für einen Service-Mitarbeiter. Stimmt sein Umsatz, dann sind auch automatisch oder meistens die Gäste zufrieden. Gewinnen ist das Ziel und nicht, ein Detail zu perfektionieren, das ist ein ganz anderer Ansatz. Der Yes-Service befasst sich mit dem Ganzen, und das Yes-Prinzip bedeutet, die Spiele zu gewinnen. Dann haben wir das Stadion/Restaurant voll.

VOM ICH ZUM WIR

Wie gelingt Erfolg? Nur durch Ihre Mitarbeiter. Sie entscheiden über Ertrag und Umsatz. Und hier sprechen wir im Groben von zwei unterschiedlichen Verantwortlichkeiten: dem Manager und dem Mitarbeiter. Der Mitarbeiter verkauft und stellt die Produkte zusammen. Der Manager organisiert, steuert und coacht das Unternehmen. Und damit die

Mitarbeiter aus der Sicht des Managers eine Top-Leistung abrufen, muss der Manager offen sein und die aktuellen Leading-Anforderungen verstehen.

Das Berufsleben hat wie ein Fußballspiel zwei Halbzeiten. Die Ich-Phase und die Wir-Phase. Die Ich-Phase der ersten Halbzeit ist sehr wichtig. Man entwickelt sich, man muss auf sich sehen, um voranzukommen. Man wird an der persönlichen Leistung gemessen. Das kann egoistisch aussehen, aber eigentlich geht es um etwas ganz anderes.

Dann jedoch kommt die zweite Halbzeiten: Sobald man Manager ist, dreht sich das Ganze und man wird daran gemessen, wie das Team arbeitet. Jetzt beginnt die Wir-Phase. Der Top-Manager versteht es, sein Team stark zu machen. Nur so gewinnt man die Spiele. Mit dem Ich-Gedanken ist man in dem immer schneller werdenden Business zu langsam und kann auf Dauer kein Team formen und motivieren. Das Gegenteil wird eintreten. Kann man das Ich nicht in ein Wir verwandeln, so wird man in der zweiten Hälfte (Managerlaufbahn) irgendwann Eigentore schießen.

ERWARTUNGEN UND PARADIGMEN

In der Wir-Phase kommt nichts von alleine. »Erwarte nichts, sonst wartest du vielleicht dein ganzes Leben auf etwas.« Der wartende Manager ist oft ein Gefangener seiner eigenen Paradigmen, Meinungen, Erfahrungen und persönlichen Ansichten.

Chef	Leader
Früher war alles besser.	... jede Minute ist wertvoll.
Wir haben uns selbst informiert.	... gibt Informationen weiter.
Meine Mitarbeiter sind faul und dumm.	... ich liebe mein Team.
Die neue Generation hat nur noch Party im Kopf.	... entfacht gute Stimmung im Betrieb.
Mal sehen, wie er sich macht.	... coacht sein Team.
Regiert mit Angst.	... schafft Vertrauen.
Kommandiert.	... fragt.
Sagt »Ich«.	... sagt »Wir«.
Weiß, wie es gemacht wird.	... zeigt, wie es gemacht wird.

Das Schlimme an Paradigmen ist: Wenn man einmal eine festgefahrene Meinung hat, sucht man permanent nach Beweisen, dass sie zutrifft. Und man wird natürlich belohnt: Wer sucht, der findet. Aber es könnte auch anders gehen. Die nächsten drei Führungsgrundsätze haben meine eigenen Paradigmen völlig auf den Kopf gestellt.

SCHULD HAT IMMER DER CHEF

»Wie schmeckt der Fleischkäse?«
»Hm, weiß nicht.«
»Ist da Schweinefleisch drin?«
»Weiß nicht, muss ich mal nachfragen.«

Mitarbeiter haben nie die Schuld, wenn sie etwas nicht wissen. Das sagte mal mein ehemaliger Chef Sergio Accorsi (Hotel Bayerischer Hof) zu mir, als ich ihn um Rat fragte.

Wer hat die Mitarbeiter eingestellt?
Wer hat sie ausgebildet?
Wie werden sie geführt?
Wer motiviert sie?
Warum werden sie geduldet?

Die Schuld für Fehler liegt immer beim Chef – dieser Hinweis war hart für mich zu akzeptieren und zugleich eine richtungsweisende Erkenntnis für die Mitarbeiterführung. Dieser Hinweis der »Schuldfrage« nahm mich fortan in die Pflicht und Verantwortung. Es ist ja klar: Wird ein Kunde schlecht bedient, verliere ich ihn womöglich. Was nützt es mir dann, die Schuld an die anderen weiterzugeben? Der Leidtragende bin ich.

Die Qualität einer Führungskraft erkennt man dann, wenn sie nicht am Arbeitsplatz ist (wenn sie frei hat, Urlaub hat etc.) und der Betrieb trotzdem reibungslos weiterläuft.

Was heißt das? Wenn ein Mitarbeiter etwas nicht so umsetzt, wie ich es will, dann ist es meine Schuld. Wenn ich z. B. eine Produktschulung durchführe und am nächsten Tag niemand mehr davon weiß, muss ich meine Lehrmethoden überprüfen, und ich muss sie so interessant gestalten, dass etwas hängen bleibt. Früher habe ich angenommen, die Mitarbeiter hätten eben kein Interesse an ihrem Beruf. Aber das war vollkommen sinnlos.

Ich weiß, das mag für den einen oder anderen hart sein, aber der der Verantwortliche eines Unternehmens, ist immer der Leader. Ich werde an der Leistung meiner Mitarbeiter gemessen. Also bin ich schuld, wenn der Mitarbeiter keine Leistung bringt. Peter Traa von Pro Mensch spricht in diesem Zusammenhang lieber von Verantwortung statt Schuld. Wörter sind Botschaften. Entscheiden Sie selbst.

Ich zum Beispiel reflektiere mich selbst nach jedem meiner Coachings. Konnte ich die Teilnehmer bereichern? Waren alle wach? War das Coaching interessant? Können die Teilnehmer es in der Praxis anwenden? Was würde ich das nächste Mal anders machen?

ERFOLG IST PLANBAR

Wer ist der beste Manager? Kenneth Blanchard und Spencer Johnson sprechen in ihrem Bestseller »Der Minuten Manager« vom »harten« Manager, dessen Geschäfte gut gingen (schien es), während es der Belegschaft schlecht ging, und dem »netten« Manager, dessen Belegschaft es gut zu gehen schien, während ihre Geschäfte schlecht gingen.

Beide obengenannten Manager machen denselben Fehler: Sie arbeiten im Betrieb statt am Betrieb. Wirklich leistungsfähige Manager setzen sich selbst und ihre Mitarbeiter so ein, dass sowohl der Betrieb als auch die Betriebsangehörigen von ihrem Einsatz profitieren. Das gelingt ihnen nur, wenn sie am Betrieb arbeiten.

AM BETRIEB ARBEITEN

Der Management-Fehler Nummer 1 ist sicher, dass viele Manager im Betrieb und nicht am Betrieb arbeiten. So wie Sie Ihr Team außerhalb des Geschäfts trainieren, so wird später »gespielt«. Manche Manager antworten darauf: »Das ist einleuchtend, aber wann soll ich trainieren? Die Mitarbeiter arbeiten sowieso schon am Anschlag. Wenn ich jetzt noch eine Schulung einbaue, womöglich an deren einzigem freien Tag?« Macht nichts, arbeiten Sie am Betrieb und setzen Sie kontinuierlich Trainings an. Denken Sie daran, die Schuld liegt immer bei Ihnen, und Sie werden sowieso nicht geliebt.

LIEBE ODER RESPEKT?

Zitat einer Hausdame vom Como Shambhala in Ubud auf der Insel Bali: »Wenn ich etwas mehr als zwei Mal sagen musste, dann wurde ich sauer und wurde laut. Ich glaube, manche liebten mich deswegen nicht besonders, denn wenn ich um die Ecke kam, hörten sie auf zu lachen. Sie sagen aber, ich sei freundlich.«

Die Sache mit dem Geliebtwerden scheint ein globales Thema zu sein. Wir sagen: »Erwarte keine Liebe. Chefs werden nicht geliebt! Freu dich über Respekt.«

Mitarbeiter lieben sich untereinander (auf gleicher Ebene), aber niemals ihre Vorgesetzten. Diese Erkenntnis war brutal für mich und doch erhellend. Wenn man geliebt werden will, arbeitet man an Gefühlen. Typische Aussagen von Mitarbeiter sind dann: »Bist du heute böse mit mir? Liebst du mich nicht mehr?« Ein Chef wird respektiert, wenn alles läuft und er an Ergebnissen arbeitet, nicht an vagen Gefühlen. Ergebnisse sind überprüfbar.

Ich hatte einmal eine Firma am Flughafen Fraport zu trainieren. Die Firma hatte etwa 30 Betriebe mit fünf Bereichsleitern. Die Bereichsleiter hatten es nicht einfach: Die Betriebe liegen in der Sicherheitszone des Flughafens. So wird bei neuen Mitarbeitern ein Sicherheitscheck gemacht, der drei Monate dauert. Das heißt, fällt ihnen ein Mitarbeiter aus, so können sie ihn nicht sofort durch einen Neuen ersetzen, sondern sie müssen drei Monate warten.

Außerdem war das Geschäftsaufkommen sehr unterschiedlich. Teilweise war nichts zu tun, dann kam ein Jumbo 380 mit 500 Passagieren an die Bar. Schichtdienst, übermüdete und gestresste Passagiere usw. Es war erstaunlich: Vier von den fünf Bereichsleitern machten einen ziemlich hektischen Eindruck, einer der vier war mit den Nerven sogar völlig am Boden. Das Personal jedoch wirkte normal, manche sogar gelangweilt oder schlaff. Alles war schwer. Keiner hatte so richtig Freude an seinem Tun.

Dagegen traf ich bei der fünften Bereichsleiterin motiviertes und fröhliches Personal an. Was machte sie anders als die anderen? Sie verriet mir ihr Rezept: Wenn ein neuer Mitarbeiter am Flughafen einen Job antreten möchte, so muss er einen drei Monate dauernden Sicherheitscheck abwarten. Das ist natürlich nicht einfach, wenn jemand ausfällt oder Sie einen neuen Mitarbeiter brauchen. Das bedeutet: Fällt jemand im Team aus, so muss ein anderer aus dem Team für ihn einspringen. Die freien Tage waren nie sicher, da man oft doch noch gebraucht wurde. Das machte keinen Spaß. Die Mitarbeiter waren demotiviert und wurden krank, weil ihnen der Job so keine Freude machte – und schon ging der negative Kreislauf los.

Ihr Rezept: Sie sagte zu allen Neueinstellungen Folgendes. Wenn du krank wirst, akzeptieren wir das, hier sind alle Telefonnummern von deinen Kollegen. Du hast die Aufgabe, deine Kollegen anzurufen, bis du einen Ersatz gefunden hast. Mich darfst du erst anrufen, wenn du alle erreicht hast und keiner kann. Für diese Aktion wurde sie anfangs bestimmt nicht geliebt. Aber was ist passiert? Die Mitarbeiter machten nicht mehr wegen jeder Kleinigkeit krank, und die Kollegen profitierten davon. Jeder konnte seinen Urlaub und die freien Tage besser planen. Es entstand Vertrauen und Teamgeist. Wenn mal einer krank wurde, so sprang der Kollege gerne ein, weil er wusste, sein Kollege ist wirklich krank.

SPIELEN SIE KEINE ROLLE

Rollen spielt man im Theater. Ein guter Chef lebt seine inneren Ideale und verkörpert diese nach außen im Sinne von Authentizität. Er ist sicher in allen Kompetenzbereichen – wie ein Flugkapitän. Er schaut über den Tellerrand des Alltäglichen und entwickelt eine attraktive Zukunftsvision. Er entwickelt – das muss man vielleicht erst lernen – ein positives Energiefeld (Morphogenese) im Unternehmen. Und er verlangt Leistung und Effizienz von sich und seinem Team wie Jürgen Klopp von seiner Mannschaft. Darüber hinaus ist er ein toller Typ für Familie, Freunde, Mitarbeiter. Ja, Sie haben recht, ein guter Chef muss eine ganze Menge können.

BEGEISTERND TRAINIEREN

Wenn ich einen Trainingscocktail kreieren müsste, so wären die Zutaten ein hochexplosives Gemisch aus:

- Überraschung
- Zeitgemäßer Information
- Intelligenz
- Entertainment
- Sinngebung

Nur dann ist Coaching erfolgreich. Man lernt nicht kognitiv. Wir lernen dann, wenn wir ein Erfolgsversprechen für uns selbst verspüren.

» Die neuen Manager. Demut, Ethik, Intelligenz – witzig, zielstrebig, smart. Jürgen Klopp, Boyan Slat & Angela Merkel

Umdenken

Wenn Sie mit einem IT-Gerät ein Problem haben, fragen Sie dann Ihre Eltern? Wohl kaum, wahrscheinlich fragen Sie einen jungen Menschen. Deswegen lautet der Megatrend Nummer 1: Die Jungen führen die Alten. Und der Megatrend Nummer 2: Die Alten werden immer jünger. Inwieweit hat das Auswirkungen auf das Mangement? Müssen die Chefs in Zukunft umdenken? (Prof. Kleiber-Wurm).

Chefs sollten nicht nur umdenken, sondern vor allem neu denken! Und sie sollten sich nach wissenschaftlichen Maßstäben mit den soziologischen und mentalen Paradigmenveränderungen vertraut machen. Viele Chefs leben in der Erfahrung der Vergangenheit, sie sollten aber zu Zukunfts-Managern werden.

Fragen Sie sich einmal selbst, wie hoch das Durchschnittsalter der Weltbevölkerung und der Deutschen ist. Wenn Sie beides nicht wissen oder raten müssen, dann haben Sie einen Nachholbedarf. Das Durchschnittsalter der Weltbevölkerung liegt bei 27,3 Jahren, das der Deutschen bei 39 Jahren.

SUPPORT & CHECK – PLANEN, STEUERN, KONTROLLIEREN, POSITIVE KOMMUNIKATION

KONTROLLE IST BESSER

Controlling stammt aus dem Englischen und bedeutet »steuern, regeln«. Es soll den Organisationszweck erfüllen sowie das Vermögen sichern und mehren. Zusammengefasst besteht die Aufgabe des Controllers darin, zu planen, zu steuern und diese Mechanismen zu kontrollieren.

Wir haben unseren Service geplant (Service-Gesicht), können ihn anhand des Service-Drehbuchs steuern und mit Hilfe des power briefings trainieren. Jetzt widmen wir uns dem Controlling, wir nennen das Support & Check.

Und dabei geht es tatsächlich um die Arbeit des Managers im Betrieb. Viele Manager sind sich ihrer Rolle als Kapitän nicht bewusst. Man trifft sie während der Hauptgeschäftszeiten im Büro an, wo sie Bestellungen kontrollieren, Dienstpläne schreiben, wo sie versuchen, einen Mitarbeiter zu erreichen, der für einen anderen einspringen soll usw. Ich sage: »Das sind Mindestlohn-Jobs und nicht Aufgaben eines Managers.«

Manager sind die wichtigsten Mitglieder eines Unternehmens. Sie legen den Takt vor und geben dem Betrieb eine Handschrift. Deshalb ist die Anwesenheit eines Managers unabdingbar, besonders in den Hauptgeschäftszeiten. Nur so kann er dem Team und den Gästen signalisieren: Es ist »Business Time«. Was bedeutet das? Konzentrieren Sie sich auf Ihre Aufgabe und verlassen Sie Ihre Position nicht. Es wäre ein Unding, wenn ein Torwart nach vorne rennt und ein Tor schießen möchte. Achten Sie genau auf Ihre Zuständigkeiten.

Service-Mitarbeiter sind oft so in ihrem Metier vertieft, dass sie nicht alle Signale der Kunden wahrnehmen können. Diese nicht erkannten Signale aufzuspüren ist eine der wichtigsten Aufgaben eines Managers im operativen Sinne. Ein Manager hat einen 360-Grad-Blick und sieht alles. Er nimmt einen Gast wahr, der suchend nach einem Mitarbeiter Ausschau hält. Er bemerkt Gäste, die einen unruhigen Blick haben, vielleicht warten sie schon zu lange auf ihr Essen. Er sieht Mitarbeiter, die gerade Hilfe benötigen. Auch Gäste, die gerade den Betrieb verlassen und verabschiedet werden wollen, werden registriert.

Service und Gäste beobachten – Signale spüren – Signale von den Lippen ablesen. Eben vordenken statt nachdenken: Das sind die Aufgaben eines Managers.

KONTROLLE DURCH EXTERNE TESTBESUCHER

Ein wunderbares Mittel des Controllings erhalten Sie durch Mystery Checks, bei denen durch einen unbekannten Testbesucher die Einhaltung des Service-Drehbuchs geprüft wird. In Top-Betrieben ist das heute schon gang und gäbe. So bekommen Sie von externen Testern ein exaktes Außenbild. Wir sammeln die Tests eines Quartals und werten diese dann aus. So sieht man auf einen Blick, wo es hapert. Mit Hilfe dieser Tests kann man Feedback-Gespräche mit den Mitarbeitern durchführen und entsprechende Trainings ableiten.

Das Kontrollsystem ist einfach: Mystery Check – Feedback-Gespräch – Training – Mystery Check – Feedback-Gespräch – Training ...

Wenn Sie schon Mystery Checks durchführen, sollten Sie sie gezielt einsetzen, um die Basics des Service-Drehbuchs zu überprüfen. Nur so können Umsatz und Ertrag am Point of sale ausgebaut und gesichert werden. Wichtig ist dabei allerdings: Zwei bis drei Tests pro Jahr helfen nicht wirklich, zwei bis drei Tests pro Monat helfen enorm. Sie erhalten einen kontinuierlichen Blick über ihre Servicequalität und Verkaufsaktivität. Obendrein entfachen die Mystery Checks starke Motivation bei jeden einzelnen Mitarbeiter.

Das Online Mystery shopping Testportal www.testando.de organisiert professionelle Tests zum Selbstkostentarif und ermöglicht es Ihnen, kontinuierliche Tests durchzuführen.

TESTANDO

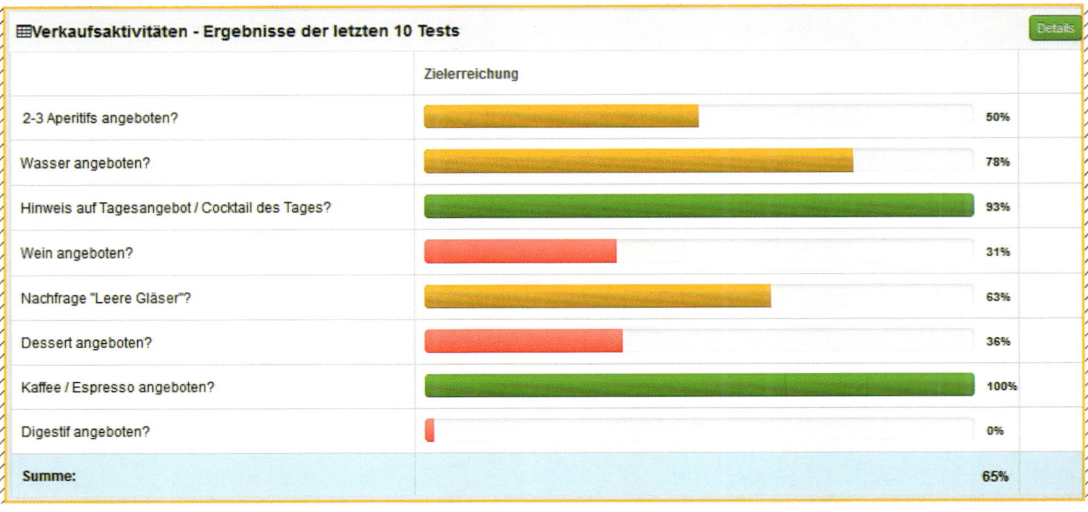

Wo würden Sie hier die ersten Trainings ansetzen? Bestimmt in den Bereichen Wein, Dessert und Digestif-Verkauf. Auch der Aperitif-Verkauf war nur befriedigend. Erstaunlich war es, zu beobachten, was passierte, wenn die Service-Mitarbeiter die Tests zum Durchlesen bekamen. Sie schalteten automatisch einen Gang höher, um beim nächsten Test besser abzuschneiden. Nicht selten hatte Testando-Betriebe, die die Tests als sportliche Herausforderung sahen und in allen Bereichen einen grünen Balken als Ziel ansetzten (und erreichten).

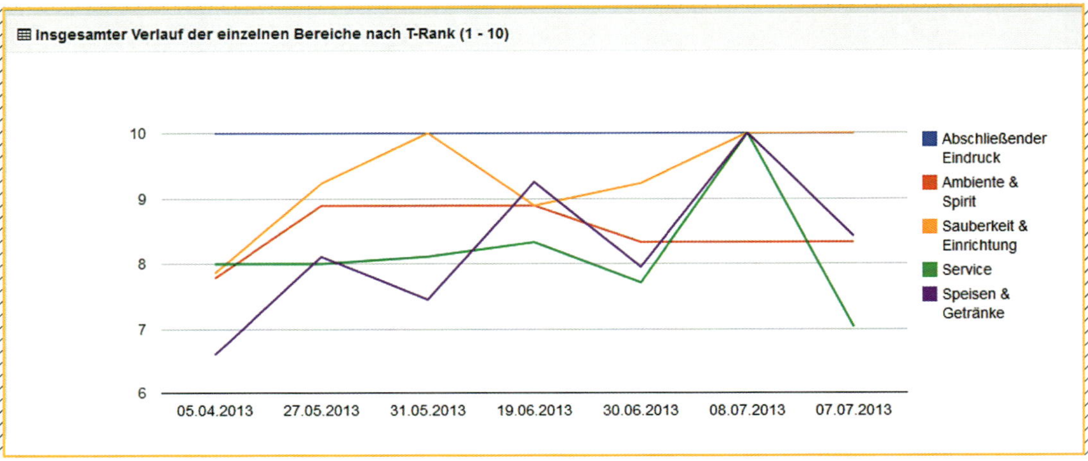

Auch der T-Rank gibt eine klare Übersicht über den Verlauf der Leistungen (aufsteigend, stagnierend oder rezessierend). Die Testando-Charts zeigen es schwarz auf weiß, unnötige Diskussionen mit den Beteiligten entfallen. Leistung ist überprüfbar und messbar.

KONTROLLE DURCH BEOBACHTUNG (RESTAURANTMANAGER & SCHICHTLEADER)

Wird das Service-Drehbuch umgesetzt? Wird der Gast ethisch begrüßt, wird z. B. das Brot als Zeichen auf den Tisch gestellt, dass der Gast bedient wird? Beobachte den Service und leite die Qualität über die Erfüllung des Service-Drehbuchs an den Vorgesetzten weiter. Denn Regeln müssen überprüft werden, sonst macht es keinen Sinn. Das ist ein Muss. Nur so können Sie handeln und den Service sowie die Member auf ein gleiches Niveau bringen.

MOTIVIERENDES STATT DEMOTIVIERENDES CONTROLLING

Wie vermittle ich, dass ich Dinge anders haben will? Hier geht es um Gesprächsführung beim Tadeln. Wie positioniere ich mich, wie mache ich klar, dass ich etwas so nicht haben will, und bringe den Mitarbeiter dazu, es künftig anders zu machen? Hier würde ich die Frage stellen: Wie kann ein Manager so unterstützen, dass z. B. das Service-Drehbuch umgesetzt wird? Wie sage ich es, damit alle es sofort annehmen?

Hier geht es um Führung. Jean-Georges Ploner empfiehlt, durch Fragen zu führen, also keine Vorwürfe zu machen, sondern an die Intelligenz zu appellieren. Schlecht: »Du hast gerade keinen Augenkontakt gehabt.« Besser: »Welche Augenfarbe hatte diese Frau?« Schlecht: »Warum ist die Tafel noch nicht geschrieben?« Besser: »Wann schreibst du die Tafel?« Die Warum-Fragen sind der Motivationskiller Nummer 1 im Management. Warum ist das Licht nicht gedimmt, warum ist die neue Ware nicht nach hinten und die alte nach vorne eingeräumt worden? usw. Früher haben die Mitarbeiter so etwas hingenommen, heute wechseln sie den Betrieb.

Der Manager sollte alles sehen. Er muss der Beste sein und ein waches Adlerauge haben. Und das ist auch richtig so. Aber stellen Sie sich einen Mitarbeiter vor, der vieles richtig macht, und dann kommt der Manager vorbei und findet genau das eine, was nicht stimmt.

Mit Vorwürfen lassen Sie Ihre Mitarbeiter schlecht aussehen. Die Leute fühlen sich blamiert, ertappt. Sie verlieren ihren Stolz und haben oft das Gefühl, eine »reingewürgt« zu bekommen. Der Mitarbeiter fühlt sich als Verlierer, und er wird sich rächen und dem Manager oder der Firma eine »reinwürgen«. Das reicht von einem Krankentag (blau machen) über Sachbeschädigung und Diebstahl bis zum unfreundlichen Verhalten gegenüber Kollegen und Gästen.

Das muss nicht sein. Versuchen Sie, Ihre Hinweise in motivierendes Controlling umzuwandeln. Wie?

Die motivierenden Fragen

Bringen Sie Ihre Mitarbeiter zum Denken und setzen Sie gemeinsame Ziele. Sie werden damit zwar keine Begeisterung hervorlocken, aber Einsicht.

- **Welche Desserts hast du angeboten?**
- **Welche Größe beim Salat hast du empfohlen?**
- **Warum nimmt der Gast zum Latte Macchiato kein Dessert?**
- **Wie lange wartet der Gast jetzt schon auf sein Essen?**

Das ist motivierendes Controlling. Beim demotivierenden Controlling unterstellen Sie dem Mitarbeiter, dass er seinen Job nicht im Griff hat. Demotivierend wäre: »Wird der Gast schon bedient?« Motivierendes Controlling fragt: »Was hat der Gast bestellt?« Das ist ein wesentlicher Unterschied.

Durch Informationen

Wenn Sie etwas für Ihre Mitarbeiter tun, dann sagen Sie ihnen, was Sie getan haben. Das erinnert den Mitarbeiter auf sympathische Art daran, wie Sie seinen Fehler wiedergutgemacht haben: Ich habe jetzt dem Gast die Dessertempfehlung gemacht, ich habe ihm sein Ketchup gegeben, ich habe Tisch 2 abgeräumt, ich habe die Glühbirne gewechselt, ich habe das Licht gedimmt. So signalisieren Sie ihm unterbewusst, dass sie etwas gemacht haben, was eigentlich seine Aufgabe gewesen wäre. Sie erinnern ihn gleichzeitig und fühlen sich selbst besser.

Durch Anweisung

»Mach bitte die dritte Kasse auf.« Manchmal muss man einfach den Zeigefinger zücken und Anweisungen geben. Das sollte aber nicht der Normalfall sein. Mit diesem Führungsstil machen Sie sich allzu unentbehrlich und sind mit zu viel Kleinkram beschäftigt.

Nach dem Service

Kurzes De-Briefing: Was ist euch selber aufgefallen? Konntet Ihr das System zu 100 Prozent umsetzen? Wenn nicht, was war der Grund?
Vom Schicht-Leader muss eine kurze Information an den Restaurantleiter gehen, z. B. so:
Member 1: Service-Drehbuch perfekt umgesetzt, Ausstrahlung perfekt, Produktkenntnisse: Lücken in den Wochenspecial-Kenntnissen
Member 2: Service-Drehbuch perfekt, Produktkenntnisse perfekt, Ausstrahlung schlecht, haben wir gleich trainiert oder soll heute Abend vor dem Teildienst 18 Uhr kommen und Ausstrahlung mit Schichtleiter trainieren.
Member 3: Hat lustlos bedient, keine Ausstrahlung, hat keine Zusatzangebote nach dem »Mitnehmen« verkauft etc., obwohl er ein langjähriger Mitarbeiter ist. Ich habe ihn mündlich ermahnt. Wenn es noch mal vorkommt, wird er das Service-Drehbuch-Training für die Azubis übernehmen müssen.
Member 4: Ist neuer Mitarbeiter und ist mit der Kasse nicht alleine zurechtgekommen. Yes-Service noch nicht perfekt umgesetzt, Kassentraining und Service-Drehbuch-Training ansetzen.
Member 5: Neuer Mitarbeiter, hat Service-Drehbuch nicht durchgezogen (Den Gast gefragt: »Noch etwas dazu?«, kein Zusatzangebot, konnte Gast nicht beraten). Wir sollten ihn wieder Kommis machen lassen und zur nächsten Service-Drehbuch-Schulung schicken.

Tadel

Abgrenzung als letzte Stufe: Wie mache ich einem Mitarbeiter deutlich, dass die Linie überschritten ist? Wer darf Konsequenzen aussprechen?

Die Konsequenz darf nur ein Feedback-Gespräch mit dem disziplinär Vorgesetzten sein. Konsequenzen müssen sichtbar gemacht werden und kommuniziert werden. Wenn nichts eine Folge oder Konsequenz hat, macht es keinen Sinn, es als Standard zu definieren. Führerschein machen, Auto fahren, sich an Regeln halten, aufs Erwischtwerden folgt die Strafe – so sollte es auch im Betrieb laufen. Wenn etwas toleriert wird, verstehen die Mitarbeiter das nicht und führen es auf eine Schwäche der Leitung zurück. Wer eine Regel aufstellt und zulässt, dass sie gebrochen wird, gibt ein ganz

» Gelbe Karte, und wenn das nichts bewirkt, die Rote Karte. Manchmal ist es notwendig, sich von Mitarbeitern zu trennen.

schlechtes Bild ab, nämlich das eines inkonsequenten, schwachen Vorgesetzten. Auf diese Weise geht sehr viel Disziplin verloren.

Denken Sie daran: Die Geschwindigkeit eines Unternehmens bestimmen immer die Schwächsten und nicht die Besten.
Klaus Kobjoll sagt: **Love it – change it – leave it**
Love it: Wenn Sie Bauchschmerzen haben, gehen Sie zum Arzt und erzählen es ihm und er untersucht Sie. Im Job: Führen Sie mit dem Mitarbeiter ein Feedbackgespräch. Das Signal: Ich mag dich und spreche mit dir.
Change it: Die Bauchschmerzen vergehen nicht, der Arzt diagnostiziert, mit dem Blinddarm stimmt etwas nicht, Sie bekommen ein Medikament. Im Job: Der Mitarbeiter hat sich nicht geändert, Sie besprechen es noch mal mit ihm, schicken ihn auf eine Schulung etc. Das Signal: Gelbe Karte, er bekommt eine letzte Chance.
Leave it: Die Bauchschmerzen werden immer schlimmer. Jetzt können Sie nicht sagen: Den Blinddarm habe ich schon seit 25 Jahren, den gebe ich nicht her: Sie müssen sich von ihm trennen, sonst zerstört er Ihren Organismus. Und genauso ist es mit den Mitarbeitern. Wenn der Mitarbeiter auf die Gelbe Karte nicht reagiert, muss die Rote Karte folgen – Sie müssen sich von ihm trennen.

» Weltweite Vernetzung ist der Standard der Zukunft.

» Das Holi-Fest in Indien, eines der beliebtesten Feste der Welt.

WE ARE CONNECTED – VON DER ANALOGEN ZUR DIGITALEN GESELLSCHAFT

Von Lucca Hartauer

Man vergleicht ein sicheres und geregeltes Land wie Deutschland mit verarmten oder unterentwickelten Ländern mit unterschiedlichsten Kulturen, Religionen und Lebensgewohnheiten. Man denkt, man hätte nicht viel gemeinsam, aber fast jeder kennt Google oder Facebook. Wir können per Facebook, Twitter, Instagram ... mit jeder Person auf jeder noch so kleinen Insel kommunizieren und erweitern somit unser Miteinander und unsere Freundschaften. Wir teilen unsere emotionalsten Momente, atemberaubendsten Orte oder monumentalsten Ereignisse auf jedem Fleck der Erde, und jeder kann daran teilhaben.

Weltweit benutzen 1,17 Milliarden Menschen Google. Wieso sollte man eine so große Bewegung und die Begeisterung, die solche Plattformen auslösen, nicht für seinen Betrieb positiv nutzen? Kann man diese Zahlen heutzutage überhaupt noch ignorieren?

Nein, ich denke nicht.

Aber wie können Mitarbeiter und Arbeitgeber miteinander kommunizieren? Per Handy? Per SMS? Per Mail? Viel zu kompliziert! Ich arbeite einmal die Woche im »Hans im Glück« in München. Es hat eine interne geschlossene Facebook-Gruppe erstellt, in der Feedback, Veränderungen, neue Angebote, Dienstplan usw. kommuniziert werden und die Mitarbeiter zum Beispiel nach einer Vertretung bei Krankheit fragen. Man tauscht sich aus, ist über alles informiert und wird immer vertrauter. Da jeder Facebook hat und immer erreichbar ist, funktioniert dies perfekt, und es entsteht ein Miteinander zwischen den einzelnen Mitgliedern, wodurch eine bessere und schnellere Kommunikation im Betrieb aufgebaut wird.

WIE KOMMUNIZIEREN WIR ÜBER BILDER?

Heutzutage spielen Fotos eine immer wichtigere Rolle. Egal ob in den Medien, auf Plakaten oder bei Events: Bilder bewegen Menschen. Sie veranschaulichen, bringen uns zum Nachdenken und bewirken »mehr als tausend Worte«.

Ich habe ein perfektes Event veranstaltet mit gutem DJ, eigens kreierten Cocktails, perfekter Location und guten Leuten. Aber das beste Event bringt mir nichts, wenn

» Das Ushuaia auf Ibiza versteht es, zu inszenieren.

» Hier werden gerade die Trommler am Beniras Beach bewundert.

keine Fotos gepostet und die somit auch nicht geliked werden. Wieso? Wenn 100 Personen an einem Event teilnehmen und diese Leute Fotos posten, können circa 10.000 Leute erreicht werden. Aber nur, wenn die Bilder interessant und einladend wirken.

Was muss man tun? Weg vom konventionellen Denken, hin zum medialen Denken. Schaffen Sie fotogene Situationen!

Zuerst sieht man aufs Foto, dann erst auf den Text. Ist das Foto nichts, liest man auch nicht weiter. Bilder wirken, wenn sie Emotionen berühren. Sie müssen Witz haben und eine Geschichte erzählen. In einem Hotel könnte man zum Beispiel den Bau oder Renovierungen durch eine Vorher-Nachher-Fotoreihe veranschaulichen.

DIE DIGITALE GENERATION

Medien sind für die junge, digitale Generation extrem wichtig. Egal ob Fernsehen, Radio, Zeitschriften oder Internet: Man schreibt keine SMS mehr, man benutzt whats app oder andere Kurznachrichtendienste. Wenn man sich nicht kennt, fragt man nicht mehr: Hast du Facebook?, sondern: Wie heißt du auf Facebook? Die Menschen, vor allem in Großstädten, gehen davon aus, dass man sich dieser Bewegung anschließt und ein Teil davon wird. In Deutschland steht Facebook hinter Google auf Platz 2 der meistgenutzten Internetplattform und weltweit auf Nummer 5.

Wo beginnt der Kauf eines Produktes, einer Reise oder einer Hotelbuchung? Vor Ort? Nein, er findet schon viel früher im Netz statt. 80 Prozent aller Empfehlungen laufen schon über Facebook und Instagram.

Als Erstes frage ich über Facebook meine Freunde. Als Zweites gehe ich (wenn ich z. B. ein Hotel suche) auf Google, Holiday check, oder travel24, gebe dort meine Neigungen ein (z. B. Kitesurfen in St. Peter Ording) und suche mir dann ein cooles Hotel aus. In diesem Fall bin ich auf die Homepage des Beach Motels gestoßen, und wenn mich dieses anspricht, buche ich ein Zimmer.

Aber was macht die Homepage attraktiv für mich? Die Seite muss auf das Ziel des Betriebes eingehen und die Wünsche der Kunden anturnen. Zum Beispiel: Ich suche ein Wellness-Hotel, was erwarte ich mir davon? Ich will Inspiration, aktive Entspannung, Gesundheit, Lässigkeit, erfrischendes Design.

Wie bringt der Betrieb das rüber? Die Homepage muss klar und übersichtlich sein. Man könnte Lounge-Musik hinzufügen. Aber Vorsicht, mit Musik kennen wir uns aus, und sie darf kein sozialer Abstieg für mich sein, sonst klicke ich sofort weiter zum nächsten Hotspot. Vor allem die Bilder müssen attraktiv sein, denn nur so kann ich mir vorstellen, dort hinzufahren, bekomme Urlaubsstimmung und buche dann.

Menschen sind Entdecker. Wir lieben Reisen und Abenteuer. Wir wollen Neues erleben und genießen. Genau dies soll ein Betrieb bieten. Wenn ich einen Urlaub buche, beginnen die Erlebnisse nicht erst im Hotel, sondern schon bei der Hinreise, nein, sogar schon beim Packen, denn damit nähere ich mich Schritt für Schritt meinem Urlaubsziel.

GÄSTE WOLLEN **KEINEN STRESS**

Wir wollen den Gästen das Beste bieten. Aber jeder kennt den Stress, den man vor der Abreise hat. Hab ich auch nichts vergessen? Und wie kommen wir zu dem Hotel? Wo fahre ich hin, wenn ich zwischendurch Hunger bekomme oder einen guten Kaffee genießen will? Nehmen Sie den Kunden diesen Stress, indem Sie sie auf Ihrer Homepage z.B. darauf hinweisen, dass es ein Sonnendeck im Hotel gibt und dass man angesichts der 30 Grad, die derzeit herrschen, die Sonnencreme nicht vergessen sollte. Oder man weist die Gäste auf die original italienische Espressobar hin, die sich auf dem Weg zum Hotel befindet. Man könnte die Kunden auch über Parkmöglichkeiten und einen Shuttle Service informieren. Oder ihnen Tipps geben, wie sie ihre Kinder während der Fahrt bei Laune halten können.

WERDEN SIE ZUM **DIGITAL LEADER**

Im I-Level-Zeitalter gibt es nur zwei Sorten von Unternehmen: schnelle und tote. Die Welt hat sich vom Analogen zum Digitalen hin verändert. Mitarbeiter bewerten Firmen nach ihrer Zukunftsfähigkeit. Werden Sie zum Digital Leader, indem Sie zum Beispiel eine geschlossene Facebookseite Ihrer Firma oder Abteilung einrichten. Dienstpläne, News, Informationen, Fotos an Ihre Member weiterleiten. Falls ein Mitarbeiter ausfällt, kann schnell über dieses Medium ein Ersatz gefunden werden. Dadurch werden Sie flexibler und vor allem schneller. Mitarbeiter posten Bilder und News, dadurch entsteht eine familiäre Atmosphäre. Als BMW noch in der Formel 1 tätig war, wurden alle Mitarbeiter, oft noch am selben Abend per SMS, informiert, was die Ursache war, wenn am Sonntag ein Rennwagen ausfiel. Betrachten Sie Ihre Member als interne Kunden und versuchen Sie, auf Augenhöhe zu kommunizieren. Eine geschlossene Betriebs-Facebookseite wird zum Normalfall werden. Auch eine separate Firmen-Homepage mit Aussagen über Ihre Philosophie, Service-Gesicht, Ausbildung, Filme von Schulungen wird am Markt zeitgemäße Mitarbeiter anziehen. Sofern Sie noch keine Facebook-Seite für Ihre Kunden haben, bauen Sie eine aktive Facebook-Seite auf und pflegen Sie sie mit innovativen, spannenden Geschichten und Bildern!

Das Netz ist vor allem für die junge Generation wertvoll – also achten Sie auf eine moderne, lockere, aber durchaus anspruchsvolle Sprache.

NICHT MITARBEITER, SONDERN FANS

HÖREN SIE NICHT AUF IHRE MITARBEITER

Keiner wird zum Start begeistert sein, wenn Sie permanent Power und Yes-Service fordern und zum power briefing oder zu einem Rollenspiel bitten. Rollende Augen, negative Mimik, negatives Gestöhne – »Schon wieder!« – sollten Sie aber nicht beeindrucken. Lassen Sie sich nicht anstecken, das sind Tricks und Einladungen zum Mitmachen (nämlich zum Aufhören). Wenn es einmal implementiert ist, läuft es von selbst.

Sie wissen ja, erwarten Sie keine Liebe. Leader werden auf eine andere Art geliebt.

Der Meister und seine Lehrlinge

Man weiß also nie genau, wer, wie, wann und warum einer Meister ist und der andere nicht. Und es ist auch nicht wichtig. Heute wird alles nach Entwicklungspotenzialen betrachtet. Welches Potenzial hat für mich UMTS, gps, mp4? Und wie verbindet sich mein Potenzial mit diesen Potenzialen? Die neuen Mitarbeiter suchen sich nicht Meister, sondern Potenziale.

Auch der beste Mitarbeiter bleibt »nur« ein Arbeiter

In einer zunehmend symbiotischen Welt gibt es kein Oben und Unten, kein Links und Rechts mehr, sondern Energieflüsse, die vielfach verschlungen und verflochten ein Ganzes bilden. Was heißt das? Potenziale verbinden sich und ergeben etwas Neues.

DER MEMBER-GEDANKE

Menschen investieren immer mehr in Lebensqualität. Die Frage lautet also nicht: Welche Arbeit zu welchem Gehalt an welcher Stelle bekomme ich? Sondern sie lautet: Bietet mir der Betrieb Potenzial und Entwicklung in Richtung attraktiver Zukunft? Die besten Mitarbeiter suchen sich ihren Chef aus, nicht umgekehrt. Das heißt: Aus Mitarbeitern werden Member.

Werfen wir einen Blick an die Westküste der USA. MTV ist einer der meistgesehenen TV-Sender der Welt. Beim MTV Award schauen in der Regel rund 1 Milliarde Menschen weltweit zu; dieser Wert wird sonst nur noch von der Formel 1 erreicht. Eine der erfolgreichsten Sendungen dieses erfolgreichsten Senders heißt: »Pimp my ride« und zeigt eine einfache Story, wie Autos aufgemotzt werden. Stars der Sendung sind der Besitzer des Autos, der geniale Moderator X-Hibit und vor allem West Coast Customer, eine Tuning-Firma. Von diesen Personen und Gruppen lernt man mehr über die Welt und modernes Management als in jeder öden betriebswirtschaftlichen Vorlesung. Durch das

» Otto Wiesenthal in seinem Altstadt Vienna

Aufmotzen des Autos werden alle zum Star. Das heißt, es geht nicht um das Auto, sondern um die Entfaltung von Potenzialen. Daraus könnte man folgern: Pimp my life, pimp my Service.

Angestellte sind Stars

Wir alle sind Stars, und wir alle wollen unsere Potenziale entfalten. Moderne Unternehmen sind unsere Freunde, Manager unsere Vertrauten, Produkte unsere Attraktoren und Kunden die eigentlichen Stars.

Angestellte sind Superstars. Eine Firma verschwindet, wenn sie nicht mehr läuft. Der Mitarbeiter findet eine neue Tätigkeit. Der eine schneller, der andere weniger schnell, und doch wird irgendwie jeder in einer gewissen Weise wieder in die Gesellschaft und ins Arbeitsleben integriert. Betrachten Sie Angestellte als intellektuelle und emotionale Investoren. Jeder findet eine neue Tätigkeit.

Die besten Brains suchen sich ihren Job selbst aus

Betriebe stellen keine Leute mehr an, sondern Menschen überlegen, wo sie die besten Chancen haben für ihre Entfaltung. Das heutige Spiel um die meiste Aufmerksamkeit gewinnt man nur mit den Besten.

Mitarbeiter halten

Man kann niemanden halten. Versuchen Sie mal, Ihren Lebenspartner zu halten. Dann wird dieser versuchen auszubrechen. Bei unseren Mitarbeitern ist es genauso: Wir haben nur eine Chance – ihnen eine Platform zu bieten, auf der sie sich wohlfühlen und entfalten können. Um sich wohlzufühlen, muss man fit und sexy sein, um den Job mit Bravour meistern zu können.

Den Rahmen bildet die innerbetriebliche Ethik: Alle sind gleich viel wert, niemand hat Privilegien, alle arbeiten gleich, keine Hierarchien. So passt das Betriebsklima. Jetzt fehlt nur noch die Würze,

OTTO WIESENTHAL VOM ALTSTADT VIENNA**** HOTEL IN WIEN

Grundsätzlich läuft es bei uns so, dass die Hauptmitarbeiter Rezeptionsdienste machen und auch einen eigenen Aufgabenbereich verwalten. Diese Bereiche sind Marketing/Presse, Personal und Buchhaltungsvorbereitung/Housekeeping. Die Direktorin ist für Personalentwicklung, Umbauten und das klassische General Management verantwortlich. Jeder fühlt sich somit für das Haus wirklich verantwortlich, und es gibt eine starke Identifikation mit dem Produkt und unseren Gästen. Die Qualifikation unserer Hauptmitarbeiter ist daher auch entsprechend hoch – Matura-Niveau und einige auch Uni-Abschluss. Wir versuchen auch, die Aufgaben immer weiterzuentwickeln, um dem Anspruch an das Niveau gerecht zu werden. Nur so funktioniert es, dass hoch kommunikative, qualifizierte und sozial kompetente Menschen nicht im Büro »verschwinden«, sondern direkt am Gast sind.

die Entfaltung. Mitarbeiter sind das wichtigste Kapital einer Firma, sie sind die eigentlichen Stars. Und ein Star will wie ein Star behandelt werden. Versuchen Sie, dass sich Ihre Mitarbeiter mit ihren Ideen und Anregungen einbringen können. Der neue Mitarbeiter will Member/Partner einer Firma sein. Das gelingt Ihnen durch die power briefings oder wenn Sie Ihren Membern eine zusätzliche Kopfaufgabe geben.

ICH FINDE KEINE GUTEN LEUTE

Manche Manager jammern: »Ich finde keine guten Leute.« Das Argument ist ähnlich eindimensional und albern, wie wenn jemand sagt, er fände keine gute Frau/Mann. Jeder würde darüber lachen und ihm klar machen, dass das nur an ihm selbst liegt.

So ist das auch im Betrieb. Jeder Chef hat die Mitarbeiter, die er verdient. Denken Sie noch mal an Fußballklubs. Was ist das Charisma von Jürgen Klopp, der »No Names« zu einer Startruppe formte, oder vom FC Bayern, dem es gelingt, schon mal einen Pep Guardiola zu verpflichten?

VOM ARBEITGEBER ZUM SINNGEBER

Keiner will arbeiten. Wie besprochen, brauchen wir keine Mitarbeiter, sondern Member. Der Member wird als Yes-Service-Member bezahlt. Damit passt aber auch das Bild des Arbeitgebers nicht mehr. Denn der Arbeitgeber gibt Arbeit. Der neue Manager ist ein Sinngeber. Vom Arbeitgeber zum Sinngeber.

Was ist ein Sinngeber? Jemand, der meinem Leben einen Sinn gibt und mich in meiner Person bereichert. Eine Firma und auch ein Manager wird in Zukunft daran gemessen, ob er meinem Leben einen Sinn geben kann.

Steve Jobs von Apple ahnte, was Menschen wollen, bevor diesen selbst klar war, was sie wollten. Er gründete Apple, ein Unternehmen, das einen geradezu mystischen Sog auf Menschen in der ganzen Welt ausübt. Denken sie nur an das iPhone. Er hat Menschen einen Sinn gegeben, den sie bis dahin nicht kannten. Ihrer Sehnsucht nach Klarheit, Schnelligkeit und neuem Design hat er in einer zunehmend unübersichtlichen Welt entsprochen. Im neuen Service werden Unternehmer zu Sinngebern.

CHECKLISTE MANAGEMENT UND SINNGEBUNG

Member wünschen sich von ihrem Sinngeber Chef, dass er ...

- **ihre Arbeit richtig organisiert (Service-Drehbuch)**
- **keine Hierarchien und Privilegien duldet (Das erreichen Sie dadurch, dass alle sich an das Service-Drehbuch halten müssen)**
- **alle gleich behandelt (das signalisieren Sie ebenfalls durch das Service-Drehbuch und durch die Kreisbildung im Briefing)**

- ihnen hilft (präsent ist)
- sich durchsetzen kann (konsequent ist, Regeln wie beim Führerschein)
- anständig ist
- motiviert ist (Ausstrahlung)
- positiv ist (positive Morphogenese)
- sie zu Höchstleistungen fördert (Power briefing und Yes-Service-Rollenspiele. Somit beherrscht der Mitarbeiter sein Metier, das motiviert.)
- das Team erfolgreich leitet (Teambildung durch power briefing)
- nicht demotiviert (zum Mitdenken anregt)
- sein Team lobt (im power briefing)
- für reibungslose Zusammenarbeit sorgt (durch das Service-Drehbuch)
- die Netzwerkgeneration versteht und respektiert: Werden Sie zum Digital Leader!
- den Rubel zum Rollen bringt (Mitarbeiter wollen in erfolgreichen Betrieben arbeiten)
- einen begehrten Betrieb führt (so verspüren sie Stolz)
- für Identifikation mit dem Betrieb sorgt (am Betrieb arbeiten)

UMSETZUNG DES YES-SYSTEMS

80 Prozent aller Vorhaben und Programme scheitern, obwohl jeder von dem Thema überzeugt und begeistert ist. Wieso? Was sind die Giftbecher und die Fallen, die ein erfolgreiches und überzeugendes Programm irgendwann wieder zum Erliegen bringen?

TOP 5 DER GRÜNDE FÜR DAS SCHEITERN	WAS BEDEUTET DAS?
Der Restaurantleiter tritt die Verantwortung an die Schichtleader oder Mitarbeiter ab.	Macht mal, mal sehen, ob es was bringt.
Das Yes-System steht nicht.	Es ist nicht geklärt, wer was, wann, wo und wie macht (power briefings, Service-Drehbuch-Trainings, Einarbeitung). Als Alibi wird Zeitmangel angegeben. Bestimmen Sie einen Beauftragten für power briefing und Yes-Service.
Bewusstsein fehlt	Schlechter Service entsteht von alleine, guter Service muss gemanagt und trainiert werden.
Keine Konsequenz	Geht den einfachen Weg, hat Angst vor Konfrontationen. Duldet Abweichungen.
Controlling	Der Check fehlt.

Und hier kommen die fünf wichtigsten Tools, um das Yes-System erfolgreich umzusetzen:

1. Management by Klarheit

Stellen Sie ein klares internes System auf. Wer macht was, wann und wo? Und halten Sie sich daran.

2. Power briefing

Der jeweilige Schichtleader führt das Briefing durch, bevor ein Mitarbeiter an seine Position geht. Gruppenbriefings finden z. B. im Personalraum statt, bei Einzelbriefings werden die Verkäufer z. B. vor dem Safe gebrieft, bevor sie die Kasse erhalten. Die Basic-Themen werden in einem Wochenplan definiert.

3. Service-Drehbuch-Training

Alle Mitarbeiter erhalten ein Service-Drehbuch-Training. Neue Mitarbeiter werden sofort trainiert, z. B. von den Azubis. Den Bedarf an internen Nachcoachings bestimmen die Leader. Den Ort bestimmt der Restaurantleiter.

4. Go: Stellen Sie Ihr Konzept zusammen

- Bestimmen Sie Ihre Vision, Ihre Service-Strategie, Ihr Service-Gesicht. Das Service-Gesicht sollte keine aufgesetzte venezianische Maske sein. Sie sollte zu Ihrem Betrieb und Haus passen und Ihre strategische Ausrichtung widerspiegeln.
- Versuchen Sie dann, die Vision 1:1 in einem messbaren Service umzusetzen. Entwickeln Sie Ihr individuelles Service-Drehbuch.
- Führen Sie zuerst die power briefings durch, bis die einzelnen Verkaufs- und die Service-Kultur-Techniken perfekt beherrscht werden und die Member fit & sexy sind.
- Führen Sie parallel zu den power briefings mit jedem Member ein Service-Drehbuch-Training durch.
- Gehen Sie dann in die Rollenspiele (Gast – Service), bei denen der Serviceablauf anhand des Service-Drehbuchs einstudiert und trainiert wird, bis alles professionell sitzt.
- Arbeiten Sie alle neuen Member von Anfang an mit dem Service-Drehbuch ein und sehen Sie die Einarbeitung als Führerschein. Erst wenn der neue Member das Yes-System beherrscht, darf er eigenständig eine Station/Kasse führen.

5. Und vor allem, geben Sie nie auf.

» Winners have parties, losers have meetings.

NAVIGATION IMPLEMENTIERUNG

WAS	STRATEGIE	WIE
Quick Service Buch Restaurantmanager	Der Restaurantmanager liest als Erster das Buch.	Der Restaurant Manager beschließt: No-Service oder Yes-Service. Change: Yes we can.
Quick Service Buch für die Schichtleader	Alle Manager lesen das Buch.	Meeting: Inhalte und Implementierung von Yes-Service werden besprochen.
Personal- Meeting mit allen Membern	Wo stehen wir?	No
	Wo wollen wir hin?	Yes
	Welchen Weg gehen wir?	Yes-Service wird vorgestellt. Was bedeutet das? Die Verkaufstechnik Nicken wird erläutert. In Zukunft werden power briefings durchgeführt. Die Manager führen im Anschluss in kleineren Gruppen das erste power briefing durch. Augenkontakt + 360°-Blick, Power-House-Haltung
1. Woche	Briefingthemen	Nicken + Präsenz
2. Woche	Briefingthemen	Nicken, Präsenz und Auswahltechnik
3. Woche	Briefingthemen	Angebotskenntnis, Nicken, Auswahltechnik + Deuten
4. Woche	Briefingthemen	Beratungsbäume
	Parallel zu den Briefings findet ab der 4. Woche das Service-Drehbuch-Training statt	Setzen Sie kleine Gruppen an, trainieren Sie im 4-Stufen-Modell, führen Sie eine Anwesenheitsliste
5. Woche	Briefingthemen	Beratungsbäume
6. Woche	Briefingthemen	Beratungsbäume
7. Woche	Briefingthemen	Service-Drehbuch

WAS	STRATEGIE	WIE
8. Woche	Briefingthemen	Service-Drehbuch
9. Woche	Briefingthemen	Service-Drehbuch
10. Woche	Personal Meeting mit allen Membern	Kick off = Anstoß Der Restaurant Manager moderiert: Bis jetzt war es Training, ab heute fällt der Startschuss für a) das tägliche konsequente power briefing b) strikte Umsetzung des Service-Drehbuches c) Konsequenzen bei Nichteinhaltung
11. Woche	Parallel zu den Briefings finden ab jetzt Service-Rollenspiele statt	Trainieren Sie ab jetzt so oft wie möglich Service-Gast-Situationen am Point of sale (Kasse)
12. Woche	power briefing	Inhalte variieren nach Stärken und Schwächen

Wie lange dauert es, bis das System komplett installiert ist? Rechnen Sie mit drei bis sechs Monaten. Teilerfolge erzielen Sie durch die Nick-Technik sofort. Teambuilding entsteht schon nach den ersten power briefings. Für die Mitarbeiter, die schon lange im Betrieb arbeiten, wird es eine Umstellung bedeuten, bei der Sie Geduld aufbringen müssen, aber hartnäckig bleiben sollten. Verschränken Sie mal Ihre Hände und legen den Daumen andersherum. Wie fühlt sich das an? Komisch, nicht wahr? Und so geht es Ihren Mitarbeitern, die jahrelang ein bestimmtes System gewohnt waren und jetzt auf einmal einen anderen Rhythmus praktizieren sollen. Mindestens 21 Mal muss man eine andere Gegebenheit einstudieren, bis man sie automatisch annimmt. Dagegen nehmen neue Member, die in ihr Team kommen, die Yes-Technik sofort an, denn sie kennen ja nichts anderes. Das ist das Positive an der Sache: Bei ca. 50 Prozent Personalfluktuation im Jahr greift das System ziemlich schnell. Die bewährten Mitarbeiter werden auch zunehmend vom System angesteckt und machen mit.

Warum wehren sich manchmal die langjährigen Member und machen nicht mit? Sie arbeiten schon lange Jahre mit dem Glauben, sie erledigen einen tollen Job – zu Recht. Und jetzt kommt jemand, der ihnen simple Techniken beibringt, die erfolgreicher sein sollen als ihre bisherigen. Sie fühlen sich wahrscheinlich in ihrer Ehre verletzt. Haben Sie Geduld, machen Sie ihnen Mut, packen Sie sie bei der Ehre. Sie brauchen Ihre Unterstützung, sie sind Vorbilder im Team.

Und was tun Sie mit Membern, die partout nicht mitmachen wollen? Ein erfolgreicher Weg war oft, wenn wir die Boykottierer ein power briefing durchführen ließen. Das kann zwar gefährlich sein, aber vielleicht hilft es.

In sechs Monaten können Sie die erste Party feiern. Denken Sie daran: Loser halten Meetings ab, Sieger feiern Partys.

YES STATT NO – ERFOLG IST IMMER EINE FOLGE …

Viele Betriebe im Bereich Quick Service sind besonders stark in der Effizienz und somit in innerbetrieblichen Systemen. Hygienevorschriften, Mise-en-Place, Lagerhaltung, Zubereitungs-Regeln, Personaleinsatz, Kassenbedienung, Verpackung usw. werden Tag für Tag auf den neuesten Stand gebracht. Auch das Sortiment wird permanent erweitert. Teilweise füllen die Vorschriften zur internen Organisation mehrere DIN-A-4-Ordner. Die Definition der Beziehung zwischen Kunde und Service findet dagegen oft nur oberflächlich statt, obwohl dieser Kontakt doch das wichtigste Element im Verkauf ist.

Man könnte sagen, dass der Fokus und die volle Aufmerksamkeit oft nur bis zum Gast reicht und dort aufhört. Somit wird das Wichtigste – die Beziehung zum Gast – dem reinen Zufall überlassen. Das heißt im Klartext: Angebot und Preise stimmen – der Verkauf und der Human Service läuft meistens nach dem Zufallsprinzip ab.

Unser Ansatz sind die Dialoge zwischen Kunden und Verkauf (face to face). Hier entscheiden sich Umsatz, Gewinn und Zukunftsmöglichkeiten. Und hier entstehen auch die Energien für jeden Einzelnen und im gesamten Unternehmen.

WARUM FACE-TO-FACE SO WICHTIG IST

Sie wissen ja, das Teuerste im Restaurant ist der leere Platz, das nicht verkaufte Chicken Bagel. Gerade System-Ketten sind aber häufig nur mit sich selbst beschäftigt. Ständig geht es um Zahlen, Verkauf, Organisation und Standards.

Das macht eine Firma und die Mitarbeiter müde. Beobachten Sie mal die bekannten Lebensmittelketten. Da sind alle damit beschäftigt, Waren auszupacken und einzuräumen. Wie wirken diese Mitarbeiter auf Sie? Oft desinteressiert und ausgelaugt. Die innerbetrieblichen Systeme zu organisieren macht auf die Dauer jeden kaputt und lustlos. Drehen Sie den Fokus um und konzentrieren Sie Ihre Kommunikation auf den Face-to-Face-Service. Das lenkt vom Alltagsjob ab und hält Mitarbeiter wach und bei Laune. Standards sind Basisfähigkeiten, es geht primär um den Gast, den Kunden und Käufer in Beziehung zu den Mitarbeitern.

Das Yes-Programm ist ein System und ein Weg, der aus Hunderten Trainings und Erfahrungen entstand. Unsere Yes-Vision ist, dass wir vom Gast keine negative Antwort hören wollen, sondern viele Ja's! Wir möchten, dass die Gäste Ja sagen zu unseren tollen Angeboten! Der Yes-Service soll eine Dockingstation zwischen Kunde und Produkt sein.

SCHREIBEN SIE JETZT IHRE GESCHICHTE?

» ROBINSON lebt von der Gestaltung unserer Beziehung zum Gast. Es wurde unter anderem viel in power briefing und Service-Drehbuch investiert.

» Martina Baier, ROBINSON bei TUI, Bereichsleiter Personal

» Neue Erlebnisse formen die Gastronomie und Hotellerie von morgen.

FUTURE SERVICE PROJECT

IDEEN UND AUSBLICKE IN DIE ZUKUNFT

ZUM ABSCHLUSS RICHTEN WIR NOCH EINEN BLICK IN DIE ZUKUNFT: DAS FUTURE-SERVICE-PROJECT

Von Hans-Jürgen Hartauer und Prof. Kleiber-Wurm

Noch nie waren die deutschen Verbraucher so unzufrieden mit der Qualität des Kundenservice'. Eine Studie der Beratungsfirma Accenture ergab:

- Weltweit wechselten 70 Prozent der Kunden mindestens einen ihrer Anbieter, weil der Service so schlecht war. Im Vergleich dazu strafen 93 Prozent der Chinesen 88 Prozent der Brasilianer und 85 Prozent der Inder besonders schlechten Service ab.
- Computergesteuerte Call Center sorgen bei 85 Prozent der Befragten für Wut und Empörung.
- Kontaktaufnahme mit dem Kundendienst per SMS hassen 74 Prozent der Kunden.
- Jeder zweite Verbraucher ist mit der persönlichen Betreuung unzufrieden.
- Nahezu jeder fünfte Verbraucher nutzt bereits Internetforen oder Online-Netzwerke, um andere vor schlechter Kundenbetreuung zu warnen. Ganz oben auf der weltweiten Beschwerdeliste stehen lange Wartezeiten. 84 Prozent empfinden Warteschleifen am Telefon als frustrierend. Als ebenso nervig empfinden es Verbraucher, wenn sie den Kundendienst wegen der gleichen Angelegenheit mehrfach kontaktieren oder ihre Angaben wiederholen müssen. Auch unfreundliches und schlecht geschultes Servicepersonal stößt die Kunden ab.

(Quelle: Sarah Dreps)

Die Firmen versuchen, das Maximum auszuschöpfen und die Erwartungen zu erfüllen. Ihr Ziel ist der zufriedene Kunde. Der zukünftigen Firma werden keine zufriedenen Kunden mehr reichen. Die neue Company braucht Fans.

WIE BEKOMME ICH FANS?

Fans bekomme ich, wenn es mir gelingt, eine attraktive Lebenswelt zu kreieren. Sehen wir uns die Idee der Lebenswelten im neuen Future-Service an. Der Begriff Lebenswelt ist erstmalig im Adventure Camp (Hotel Schnitzmühle) entstanden, als wir den Versuch unternahmen, aus dem Vokabular von Hotel und Restaurant herauszukommen. Worte sind Wahrheiten – man muss also sehr feinfühlig damit umgehen.

Was ist eine Lebenswelt aus der Sicht der Wissenschaft?

Complexify your life! Die Welt hat sich »from simplicity to complexity« entwickelt, das ist das Wesen der Evolution und des Lebens an sich. Aus einer Eizelle und einer Samenzelle (= simplicity) entwickelt sich ein unvorstellbar komplexes Lebewesen (= complexity): der Mensch. Komplexität ist die Gleichzeitigkeit von Vielheit.

Diese Entwicklung bildet sich auch in der Ökonomie ab. Hammer und Zange sind simpel. Auf eine genau definierte Ursache erfolgt eine genau berechenbare Wirkung. Eine Schreibmaschine ist schon deutlich komplexer als ein Hammer. Und ein Laptop ist das x-fache an Komplexität im Verhältnis zu einer Schreibmaschine.

Erlebniswelt oder Lebenswelt?

Eine Erlebniswelt ist ein vorgefertigtes System und Angebot, an dem man teilnimmt und sich berieseln lässt. Eine Lebenswelt ist ein lebender Organismus, in dem jeder sein Leben selbst gestalten und formen kann. Der Mensch will immer weniger zum Zuschauer degradiert werden, er will seine Neigungen selbst ausleben.

Das Vorhandensein von Komplexitäten, die sich vernetzen, bezeichnen wir als Lebenswelt. So gesehen ist ein Computer die perfekte Lebenswelt: Verschiedene Komplexitäten vernetzen sich. Teilhard de Chardin (1881–1955) bezeichnete das als Rhizom, als Geflecht, als Bündel, als Gebüsch. Eine Lebenswelt ist ein Geflecht an Vernetzungen.

Dabei entwickelt sich die Lebenswelt nicht linear nach der Logik von 1+1 = 2, sondern kybernetisch nach der bio-logischen Formel 1 + 1 = 11

Lebenswelten sind Geschichten und moderne Märchen

Einer der berühmtesten Menschen der Welt ist Shah Rukh Khan, der Kino-Gott Asiens mit 3 Milliarden Fans. Er antwortete auf die Frage, warum ihn alle lieben, mit: »Ich will Menschen glücklich machen und Geschichten erzählen.«

Die neuen Shops, egal ob Einzelhandel oder Gastronomie, werden zu Geschichtenerzählern. Um die Kunden zu begeistern, werden die Läden wilde Partys und Programme veranstalten und Geschichten in ihren Räumen inszenieren. Denn das Schlimmste, was einem Unternehmer passieren kann, ist, wenn der Kunde schon im Vorfeld weiß, wie der Besuch bei ihm ablaufen wird.

Die meisten Unternehmen befassen sich mit ihren Produkten und nicht mit dem Kunden, und hier liegt die große Chance. Der Future Service kreiert Lebenswelten: attraktive Szenarien, in denen vor allem der Kunde die Attraktion und der Gestalter ist. Lebenswelten sind lebendige und komplexe, zusammenhängende Organismen, in denen der Mensch und der Service und nicht das Produkt oder das Design im Vordergrund stehen.

Menschen investieren in Lebenswelten und zunehmend in bewusstes Leben. Das ist nicht zu verwechseln mit dem Luxus der alten Zeit. Glamden und Tree-Campen statt 5-Sterne-Langweile; Shape & Bootcamp statt fein dinieren; vegan statt Tiere; Recycling statt Ausbeutung der Natur. Die Trends ließen sich beliebig fortsetzen. Im Future Service ist derjenige erfolgreich, der die Neigungen seiner Kunden unterstützen und bereichern kann.

Vom Produktnutzen zum Neigungsnutzen

Die Fotos zeigen die Welle am Eisbach in München, das 25hours Hotel Bikini Berlin und die begrünte High Line zwischen Hudson River und 10th Avenue in New York. Das sind nur einige Beispiel im neuen Kundenservice (schenke mir neue Erfahrungen und bereichere mich).

Oder denken Sie an die populären Holi Festivals Of Colours.

Man kauft heute nicht mehr isoliert Waren oder Dienstleistungen nach dem Nutzenaspekt, sondern man berücksichtigt Lebenswelten und Neigungen.

Der Future Service befasst sich immer mit Menschen und deren Neigungen. Im Design Hotel Louis haben wir das Frühstücksangebot an den neuen Zeitgeist angepasst. Statt in Destinationen zu denken (Käse aus dem Allgäu), haben wir in neuen Neigungen gedacht und ein veganes Buffet aufgebaut. Anfangs war es 1 Meter breit neben dem 8 Meter breiten klassischen Buffet. Jetzt, nach drei Jahren, hat sich das Ganze in 6 Meter vegan und 3 Meter Klassik gewandelt. Vom Destinations-Brot (Schwarzwälder Bauernlaib) zum Neigungsbrot (Eiweißbrot). Im Bestseller-Kochbuch von Attila Hildmann »Vegan for youth« geht es weniger um Rezepturen wie in gewöhnlichen Kochbüchern, sondern um eine 60-Tage-Triät. Sie verspricht dem Leser, innerhalb 60 Tagen schlanker, gesünder und messbar jünger zu werden. Das Erfolgsrezept der Zukunft wird das Neigungsdenken werden.

WAS **BEDEUTET** DAS FÜR BETRIEBE UND SERVICES?

Sie betreten in Zukunft keine Firma, Organisation oder einen Shop, sondern eine zukunftsorientierte Lebenswelt. Auch im Tourismus kommt man immer mehr zu dieser Erkenntnis: Etwas auszuprobieren, das ein wenig Mut erfordert, führt tatsächlich zu stärkeren Gefühlen, als immer nur das Gleiche einen Hauch anders zu tun. Welche Inszenierung läuft in ihrem Betrieb?

Der Gedanke der Lebenswelt sollte auch im Service Eingang finden

Das würde die Frage aufwerfen, ob es so etwas geben könnte wie einen Life-Service oder Value-Service: Du bist wichtig, du bist wertvoll. Ob du ein Produkt kaufst oder nicht – wen interessiert's. Dieser Gedanke ist neu, auch wenn es Menschen gibt – z. B. Hüttenwirte –, die so etwas von selbst können.

DER FUTURE SERVICE IST **SINNGEBER FÜR MENSCHEN**

Ein weiterer Aspekt ist in diesem neuen Service zu erkennen. Als die beiden Studenten Larry Page und Sergey Brin Google oder die Community um Mark Zuckerberg Facebook gründeten, waren sie Sinngeber für ihr eigenes Leben, aber vor allem auch für das Leben der weltweiten Internet User (immerhin über 2 Milliarden Menschen, also weit mehr, als es Autofahrer gibt).

Ein Leben ohne Google oder Facebook kann ich mir nur noch schwer vorstellen. Oder wie die Chinesen sagen: Wer bin ich, wenn der Strom ausfällt? Heute werden Institutionen und Unternehmen daraufhin untersucht, wie viel Sinn sie stiften, welchen Wert sie für das eigene Leben haben. Damit wird verständlich, dass die Zeit der »Dienstleistung« ihrem Ende entgegengeht.

Der Future Service wird zum Meer der Möglichkeiten
Es gibt gar keinen Service mehr. Menschen verschwimmen zu einem Meer aus Ideen und Ereignissen. Die Trennung von Mitarbeitern und Kunden ist eine Illusion. Gleichzeitig gibt es natürlich persönliche Individualitäten, und diese werden – wie Blumen in einem Strauß – als Bereicherung der »gemeinsamen Matrix« angesehen und erlebt.

Der Wettbewerb wird in Zukunft immer weniger über Qualität und Preis (das sind Basics) entschieden, sondern vor allem über Attraktion und Service. Es bahnt sich ein Switch vom dinglichen zum nicht-dinglichen Bewusstsein an. Wer einen Mix dieser Welten in seinen Produkten, Verkaufsräumen und in seinem Team implementiert, trainiert und mit seinen Kunden umsetzt, der hat die Zukunft gewonnen (und ist Mitwettbewerbern um Lichtjahre voraus).

Future Service soll Menschen bereichern	Future Service soll attraktive Lebenswelten schaffen	Future Service soll Sinn stiften
↓	↓	↓
BEREICHERUNG	**LEBENSWELTEN**	**SINNGEBUNG**
Schenken Sie Ihren Kunden: • neue Erfahrungen • neues Wissen • Vernetzung • Mut • Leben • Intelligenz • Lust • Fun • Neugierde • Sei dir selbst ein Witz • Ethik	**Kreieren Sie eine komplexe Lebens- & Neigungswelt und keine** • Verkaufswelt • Präsentationswelt • Designwelt Liebe deinen Kunden und verführe ihn	**Seien Sie wertvoll und schaffen Sie einen Sinn** • für die Natur • für die Menschen • und für sich selbst und Ihren Betrieb

Oder um es in einem Satz zu sagen:
Der Future Service ist eine Einladung zu einem Fest und keine Dienstleistung.

» BCafe »De Taart van m'n Tante« in Amsterdam

» Das Adventure Camp Schnitzmühle im Bayerischen Wald

DIE STORY UND DER ERZÄHLER

> **»Niemand, wirklich niemand, kann den Wandel von der uns so vertrauten Dienstleistungs-Gesellschaft zur modernen Service-Generation besser entwickeln und anschaulicher erklären als Hans-Jürgen Hartauer in seinem genialen Entwurf vom FUTURE SERVICE PROJECT. Kaum ein Unternehmen, das nach der Lektüre nicht hell leuchtet, kaum ein Mitarbeiter, der nicht motiviert und leistungsorientiert seine Erfolge produziert.«** Prof. Kleiber-Wurm

DER ANSATZ

Heutige Dienstleistungsunternehmen haben zwei Flügel – zum einen die Hardware (dazu gehören die angebotenen Produkte sowie interne Organisation und Strukturen). Zum anderen die Software (mentale Stimmung, die Ideen und die Beziehung zwischen dem Gast und dem Mitarbeiter, von Fan zu Fan). Um am Markt erfolgreich zu sein, müssen beide Flügel im Gleichgewicht sein. Die Hardware ist schon heute ein Basic und wird vom Kunden vorausgesetzt. Daher tritt in Zukunft die Beziehung zum Kunden immer mehr in den Vordergrund.

Z. B. steht in einem cdp (crew development programm) eines bekannten Betriebes: »Die Gäste erwarten einen schnellen, korrekten und freundlichen Service.« Aber wie geht schnell, korrekt und freundlich? Oder als Verkaufsförderung wird aufgeführt: »auf eine größere Einheit hinweisen«, »ein Menü vorschlagen«, »nach einem zusätzlichen Produkt fragen«. Aber wie geht das? Wie geht erfolgreiches Beraten und Verkaufen? Die meisten Service-Manuals sagen nur, was zu tun ist, selten aber, wie guter Service geht.

Um solche Fragen geht es bei meinem Ansatz. Wie wirke ich nach außen und wie nehme ich die optimale Präsenz ein, wie funktioniert schnelles Beraten, wie geht richtig Verkaufen mit allen do's und dont's? Sie erhalten präzise Antworten auf alle brennenden Fragen, die Sie schon längst über Ihre Kunden wissen möchten. Z. B., warum Gäste genervt sein können oder patzig Bestellungen aufgeben, warum manchmal Gäste vor Ihnen stehen und nicht wissen, was sie tun sollen. Sie erfahren, was Gäste wirklich wollen, wie Sie auf Bestellungen reagieren und Ihre Gäste zielsicher zum begehrten Produkt führen. Nebenbei erzielen Sie den höchstmöglichen Umsatz.

Auf diese Weise werden Sie mit Abstand zum besten Verkäufer in Ihrem Betrieb und Ihrer Branche. Sie werden reich durch Service. Schlechter Service entsteht von alleine, erfolgreicher Service muss gemanagt werden.

DAS KNOW-HOW

Wie ist dieses Know-how entstanden? Ich habe lange und intensiv nach Lösungsstrategien in der Dienstleistung geforscht. An der Uni in Innsbruck, am itd Institut für Dienstleistungswirtschaft habe ich die Expertenstufe im Tourismus unterrichtet und viel mit meinen Studenten und Prof. Kleiber-Wurm im Service-Bereich geforscht. Die wissenschaftlichen Erkenntnisse fanden Einklang in unseren praxisorientierten Service-Trainings in den unterschiedlichsten Branchen. Unsere Kunden reichen von Coffeeshops, Freizeit-Dienstleistern, Bäckereien, Boutiquen über Clubs, Einzelhandel, Wellness-Hotels bis hin zu mobilen Wagen an Flughäfen. Von der Sternegastronomie bis zum Branchenriesen McDonald's und wiederum zum kleinsten Betrieb: einer Ein-Mann-Skihütte in Südtirol.

Alle forderten von uns, dass wir erfolgreiche Lösungen entwickelten. Die Anforderungen waren dementsprechend unterschiedlich.

Diese vielen Erkenntnisse in den unterschiedlichsten Betrieben, Branchen und Aufgabenstellungen waren die Basis und das Futter für das Yes-System. So basiert dieses Buch auf praxisorientierten Erfahrungen. Alle hier beschriebenen Empfehlungen sind eine Essenz dessen, was ich gemeinsam mit meinen Partnern sowie Teilnehmern, Studierenden und Kunden im Laufe der Zeit entwickelt und erprobt habe. Unser Ziel war es, den höchstmöglichen Umsatz und Erfolg auf eine sympathische und moderne Art zu erzielen. Also eine Win-Win-Situation für alle – Betrieb, Mitarbeiter und Gast.

DER DANK

Prof. Kleiber-Wurm › das wandelnde Lexikon, der Stratege, der Capitano, der Austauschpartner: Vielen Dank für die Hilfe bei der Entstehung dieses Buches
Rudi Kull › der Vordenker und Umsetzer in die Praxis
Michaela Hartauer › ausdauernd und motivierend
Konrad Hartauer › Mentor und Benchmeister
Lucca Hartauer › die neue ethische Welt und das digitale Element
Julius Hartauer › Gefühl und Liebe
Susanna Ganyi Kleiber-Wurm › Unterstützung und Hilfe
Sebastian Nielsen › der Querdenker und Philosoph
Andrea Grudda › Inspiration neuer Lebensformen, Präsenz & Lifestyle
Jean-Georges Ploner › Service That Sells und Gesprächsführung
Pierre Nierhaus › Austausch und Foto Bench
Bruni Thiemeyer › Mut & Vertrauen
Dr. Ulrike Strerath-Bolz › die Spezialistin für Klarheit + Struktur
Jeanne van Stuyvenberg und die Kollegen von »die basis« › Geduld, Flexibilität & Style

Danke an alle meine Kunden und Teilnehmer. Nur so konnte dieses Buch entstehen. Robinson Club Weltweit, Inpraxi Unternehmensberatung, McDonald's, SSP Deutschland, Bachmair Weissach, Fizzz, die Flughäfen: Fraport in Frankfurt, Düsseldorf, Hamburg, Berlin, Adventure Camp, Vis a Vis in Schwarzach, BASF, Lufthansa, Porsche Design, die Bäckereien: Szihn in Wien, Frühmorgen, Brothaus, Mack, Bauer, Fidelis, Katz, Terbuyken, der Beck, Treiber, Gerweck, Pan Pan, Fliegerbräu, Citybäcker, Sausalitos, Hans im Glück, Tegernseer, Schwaige, Aumeister, Messe München, Andechser, Fischer in Stegen, PS Speicher, Uni Innsbruck, Hotelfachschule Heidelberg, Dehoga Baden-Württemberg, Ifa Resorts Dubai, Compass Group, Champions League, Coca Cola, Kustermann, Dallmayr, Söl'ring Hof, Posthotel Wirsberg, Schindlerhof, Beluga Schokolade, 089 Bar, Club 100, Ècole Culinaire, 181 restaurant, Tschebull, Stocks, Blockbräu, Pro Mensch, Rauch Säfte, Aviva Singlehotel, Viva Paradise Island, Bio Holzhotel Forsthofalm, Forsthofgut, Hotel Theresa, Kinderhotel Ellmauhof, Saalbacherhof, Hotel Bauer, Brandlhof, Öhv Österreich, Hgv Südtirol, Hotel Adler in St. Ullrich, Lindenhof, Aurora Meran, Bamboo, Vigilius Mountain Resort, Salewa, Wellness Hotel, Eder Maira Alm, Alpin Spa Hubertus, Geox, Jades, MCM, Hugendubel,

Fachbuchhandel Schweitzer, Monkey West-South-East, Ploner Hospitality, IFH, Tourismus Verband Hochkönig, Casualfood, LSG, Hardenberg Burhhotel, Long Island Summer Lounge, Accor Hotel Group, Sheraton, Hilton, Lindner, Rewe, Hacker Feinmechanik, Klinik Fürstenfeldbruck, Altstadt Vienna, Bang & Olufsen, Le Meridien, Roomers, Pure Design Hotel, Bristol, Vila Rothschild, Kempinski Falkenstein, Kempinski Vier Jahreszeiten, die Kull+Weinzierl-Betriebe: Brenner, Bar Centrale, Bar Giornale, Riva, Buffet Kull, Louis Hotel, Cortiina Hotel, Emiko, Cortiina Bar, Cafe Ella, Franziskaner, Lagerhaus & Focacceria in St. Gallen, Kreutzers, vielmeer, Christ, Nordsee, Marco Polo, Bree, Swarovski, Lloyd, H. Stern, Timberland, Wempe, Burresi, Miles & More, Gant, Wolfort, Hugo Boss, Travel Charme Hotels, Bavaristo, Stewa Touristik, Best Western Erb, Gubor Schokolade, Kuffler & Bucher, Käfer, Mosch Mosch, Marche, Caviar House, Private Brauereien, Alpenhaus Kaprun, Ostseeblick Usedom, Sporthotel Aramis, Garibaldi, Garbo, Service Bund, Dahlmann Catering, Daylesford organic, Albaretto, Cafe Luitpold, Sasou, Testando, Hotel Adlon, Bayersoien Wellnesshotel, FBMA Schweiz, Family Hotel Maria, Ronnefeld, Willinger Brauhaus, Pfalzhotel, Metro, Cafe Extrablatt, Bar Celona, Cyprianer Hof, Bowl Position, Red Bull, Sodexho, Sushi&Soul, Pfälzer Weinstube, Illy Cafe, Pschorr, Dehoga Akademie Bad Überkingen, Dehoga Saarland, Café Monokel, Ocui, Gast, Buga München, Donaugartenschau Deggendorf, Ratskeller und Hutter Restaurant in Deggendorf, Platzl, Hotel Inselkammer, Wenkers, Arena One, Adam & Eva, Waldbahnhof Brilon, Hollys, World Coffee Company, FPS Catering, Mein Beck in Bozen, Archibrand, Mariott, Wagner Pizza. Und viele mehr.

BILDNACHWEIS

123RF ©Thomas Pajot S. 238 | **25HOURS HOTEL COMPANY**, Forografie: Stephan Lemke S. 257 | **5555 MEISTERWERKE** S. 48 | **BERNHARD AICHNER** S. 22 | **BETTINA SCHÄFER** S. 64 | **BRENNER** S. 82 | **CARLO VAN DE ROER** S. 68 | **CHRISTIAN LANGBEHN** S. 76 | **CORBIS** ©Kamal Sellehuddin S. 78 | **FOTOLIA:** ©Andrey Kiselev S. 26; ©Andres Rodriguez S. 25; ©Andrew Bayda S. 162; ©contrastwerkstatt S. 141; ©Halfpoint S. 167; ©hin255 S. 237; ©olly S. 9; ©shima-risu S. 177; ©WavebreakmediaMicro S. 12 | **GARIBALDI** S. 149 | **HANS IM GLÜCK** Franchise GmbH S. 56, 174, 182 & 203 | **HANS-JÜRGEN HARTAUER** S. 11, 28, 36, 39, 40, 61, 86, 107, 108, 115, 116, 117, 120, 139, 144, 162, 171, 220, 240 | **HOLZHOTEL FORSTHOFALM**, Fotografie: Günter Standl S. 84 & 112 | **HOTEL ALTSTADT VIENNA** S. 243 | **ISTOCK** ©Geber86 S. 8; ©franckreporter S. 150 | **JUDITH WAGNER FOTOGRAFIE** S. 14, 16, 23, 24, 35, 42, 43, 50, 51, 63, 90, 94, 96, 104, 106, 109, 117, 131, 142, 154, 157, 158, 159, 160, 164, 166, 171, 172, 178, 180, 184, 186, 191, 195, 200, 208, 216, 220, 223, 260 | **KIRSTEN REITZIG** S. 178 | **KULL & WEINZIERL** GmbH & Co. KG S. 73 & 82 links | **LAIF** ©ALMEIDA/NYT/Redux S. 37; ©Calvo/VWPics/Redux S. 81; ©DECOUT/REA S. 18; ©DEMARET/REA S. 28; ©Fabian Zapatka S. 156; ©Frank Heuer S. 257; ©Gaby Gerster S. 231; ©Gunther Glücklich S. 103; ©Gunther Gluecklich S. 150; ©JARRY/TRIPELON/TOP S. 164; ©Jose Giribas/SZ Photo S. 98; ©lamlam/Imaginechina S. 78; ©Leal-Olivas / i-Images/Polaris S. 70; ©LELOUP/GAMMA S. 164; ©McManus/Polaris S. 231; ©Monica Gumm S. 259; ©MUNITA/NYT/Redux S. 238; ©Oliosi/Polaris S. 252; ©Queenborough/Polaris S. 247; ©Queenborough/Polaris S. 240; ©Thomas Linkel S. 256; ©Verhorst/Hollandse Hoogte S. 48; ©XINHUA/GAMMA S. 85; ©HAMILTON/REA S. 8; ©Jose Giribas/SZ Photo S. 98; ©Martin Roemers S. 19; ©Shanghai Daily/Imaginechina S. 111 | **MARIJE VOGELZANG** S. 22 | **MASTERFILE** ©4774344sean S. 12; ©4774344sean S. 245; ©diego_cervo S. 19; ©iko S. 88; ©iofoto S. 124; ©ivelinradkov S. 72; ©kasia75 S. 133; ©lightkeeper S. 124; ©MonkeyBusinessImages S. 34; ©MonkeyBusinessImages S. 46; ©Olly15 S. 127; ©sumners S. 52; ©svetlanna S. 141 | **PIERRE NIERHAUS** S. 6, 21, 46 & 129 | **ROBINSON CLUB** GmbH S. 251 | **ROMAN KNIE** S. 96 | **SEBASTIAN NIELSEN SCHNITZMÜHLE** S. 259 | **TESTANDO**, Cornelius Krentel S. 233 & 234 | **THE OCEANCLEANUP**/Vivian Ten Have S. 231 | **W. DIECKVOSS** S. 66